高等院校计算机技术与应用系列规划教材

Access 数据库基础

陈恭和　主编
岳丽华　主审

浙江大學出版社

内容简介

以 Microsoft Access 2003 关系型数据库为背景，介绍数据库基本概念，并结合 Access 2003 学习数据库的建立、维护及管理，掌握数据库设计的步骤和 SQL 查询语言的使用方法。并且配合 VBA，讲述了软件设计的基本思想和算法，训练学生程序设计、分析和调试的基本技能，并能够与数据库系统相融合，学习常用经济管理类应用软件的开发过程与设计技巧。本书以应用为目的，以案例为引导，结合管理信息系统和数据库基本知识，使学生可以参照教材提供的讲解和实验，尽快掌握 Access 软件的基本功能和操作，能够学以致用地完成小型管理信息系统的建设。

本书适合作为普通高等院校计算机基础课系列教材，还可作为相关培训班的教材或参考书。

图书在版编目（CIP）数据

Access 数据库基础／陈恭和主编．—杭州：浙江大学出版社，2007.4(2011.1 重印)
（高等院校计算机技术与应用系列规划教材）
ISBN 978-7-308-05211-5

Ⅰ.A… Ⅱ.陈… Ⅲ.关系数据库－数据库管理系统，Access 2003－高等学校－教材 Ⅳ.TP311.138

中国版本图书馆 CIP 数据核字（2007）第 032100 号

Access 数据库基础

陈恭和　主编
岳丽华　主审

策　　划　希　言
责任编辑　邹小宁　许佳颖
封面设计　氧化光阴
出版发行　浙江大学出版社
（杭州市天目山路 148 号　邮政编码 310007）
（网址：http://www.zjupress.com）
排　　版　杭州中大图文设计有限公司
印　　刷　杭州印校印务有限公司
开　　本　787mm×1092mm　1/16
印　　张　20
字　　数　474 千
版 印 次　2007 年 4 月第 1 版　2011 年 1 月第 5 次印刷
印　　数　14001—17000
书　　号　ISBN 978-7-308-05211-5
定　　价　26.00 元

高等院校计算机技术与应用系列规划教材编委会

顾　问

李国杰　中国工程院院士，中国科学院计算技术研究所所长，浙江大学计算机学院院长

主　任

潘云鹤　中国工程院常务副院长，院士，计算机专家

副主任

陈　纯　浙江大学计算机学院常务副院长、软件学院院长，教授，浙江省首批特级专家

卢湘鸿　北京语言大学教授，教育部高等学校文科计算机基础教学指导委员会副主任

冯博琴　西安交通大学计算机教学实验中心主任，教授，2006—2010年教育部高等学校计算机基础课程教学指导委员会副主任委员，全国高校第一届国家级教学名师

何钦铭　浙江大学软件学院副院长，教授，2006—2010年教育部高等学校理工类计算机基础课程教学指导分委员会委员

委　员（按姓氏笔画排列）

马斌荣　首都医科大学教授，2006—2010年教育部高等学校医药类计算机基础课程教学指导分委员会副主任，北京市有突出贡献专家

石教英　浙江大学CAD&CG国家重点实验室学术委员会委员，浙江大学计算机学院教授，中国图像图形学会副理事长

刘甘娜　大连海事大学计算机学院教授，原教育部非计算机专业计算机课程教学指导分委员会委员

庄越挺　浙江大学计算机学院副院长，教授，2006—2010年教育部高等学校计算机科学与技术专业教学指导分委员会委员

序　言

在人类进入信息社会的21世纪，信息作为重要的开发性资源，与材料、能源共同构成了社会物质生活的三大资源。信息产业的发展水平已成为衡量一个国家现代化水平与综合国力的重要标志。随着各行各业信息化进程的不断加速，计算机应用技术作为信息产业基石的地位和作用得到普遍重视。一方面，高等教育中，以计算机技术为核心的信息技术已成为很多专业课教学内容的有机组成部分，计算机应用能力成为衡量大学生业务素质与能力的标志之一；另一方面，初等教育中信息技术课程的普及，使高校新生的计算机基本知识起点有所提高。因此，高校中的计算机基础教学课程如何有别于计算机专业课程，体现分层、分类的特点，突出不同专业对计算机应用需求的多样性，已成为高校计算机基础教学改革的重要内容。

浙江大学出版社及时把握时机，根据2005年教育部"非计算机专业计算机基础课程指导分委员会"发布的"关于进一步加强高等学校计算机基础教学的几点意见"以及"高等学校非计算机专业计算机基础课程教学基本要求"，针对"大学计算机基础"、"计算机程序设计基础"、"计算机硬件技术基础"、"数据库技术及应用"、"多媒体技术及应用"、"网络技术与应用"六门核心课程，组织编写了大学计算机基础教学的系列教材。

该系列教材编委会由国内计算机领域的院士与知名专家、教授组成，并且邀请了部分全国知名的计算机教育领域专家担任主审。浙江大学计算机学院各专业课程负责人、知名教授与博导牵头，组织有丰富教学经验和教材编写经验的教师参与了对教材大纲以及教材的编写工作。

该系列教材注重基本概念的介绍，在教材的整体框架设计上强调针对不同专业群体，体现不同专业类别的需求，突出计算机基础教学的应用性。同时，充分考虑了不同层次学校在人才培养目标上的差异，针对各门课程设计了面向不同对象的教材。除主教材外，还配有必要的配套实验教材、问题解答。教材内容丰富，体例新颖，通俗易懂，反映了作者们对大学计算机基础教学的最新探索与研究成果。

希望该系列教材的出版能有力地推动高校计算机基础教学课程内容的改革与发展，推动大学计算机基础教学的探索和创新，为计算机基础教学带来新的活力。

中国工程院院士
中国科学院计算技术研究所所长
浙江大学计算机学院院长

前　言

计算机和网络技术的飞速发展,使当今社会进入了信息时代。因此普通高校计算机系列课程应围绕着重培养学生的信息分析与信息管理、应用的素养与能力这一中心思想进行安排和设计,以使学生能够运用系统的方法,以计算机、数据库和通信网络技术为工具,进行信息的收集、存储、加工和分析,为管理决策提供服务。数据库是完成计算机文化基础课程之后的一门重点课程。

Microsoft 公司的 Microsoft Access 关系型数据库管理系统是微软办公自动化软件 Office 中的一个组成部分,可以有效地组织、管理和共享数据库的信息;并且由于数据库信息与 Web 结合在一起,为在局域网和互联网共享数据库的信息奠定了基础;同时,Access概念清楚、简单易学、功能完备,不仅成为初学者的首选,也被越来越广泛地运用于开发各类管理软件。

全书共分 12 章,主要内容包括 Access 的基本功能,数据库基本原理,对象的概念,数据库、表、查询、窗体、报表、宏和模块等的建立、使用和应用,VBA 基础知识与 VBA 的应用,Access 的网络特性等。最后通过开发一个信息管理系统示例库,不仅介绍了 Access 的主要功能,而且为读者自行开发管理系统提供了一个切实可行的模板。

本书自始至终贯穿一个“音像店管理信息系统”的实例,从表的建立开始到数据库的安全,渐进式地构造了一个完整的系统。每部分都理论联系实例,条理清楚、概念明确、注重实际操作技能,关键部分都给读者留有实习作业,以便进一步掌握书中的内容。

本书是根据教育部高等教育司组织制订的《高等学校文科类专业大学计算机教学基本要求》,以 Microsoft Access 2003 数据库系统为背景而编写的。本书以应用为目的,以案例为引导,结合管理信息系统和数据库基本知识,力求避免术语的枯燥讲解和操作的简单堆砌,使学生可以参照教材提供的讲解和实验,尽快掌握 Access 软件的基本功能和操作,学以致用地完成小型管理信息系统的建设。

本书适合作为普通高等学校计算机基础课程系列教材,还可作为相关培训班教材或参考书。参加本书编写的都是长期从事计算机教育的一线教师,具有丰富的教学经验。本书由陈恭和主编,第 1 章到第 5 章及第 12 章由陈恭和编写,其余章节由刘瑞林编写,王娟娟和汪燕青编写部分习题,全书由陈恭和统稿。

限于作者水平,书中难免会有错误或不妥之处,敬请读者批评指正。

编者邮箱地址:ghchen@uibe.edu.cn

编　者

2006 年 12 月

目　录

第 1 章

Access 数据库系统概述

当今信息社会中，信息已经成为各个行业、部门的重要财富和资源，信息系统和信息管理的重要性凸显，信息系统成为企业或部门生存和发展的必要条件。数据库是数据管理的主要技术，是计算机科学的重要分支。数据库技术作为信息系统的核心技术和基础，正被越来越广泛地应用。

Access 2003 是 Microsoft 公司推出的 Office 2003 软件包中的数据库软件，以强大的功能、简单易学的操作，为用户进行信息管理提供了一个理想的环境。

【本章要点】

- 什么是数据库
- 表、窗体和查询与数据库之间的关系
- 什么是记录和字段
- 如何启动和退出 Access
- Access 环境的组成部分
- 应用 Access 时如何获取帮助

1.1 初步了解数据库

数据库技术产生于 20 世纪 60 年代末 70 年代初，它的主要目的是有效地存取和管理大量数据资源。在计算机系统的应用中，数据处理和以数据处理为基础的信息系统所占的比重最大。为了更好地理解数据库系统，下面先介绍几个常用的概念。

1.1.1 数据和信息

1. 数据

数据是指用符号记录下来的、可识别的信息，是反映客观事物属性的记录，是信息的载体。这里的符号不仅是指数字、字母、文字和其他特殊字符，还包括图形、图象、动画、影像、声音等多媒体信息(图 1.1)。

图 1.1 数据的不同形式

数据的概念包括以下两部分：

(1)数据是存储在某一媒体(包括纸、磁盘、磁带、光盘等)上可加以鉴别的符号的集合。例如，记录学生情况的数据库中，描述某个学生的一条记录(20039910006，孙甜，男，信息管理，2，64492222)等就是数据。

(2)数据内容反映或描述了事物的特性。例如，上述记录是对学生的描述，反映了学号、姓名、性别、专业、班级、电话等信息。

2. 信息

信息是现实世界事物的存在方式或运动形态的集合，是经过加工处理并对人类客观行为产生影响的事物属性的表现形式，是人们进行各种活动所需要的知识。比如对学生情况感兴趣，那么关于学生的数据就成为有用的信息了。

3. 数据与信息的关系

数据与信息在概念上有区别，从信息处理角度看，任何事物的属性都是通过数据来表示的，数据经过加工处理后，使其具有知识性并对人类活动产生决策作用，从而形成信息。简单地讲，数据和信息的关系就如同是铁矿和钢材的关系，信息是经过加工产生的结果。一个部门领导要求职工在纸上写下他们的年龄。纸上只有含义简单的数据，然而部门领导可以对这些数据分类汇总，获得有用的信息。他能够以此确定超过 50 岁的职工有多少，职工平均年龄是多少，最年轻的职工年龄是多少，等等。

4. 数据处理

对数据的处理过程就是将数据转换成信息的过程，指的是利用计算机对各种类型的数据进行处理。人们经常使用“信息处理”这个词汇，实际上，它的真正含义是为了产生信息而处理数据。对数据的收集、存储、加工、分类、检索、传播等一系列活动都包括在数据处理范畴之内。例如，给出一个学生的学号后，便可以从学生的基本情况(学号、姓名、性别、专业、班级、电话、照片等)、学生成绩、学校所设专业和课程设置等数据中查找出这名学生的姓名、专业、考试成绩等信息。这个过程就是对数据的处理过程。

1.1.2　计算机数据管理的发展

计算机对数据的管理技术随着计算机硬件尤其是外存技术、软件技术和计算机应用范围的发展而不断进步，它的发展历史大致划分成以下几个阶段。

1. 人工管理阶段

数据与处理数据的程序密切相关，不互相独立。数据不做长期保存，依附于计算机程序或软件(图 1.2)。

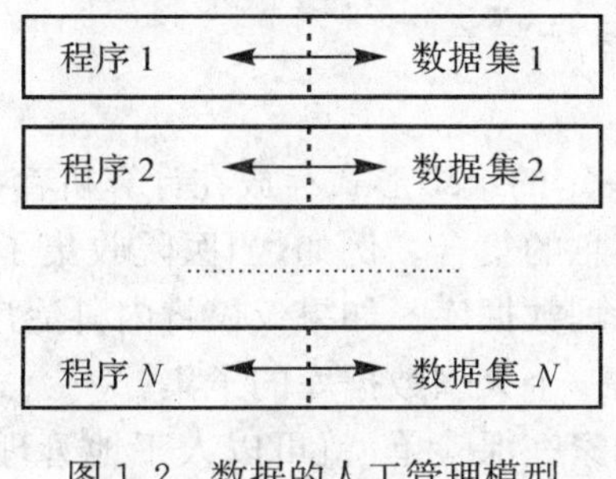

图 1.2　数据的人工管理模型

2. 文件系统阶段

程序与数据有了一定的独立性，程序和数据分开存储，具有程序文件和数据文件的各自属性。数据文件可以长期保存，但数据冗余度大。文件系统缺乏数据独立性，不集中管理数据(图 1.3)。

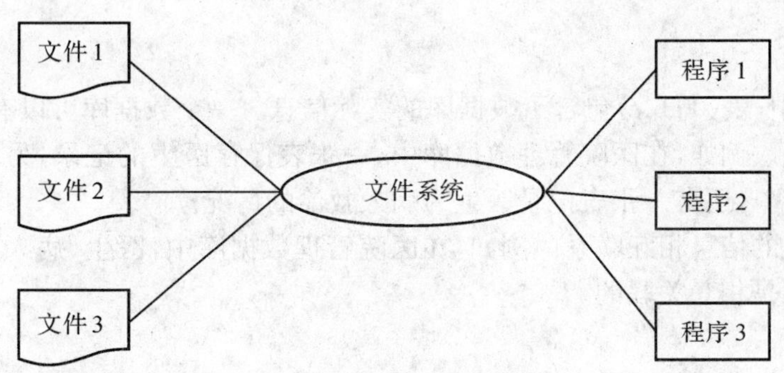

图 1.3　数据的文件管理模型

3. 数据库系统阶段

这个阶段基本实现了数据共享，减少了数据冗余。数据库系统采用特定的数据模型，具有较高的数据独立性，有统一的数据控制和管理功能(图 1.4)。

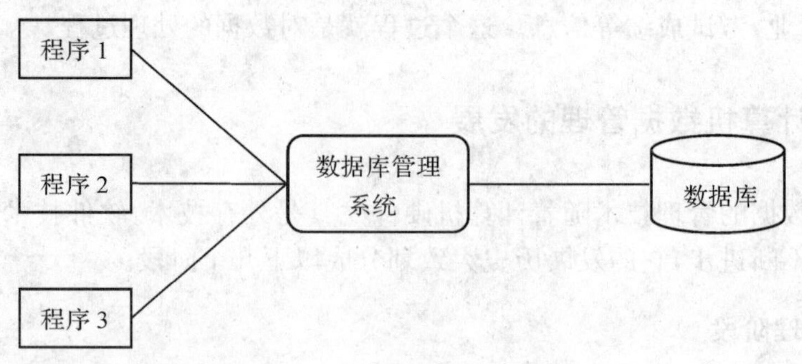

图 1.4 数据库管理模型

1.1.3 什么是数据库

数据库(Database)是以一定的组织形式存放在计算机存储介质上的相互关联的数据的集合,简单来说就是相关信息的集合。例如,当医院收集了医生、病人和救治情况等信息时,就可以组成一个医院管理数据库。如果仅仅将内科治疗信息放到一起,就形成了一个更加有针对性的数据库,或一个大型数据库的子集。

如果数据量比较小,比如家庭保险单,就可以人工地管理这些信息。在这种情况下,用户可以运用传统的管理方法,比如卡片文件,或仅仅在纸上列出一个清单。然而,随着数据库规模的增大,数据管理的任务也随之变得更加艰巨。例如,要通过手工方法管理一个大公司的客户数据库事实上是不可能的。这时需要依赖计算机和数据库管理系统(Database Management System,DBMS),如 Access 数据库管理系统,来替代手工操作。数据库管理系统软件能让用户更轻松快捷地管理大量信息。

一个数据库由一个或多个表组成,一个表包含若干个字段或记录。

1. 表

在 Access 中,表(Table)包含了数据库的实际信息。一个数据库可以有多个表,分别保存不同的信息。例如,在医院管理数据库中,一张表保存医生的记录,另外一张表中列出了所有病人清单,还有一张表记录医生为病人救治的情况。

数据库中表的信息相互联系。例如,在医院管理数据库中,医生、病人和救治情况这三张表中的信息是相互关联的。

2. 记录

一条记录就是一组简单的信息,例如雇员和客户数据。一张表由多个记录组成,例如,在产品表中包含了所有产品的信息,那么一条记录就是关于其中某一种产品的具体信息。有时候,记录也被称作行,因为在一张表内,Access 以行的形式显示每一条记录(图 1.5)。

字段

记录

产品ID	产品名称	供应商	类别	单位数量	单价	库存量
1	苹果汁	佳佳乐	饮料	每箱24瓶	￥18.00	39
2	牛奶	佳佳乐	饮料	每箱24瓶	￥19.00	17
3	蕃茄酱	佳佳乐	调味品	每箱12瓶	￥10.00	13
4	盐	康富食品	调味品	每箱12瓶	￥22.00	53
5	麻油	康富食品	调味品	每箱12瓶	￥21.35	0
6	酱油	妙生	调味品	每箱12瓶	￥25.00	120
7	海鲜粉	妙生	特制品	每箱30盒	￥30.00	15
8	胡椒粉	妙生	调味品	每箱30盒	￥40.00	6
9	鸡	为全	肉/家禽	每袋500克	￥97.00	29
10	蟹	为全	海鲜	每袋500克	￥31.00	31

图 1.5　表的示例

3. 字段

就像表由记录组成一样，记录由字段组成。字段是数据库中表示信息的最小单元。例如，在“医生”表中，每一条记录代表一个不同的医生，而这些记录由独立的字段(姓名、地址、电话号码等)依次组成。图 1.6 表明了字段、记录、表和数据库之间的关系。

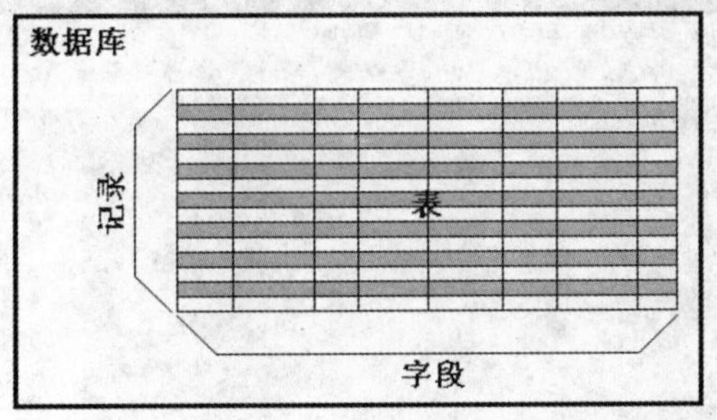

图 1.6　字段、记录、表和数据库之间的关系

字段有时候也被称为列，因为在“数据表”视图下查看数据时，Access 在表中以列的方式来显示每一个字段，如图 1.6 所示。

1.2　熟悉 Access 环境

Access 与许多常用的数据库管理系统，如 Oracle、FoxPro、SQL Server 等一样，是一种关系型数据库管理系统。它可以管理从简单的文本、数字、字符到复杂的图片、动画、音频等各种类型的数据。在 Access 2003 中，可以构造应用程序来存储和归档数据；并可使用多种方式进行数据的筛选、分类和查询；还可以通过显示在屏幕上的窗体来查看数据；或者生成报表将数据按一定的格式打印出来。

作为 Microsoft Office 2003 套件的成员，Access 2003 的使用界面与 Word、Excel 等

的风格相同。在 Access 2003 中编辑数据库对象就像在 Word 中编辑文档、Excel 里编辑数据表一样方便。当然,由于各自的设计目标不同,其功能、界面和使用方法等也会有所差别,主要表现在每一种软件有其专用的工具按钮或版式。

1.2.1　Access 的启动和退出

1. 启动 Access

Access 可以像许多其他 Windows 程序一样来启动,操作步骤如下:

①单击“开始”菜单。

②在“程序”子菜单中单击“Microsoft Access”选项,便可启动 Access。

Access 2003 的初始界面(图 1.7)是标准的 Windows 窗口,包括标题栏、菜单、工具栏、工作区、任务窗格和状态栏等。任务窗格的主要选项包括打开文件、新建、搜索和 Microsoft Office Online 等,可以实现打开已有的数据库,采用多种方法创建新的数据库等功能,操作很方便。

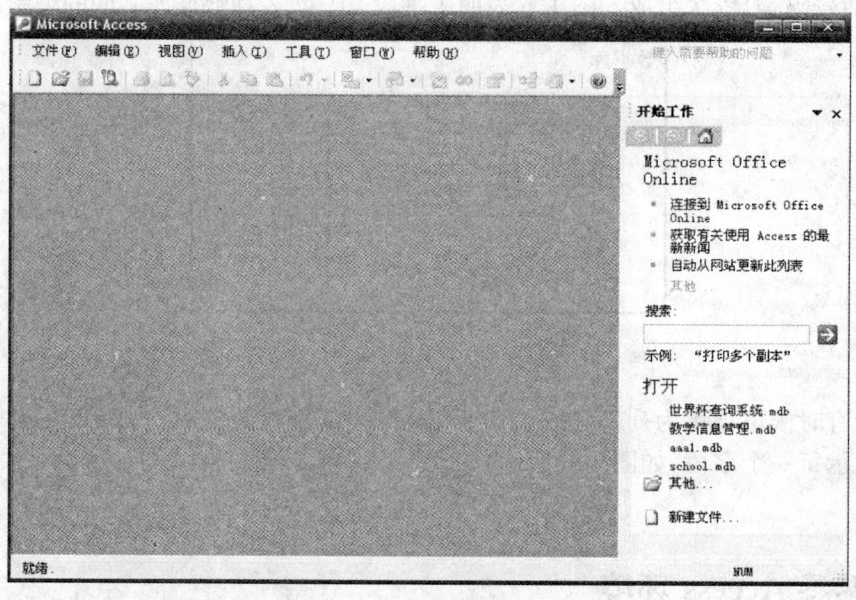

图 1.7　Access 窗口和任务窗格

2. 利用 Windows 的关联属性启动 Access

Access 数据库的默认扩展名是.mdb,就像双击.doc 文件,就可以打开 Word 程序一样双击扩展名为.mdb的Access数据库文件,即图标是的文件,就可以打开 Access 程序,并打开该数据库。这正是利用了 Windows 提供的关联属性(图 1.8)。

在图 1.8 中,与 Access 初始界面的(图 1.7)不同之处在于出现一个数据库窗口,所有的数据库操作都是围绕数据库窗口进行的。从图 1.8 中可以看到,数据库窗口由标题栏、

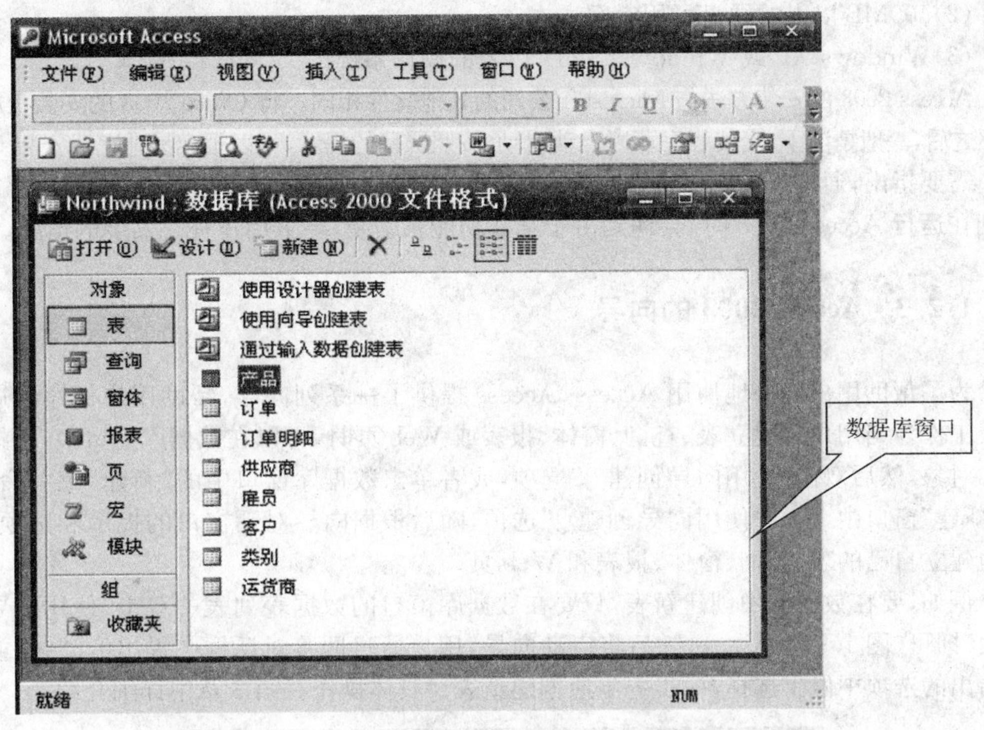

图1.8 Access窗口中的数据库窗口

对象选项卡、对象列表、工具栏组成。窗口的标题栏含有所打开的数据库名，数据库窗口左侧为Access数据库的表、查询、窗体、报表、页、宏和模块等的对象选项卡，数据库窗口的上方为操作工具栏，数据库窗口右边的列表框用来显示当前对象列表。

3. 退出Access

可以像退出其他Windows应用程序一样退出Access，主要方法有以下5种：

(1)单击Access程序窗口右上角的“关闭”图标。

(2)双击Access程序窗口左上角的控制菜单图标(即有钥匙图标的小方块)。

(3)在“文件”菜单中选择“退出”选项。

(4)按下〈Alt〉+〈F4〉键。

(5)右击Windows任务栏上的Access图标，并在随后出现的菜单中选择“关闭”选项。

不管选择哪种方式退出Access，结果都是相同的。如果有未存盘的文件，Access会询问是否保存该文件，随后关闭程序窗口，并返回到Windows。

1.2.2 Access 2003的工作环境

Access 2003所需要的工作环境应符合以下基本条件，否则将不能正常安装和运行。

(1)Pentium Ⅲ 400MHz以上的处理器，128MB以上内存。

(2)400MB 以上的硬盘可用空间。

(3)Windows XP 或 Windows(SP3) 以上的操作系统。

Access 2003 的安装方法与 Microsoft 公司的其他软件相同。将 Office 2003 的安装盘放入光驱之后，一般情况下，安装程序可以自动启动，按照屏幕的提示，可以很容易地完成安装。

需要指出，通常安装程序按典型方式安装，如果硬盘足够大，建议采用完全方式安装。否则在运行 Access 2003 时，会遇到由于某些功能未安装，要求用户补充安装的情况。

1.2.3 Access 2003 的向导

为了帮助用户轻松地使用 Access，Access 提供了一系列向导，帮助用户循序渐进地完成工作。当用户想建立表、查询、窗体、报表或 Web 页时，可以在数据库窗口中，选择相应的对象，然后双击“使用向导创建...”选项，或者单击数据库窗口中的“新建”菜单命令，在“新建”窗口中，选择“使用向导创建...”选项，随后根据向导对话窗口的提示和选项，轻松地建立自己的表、查询、窗体、报表和 Web 页。

例如，要在数据库中创建新表，只要在数据库窗口的数据表列表中双击“使用向导创建表”即可(图 1.9)。Access 随后将启动向导，用户通过回答对话框中提出的问题，或者在给出的选项中做出选择，一步一步地创建新表。具体操作在第 3 章中详细介绍。

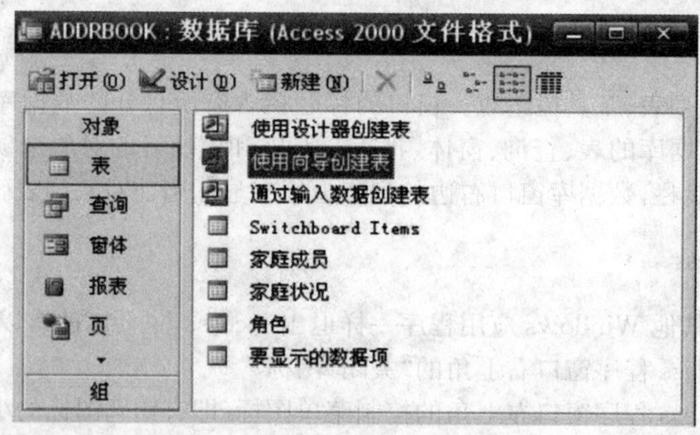

图 1.9 Access 使用向导创建表

1.2.4 Access 2003 的帮助

Access 2003 具有强大的帮助系统，全部采用了 HTML 帮助的形式。通过帮助系统，可以随时获得问题的解答。

当“Office 助手”处于打开状态时，它将显示与用户当前行为有关的提示，并提供获取完成某项特殊任务所需帮助的方法。在默认情况下，Office 助手是被激活的，通过鼠标右键的“隐藏”命令可以将其隐藏，使用“帮助”菜单的“显示 Office 助手”命令可重新显示 Office 助手。

当光标位于用户想获得帮助的选项处时，可使用帮助菜单中的“这是什么”，或直接按下〈F1〉功能键，弹出帮助窗口，显示关于该选项的信息。

如果计算机处于与互联网相连接状态，还可以通过“网上 Office”命令，在 Microsoft 提供的 Web 站点上找到有用的信息，以及最新的模板和向导。

在 Access 中获取帮助最简单的做法是按〈F1〉键，或者在“帮助”菜单中选择“Microsoft Access 帮助”。

【例 1-1】 通过 Access 提供的帮助功能了解如何创建表。

操作步骤如下：

①按〈F1〉键，弹出帮助对话框(图 1.10)，输入要帮助的问题，例如“表”，单击“搜索”按钮。

②弹出搜索结果对话框(图 1.11)，单击“关于表”选项，查看 Access 提供的相关帮助信息。

图1.10　帮助对话框

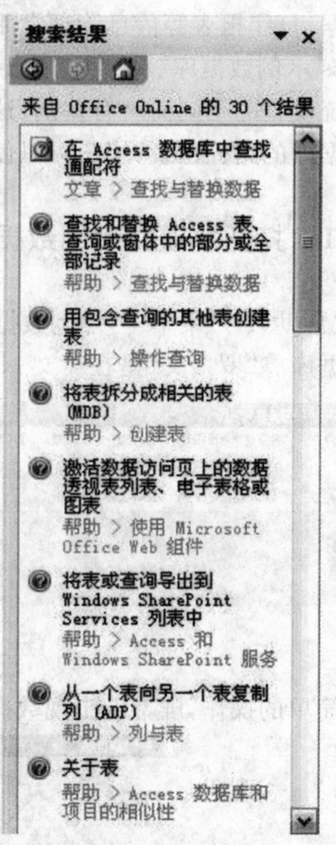

图1.11　搜索结果

练习 1.1

通过 Access 提供的帮助功能中的“培训”选项了解 Access 的功能。

1.3 Access 示例数据库演示

为了了解 Access 是如何工作的，可以打开一个 Access 附带的示例数据库。Access 提供了地址簿、联系人、家庭财产和罗斯文等示例数据库。从接触 Access 提供的示例数据库来了解 Access 2003，可以帮助读者形象地了解 Access 的用途，体会 Access 的使用方式；读者也可以以此作为创建自己的数据库的模板。

Access 所演示的罗斯文示例数据库（Northwind. mdb）是一个简化了的典型的小型商贸公司数据库，包括了产品、订单、订单明细、供应商、雇员、客户、产品类别和运货商等数据。它可以演示如何利用 Access 的表、查询、窗体和报表等对象，实现输入、修改、浏览和查找数据、打印报表等信息管理常用功能。

Access 示例数据库被保存在安装 Office 目录的 sample 子目录下。文件的具体位置会因为系统设置的不同而略有差别，这取决于 Access 第一次是如何安装的。如果需要找出示例数据库的路径位置，用户可以使用 Windows 的查找功能。

1.3.1 打开罗斯文示例数据库

单击“帮助(H)”菜单→“示例数据库...”→“罗斯文示例数据库”（图 1.12），打开罗斯文示例数据库。“罗斯文”是在英文 Northwind 的中文版译名。

图 1.12 Access 的示例数据库

通过简单的操作，屏幕上出现数据库的“主切换面板”窗体（图 1.13）。

图 1.13 Northwind 示例数据库的“主切换面板”窗体

通过单击"主切换面板"窗体上的命令按钮，可以选择不同的功能，比如单击"产品"按钮，弹出"产品"窗体(图 1.14)，显示每个产品的情况。在"产品"窗体中，除了显示一个产品的信息，还可以浏览其他产品的情况。比如，单击"记录导航"按钮，可以显示第一个、最后一个、前一个和后一个不同的产品记录；单击"记录添加"按钮，可以添加一个新的产品。读者可以单击"主切换面板"上的其他命令按钮，观察其功能。

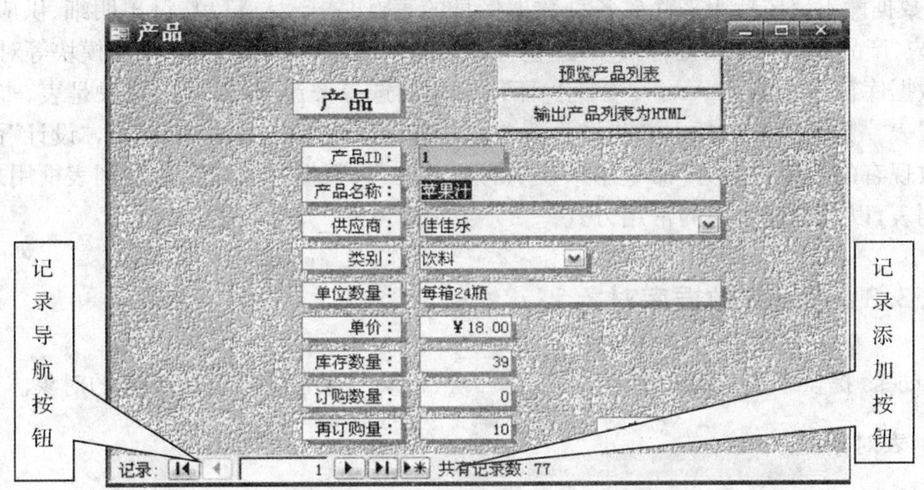

图 1.14　"产品"窗体

练习 1.2

单击"主切换面板"上的"类别"命令按钮，观察其功能。

单击"主切换面板"窗体(图 1.14)中的"显示数据库窗口"按钮，就可以弹出 Access 最主要的窗口——数据库窗口(图 1.15)，显示罗斯文示例数据库的情况。

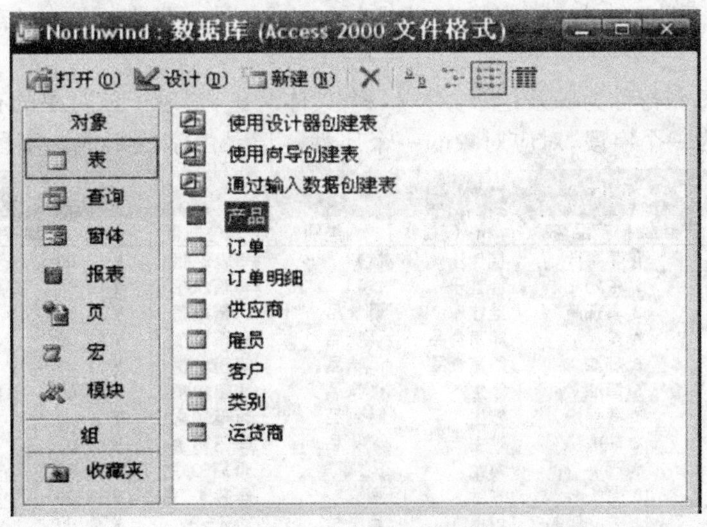

图 1.15　"Northwind 数据库"窗口

1.3.2 了解罗斯文示例数据库窗口

读者也许会问:什么是数据库?简单地说,数据库就是相关信息的集合。比如罗斯文示例数据库就是将公司的产品、供应商、客户和订货等信息组织在一起的一个集合。Access数据库不仅包括用来存放各种数据信息的表,比如产品、订单、订单明细、供应商、雇员、客户、产品类别和运货商等数据,还包含相关的查询、窗体、报表、页、宏和模块等对象。

数据库窗口左侧为 Access 数据库不同对象的选择按钮,最常用的对象是表、查询、窗体和报表。数据库窗口的上方为操作菜单,"新建"命令用来创建新的对象,"设计"命令用来修改现有的对象,"打开"命令用来显示对象的内容;数据库窗口右边的列表框用来显示对象列表,以及创建对象的常用方式。

1.3.3 Access 数据库对象

Access 提供了表、查询、窗体、报表、页、宏、模块等来建立数据库系统的对象。

1. 表对象

表(Table)是数据库中最主要的基本对象,用来存储数据信息,是整个数据库系统的数据源。图 1.15 显示的是罗斯文示例数据库中现有的表对象。

【例 1-2】 显示"产品"表的内容,借以了解表的基本结构。

操作步骤如下:

①单击数据库窗口的"表"对象按钮(图 1.15)。

②单击"表"列表中的"产品"。

③单击"打开"命令,打开"产品"表(图 1.16)。它是一张带标题的二维表,存放产品有关信息。

二维表的每一行称为一条记录,对应一个具体对象,记录了该对象的有关信息。二维表的每一列称为一个字段,对应对象的一个属性。记录由字段组成。字段是数据库中表

产品:表

产品ID	产品名称	供应商	类别	单位数量	单价	库存量
1	苹果汁	佳佳乐	饮料	每箱24瓶	¥18.00	39
2	牛奶	佳佳乐	饮料	每箱24瓶	¥19.00	17
3	蕃茄酱	佳佳乐	调味品	每箱12瓶	¥10.00	13
4	盐	康富食品	调味品	每箱12瓶	¥22.00	53
5	麻油	康富食品	调味品	每箱12瓶	¥21.35	0
6	酱油	妙生	调味品	每箱12瓶	¥25.00	120
7	海鲜粉	妙生	特制品	每箱30盒	¥30.00	15
8	胡椒粉	妙生	调味品	每箱30盒	¥40.00	6
9	鸡	为全	肉/家禽	每袋500克	¥97.00	29
10	蟹	为全	海鲜	每袋500克	¥31.00	31
11	大众奶酪	日正	日用品	每袋6包	¥21.00	22

记录: 1 共有记录数: 77

图 1.16 "产品"表

示信息的最小单元。例如，在“产品”表中，每一条记录代表一个产品，而这些记录都由独立的字段（产品 ID、产品名称、供应商等）组成。

2. 查询对象

进行数据库操作时，可能需要不时地处理某一部分数据。例如，尽管“产品”表包括了所有产品记录，但用户却需要查看产品按类别的销售汇总情况。在这种情况下，就需要建立查询对象，简称查询（Query）。查询主要用来检索和查看数据，它的数据来源是表或其他查询对象，查询还可以像表一样，作为数据库其他对象的数据来源。利用 Access 提供的不同查询方式，能够方便地检索、浏览和加工数据。

【例 1-3】　打开“1997 年各类销售总额”查询。

操作步骤如下：

①单击“查询”对象按钮。图 1.17 显示了罗斯文示例数据库所建立的查询对象。

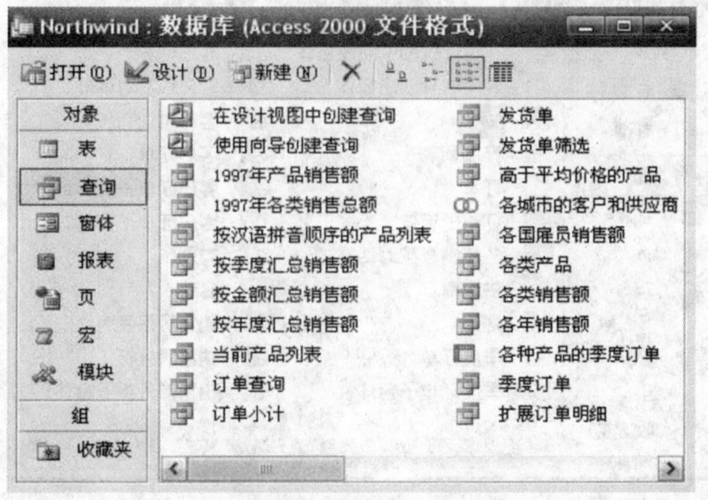

图 1.17　罗斯文示例数据库所建立的查询对象

②单击查询列表中的“1997 年各类销售总额”。

③单击“打开”命令，显示有关 1997 年各类销售总额的查询结果（图 1.18）。

1997年各...

类别名称	产品销售总额
点心	￥81,772.11
调味品	￥54,399.56
谷类/麦片	￥55,948.82
海鲜	￥65,544.19
日用品	￥114,749.75
肉/家禽	￥81,338.06
特制品	￥53,019.98
饮料	￥102,074.29

记录：1

图 1.18　查询结果

3. 窗体对象

在 Access 中,由用户自己定义的窗口叫做窗体(Form)。用户可以在窗体中显示表的信息,并通过增加命令按钮、文本框、标签以及其他对象,轻松方便地输入和显示数据。运用窗体能给用户提供一个更加友好的操作界面。比如罗斯文示例数据库的“主切换面板”窗体(图 1.12)就是一个操作方便的窗体例子。

【例 1-4】 打开“产品”窗体。

操作步骤如下:

①单击“窗体”对象按钮,显示如图 1.19 所示的罗斯文示例数据库所建立的窗体对象。

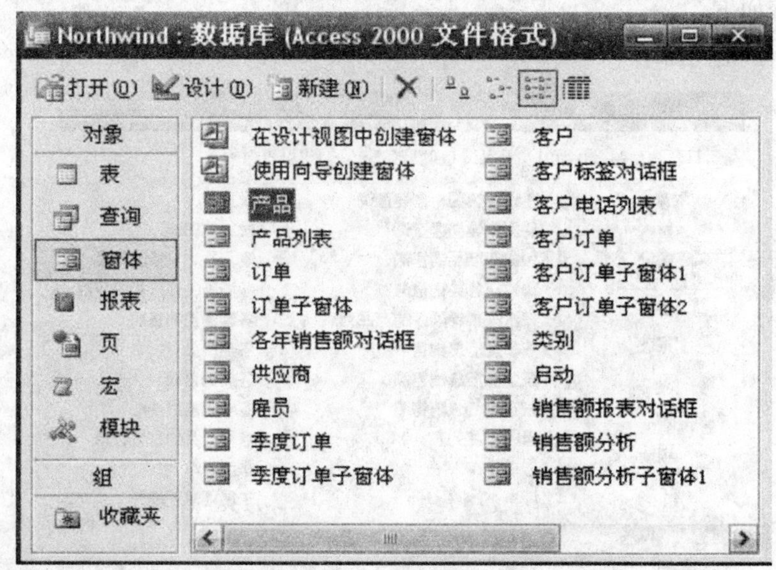

图 1.19　罗斯文示例数据库所建立的窗体对象

②单击窗体列表中的“产品”。

③单击“打开”命令,显示“产品”窗体(图 1.14)。“产品”窗体可以显示不同的产品信息,或输入新的产品信息。

读者可以对“产品”窗体(图 1.14)和“产品”表(图 1.16)进行对比,分析它们之间的相同和不同之处。

4. 报表对象

报表(Report)可以将数据库中的数据以设定的格式进行显示和打印,同时可以对有关数据实现汇总、求平均等计算,利用报表设计器可以设计出各种各样的报表。

【例 1-5】 预览“各年销售额”报表。

操作步骤如下:

①单击“报表”对象按钮,显示罗斯文示例数据库所建立的报表对象。

②单击报表列表中的“发货单”。

③单击“预览”命令，显示“发货单”报表(图1.20)。

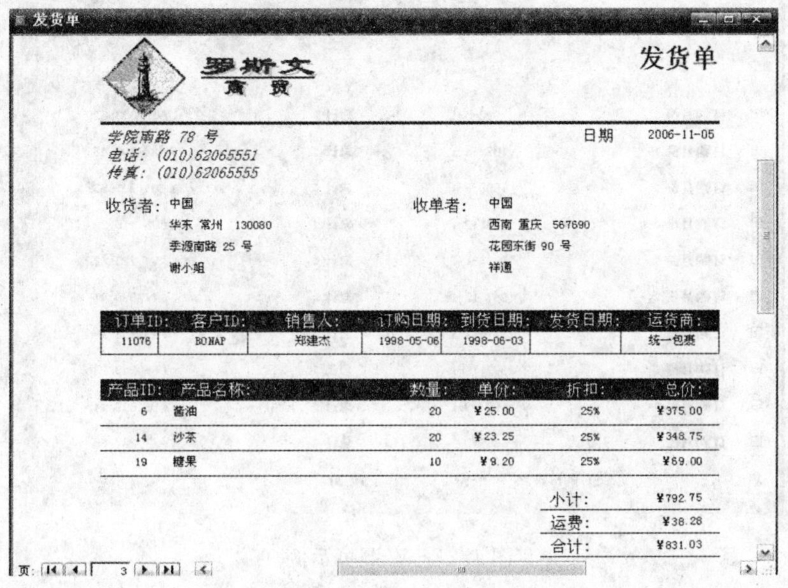

图1.20 报表示例

5. 页对象

页又称为Web页，是Access 2000或更高版本所具有的新功能，它使得Access与Internet的结合更为紧密。用户可利用页设计器建立Web页，将数据库的数据作为文件存放在Web发布程序所指定的文件夹中，或者复制到Web服务器上，在Internet发布信息。

【例1-6】 打开Web页。

操作步骤如下：

①单击“页”对象按钮，显示罗斯文示例数据库所建立的页对象。

②单击页列表中的“查看订单”。

③单击“打开”命令，显示订单列表的Web页(图1.21)。

6. 宏对象

宏(Macro)是由一系列命令组合而成的集合，以达到自动执行重复性工作的功能，例如设定打开Access时自动打开某个窗体或表等。使用宏可以简化一些经常性的操作。如果将一系列操作设计为一个宏，则在执行这个宏时，其中定义的所有操作就会按照规定的顺序依次执行。

7. 模块对象

模块(Module)是用VBA语言编写的程序段，它以Visual Basic为内置的数据库程序

查看订单

⊞	订购月份：	1998-5-1	总计：	¥18,333.62
⊞	订购月份：	1998-4-1	总计：	¥123,798.68
⊞	订购月份：	1998-3-1	总计：	¥104,901.63
⊞	订购月份：	1998-2-1	总计：	¥99,415.29
⊞	订购月份：	1998-1-1	总计：	¥94,225.32
⊞	订购月份：	1997-12-1	总计：	¥71,398.41
⊞	订购月份：	1997-11-1	总计：	¥43,533.79
⊞	订购月份：	1997-10-1	总计：	¥66,749.23
⊞	订购月份：	1997-9-1	总计：	¥55,629.24
⊞	订购月份：	1997-8-1	总计：	¥47,287.66

订单-订购日期 23 之 1-10

图 1.21 Web 页示例

语言。VBA 提供了宏无法完成、较为复杂或高级的功能，或者是关于整个数据对象的整合操作。

对于以上这两个对象，在掌握了 Access 的基本操作后，再做较为详细的解释。

以上通过 Access 的罗斯文示例数据库，初步介绍了 Access 数据库常用的对象；读者可以从中体会到用 Access 进行信息管理的方便之处。读者可以继续打开罗斯文示例数据库提供的表、查询、窗体和报表等对象，也可以打开其他示例库，并通过运行这些数据库进一步认识和了解 Access。

8. 组

除了标准的 7 种对象选项卡外，Access 还允许用户根据需求创建新组，以便摆放数据库中常用对象的快捷方式。

右击收藏夹选项卡，在弹出的菜单中选择“新组”命令，屏幕上出现“新建组”对话框，如图 1.22 所示。

图 1.22 新建组

练习 1.3

打开“联系人示例数据库”，了解该数据库的功能。

思考题和习题

一、选择题

1. Access 2003是(　　)类型的软件。

(A)文字处理　　(B)电子表格　　(C)演示软件　　(D)数据库

2. 在Access菜单中没有(　　)命令。

(A)格式　　(B)文件　　(C)编辑　　(D)窗口

3. Access文件的扩展名是(　　)。

(A).doc　　(B).xls　　(C).mdb　　(D).ppt

4. 在Access的数据库窗口中没有(　　)命令。

(A)打开　　(B)新建　　(C)设计　　(D)编辑

5. 在Access的数据库对象中不包括(　　)对象。

(A)表　　(B)窗体　　(C)工作簿　　(D)报表

二、填空题

1. Access 2003的任务窗格主要包括________、________和________功能。

2. Access 2003数据库的主要对象包括________、________、________、________、________、________和________。

三、思考题

1. 简述什么是数据库。

2. Access 2003包括哪些主要对象?

3. Access数据库文件的扩展名是什么?

4. 简述安装Access 2003的必要环境。

实验

练习目的

初步了解Access 2003。

练习内容

1. 启动Access 2003,了解Access 2003的窗口。

2. 请运行Access 2003提供的“地址簿示例数据库”,总结它有哪些功能?包括哪些表?

3. 通过Access 2003的帮助功能,了解Access 2003有哪些新的功能?

第 2 章

建立 Access 数据库

数据库技术研究如何科学地组织数据和存储数据，如何高效地检索数据和处理数据，以及如何减少数据冗余，保障数据安全，实现数据共享。在计算机应用的领域中，管理信息系统方面的应用占 90%以上，而数据库技术又是管理信息系统的基础。因此，可以说，数据库是当今计算机应用中覆盖范围最广的。

通过第 1 章的学习，我们领略了 Access 是一个功能强大、灵活适用的数据库管理系统。本章主要介绍数据库的基本理论和基本概念，力求在学习 Access 数据库的使用之前，给读者打下数据库的理论基础。在此基础上，学习如何建立自己的 Access 数据库。

【本章要点】

- 数据模型
- 关系型数据库
- 创建数据库

2.1 数据模型

模型是现实世界的特征和抽象，模型能够清楚地表示事物。人们对航空模型、汽车模型都很熟悉，它们是设计真实产品过程中的重要环节。计算机数据管理的对象是现实生活中的客观事物，人们在实施对客观事物的管理过程中，首先要经历了解、熟悉的过程，从观测中得到大量描述具体事物的数据。数据模型是工具，是用来抽象、表示和处理现实世界中的数据和信息的工具。

数据模型应满足三个方面的要求：

①能够比较真实地模拟现实世界。

②容易被人理解。

③便于在计算机系统中实现。

2.1.1 从现实世界到数据世界

人们把客观存在的事物以数据的形式存储在计算机中，经历了对现实社会中事物特性的认识、概念化，到计算机数据库里的具体表示的过程，这是一个逐级抽象的过程，是从现实到概念再到数据的三个领域的过程。

1. 现实世界

人们管理的对象存在于现实世界中，现实世界的事物及事物之间存在着联系，这种联系是客观存在的，是由事物本身的性质决定的。例如，学校中有学生、老师、课程等构成元素，学生选择不同的课程，老师承担各门课程的教学，学生、老师、课程是相互关联的。

2. 概念世界和概念模型

概念世界是现实世界的第一层抽象，是对客观事物及其联系的一种抽象描述，进而产生概念模型。概念模型不涉及信息在计算机中的表示和实现，比较直观，容易理解。

3. 数据世界和数据模型

数据世界，又称机器世界，是将概念世界中的概念模型数字化，存入计算机系统，成为数据模型。数据模型描述数据库的逻辑结构。为了准确地反映事物本身及事物之间的各种联系，数据库中的数据一定存在一个结构，用数据模型表示这种结构。数据模型将概念世界中的实体及实体间的联系进一步抽象为便于计算机处理的方式。图 2.1 表示它们之间的关系。

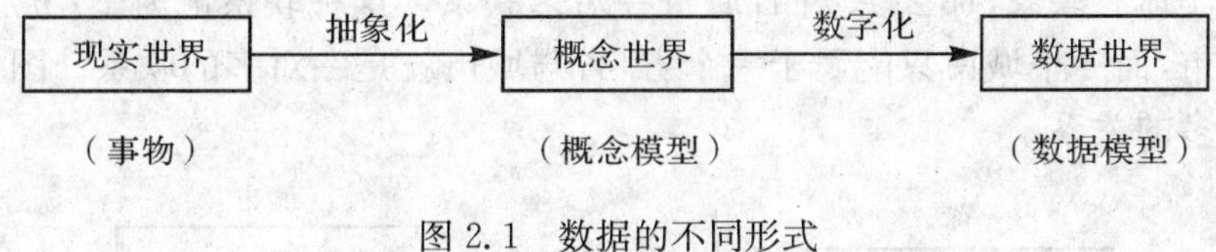

图 2.1　数据的不同形式

2.1.2　概念模型

概念模型用于概念世界的建模，是对现实世界的抽象，是数据库设计人员和用户之间进行数据库设计的有力工具。概念模型描述了现实世界中的各种具体事物，以及事物之间的联系。

1. 概念模型的几个基本概念

(1)实体(Entity)。客观存在并且可以相互区别的事物称为实体。实体可以是实际事物，也可以是抽象事件。例如，常见的实体包括人、位置、对象、事件和概念等。

(2)实体集(Entity Set)。同一类实体的集合称为实体集。例如，全体医生的信息构成一个完整的医生信息的实体集，全体学生也是一个实体集。

(3)属性(Attribute)。描述实体的特性称为属性。例如，医生的属性包括编号、姓名、性别、职称、科室等。

(4)主键(Key)。又称关键字，如果某个属性或某些属性组合的值能唯一地标识出实体集中的每一个实体，可以选作关键字。例如，医生编号是唯一标识医生的不相重复信息，可选作关键字。

2. 实体之间的联系

现实世界中的事物之间存在联系，这种联系在概念世界中反映为实体集之间的相互关系，实体集之间的对应关系称为联系。联系归结为三种类型：

(1)一对一联系(1∶1)

设 A、B 为两个实体集。若 A 中的每个实体至多和 B 中的一个实体有联系，反过来，B 中的每个实体至多和 A 中的一个实体有联系，称 A 对 B 或 B 对 A 是一对一联系。这种联系记为 1∶1。例如，一个公司只有一位董事长，而董事长只能在一个公司任职，则董事长与公司之间是一对一的关系。图 2.2 表示实体之间一对一的关系。

图 2.2 实体之间一对一的关系

(2)一对多联系(1∶n)

如果实体集 A 中的每个实体可以和 B 中的几个实体有联系，而 B 中的每个实体都和 A 中的一个实体有联系，那么 A 对 B 属于一对多联系。这种联系记为 1∶n。例如，一个省有多个城市，而一个城市只能属于一个省，省与城市就是一对多的联系。图 2.3 表示实体之间一对多的关系。

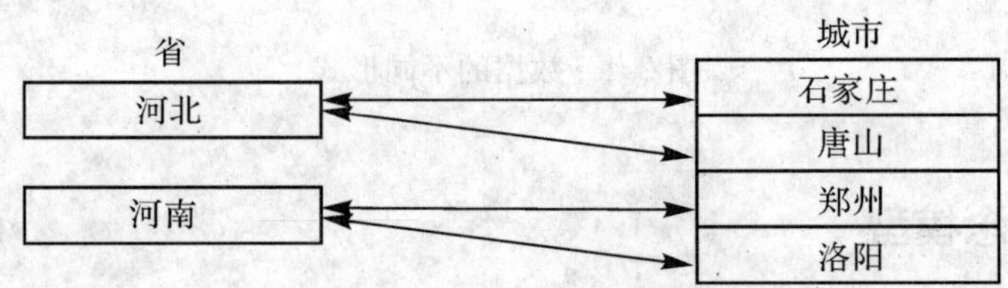

图 2.3 实体之间一对多的关系

(3)多对多联系(m∶n)

若实体集 A 中的每个实体可以和 B 中的多个实体有联系，反过来，B 中的每个实体也可以与 A 中的多个实体有联系，称 A 对 B 或 B 对 A 是多对多联系。这种联系记为 m∶n。例如，每个读者可以借阅多本图书，每本书可以被不同的读者借阅，图书和读者间存在多对多的联系。图 2.4 表示实体之间多对多的关系。

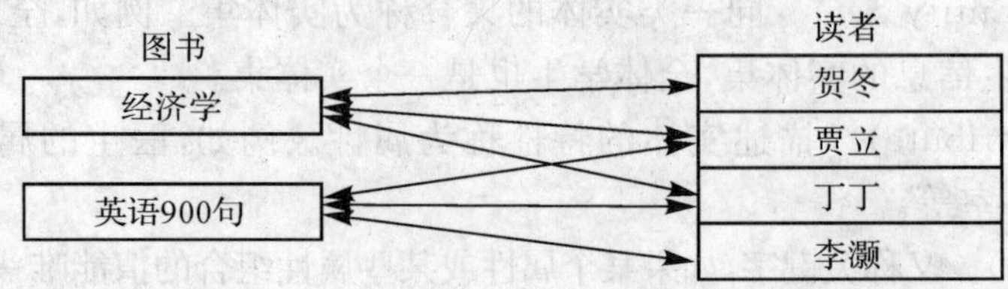

图 2.4 实体之间多对多的关系

3. 概念模型的表示方法:E-R 图

概念模型应该能够准确、方便地表示信息世界的概念，那么如何表示概念模型？实体联系图(Entity-Relationship Approach，E-R 图)，也被称为 E-R 模型(实体联系模型)，是描述概念世界、建立概念模型的实用工具。

E-R 模型有四个基本成分:矩形，它表示实体;椭圆形，它表示实体属性;菱形，它表示联系;连线，它表示实体之间以及属性之间的联系。矩形框、椭圆形框、菱形框内要标注实体、属性和联系的名字，连线两头标注联系的类型是一对一、一对多还是多对多的联系。

【例 2-1】 建立学生与专业、学生与课程的 E-R 图。

学生实体的属性包括学号、姓名、专业和班级等;专业实体的属性包括专业编号、专业名称、说明等;课程实体的属性包括编号、名称和学分。

每个专业包含多个学生，每个学生只从属于某个专业，专业与学生间存在一对多的联系。图 2.5(a)是专业与学生实体之间的属性和联系的 E-R 图。

每个学生可以选修多门课程，每门课程由多个学生选修，学生和课程间存在多对多的联系。图 2.5(b)是学生与课程实体之间的属性和联系的 E-R 图。

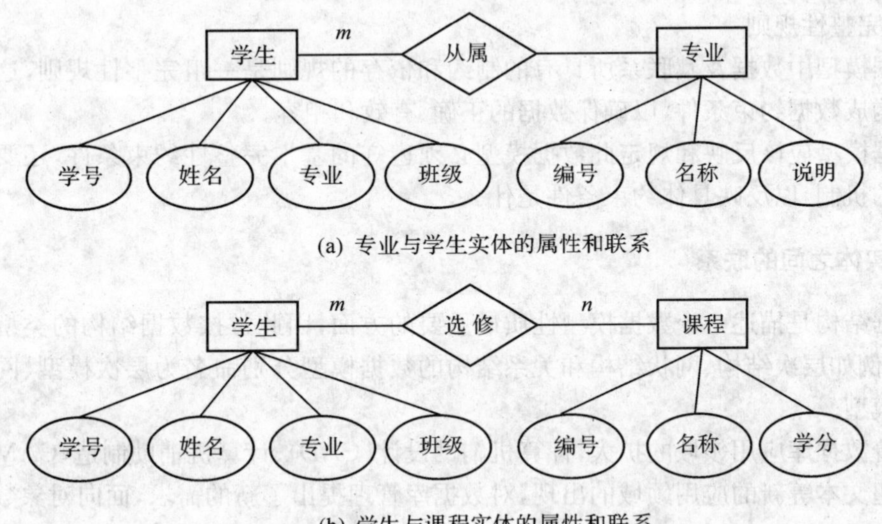

(a) 专业与学生实体的属性和联系

(b) 学生与课程实体的属性和联系

图 2.5

练习 2.1

(1)说明“老师”实体具有哪些属性。

(2)说明“院系”实体具有哪些属性。

(3)如果每个院系聘任多名老师，而每位老师只受聘于一个院系，请判断这两个实体之间存在何种联系(一对一、一对多、多对多)。

2.1.3 数据模型

虽然概念模型将现实世界中的事物进行抽象，但概念模型不能直接成为计算机操作的对象。由此出现数据模型，负责数据的组织和操作方式。

1. 数据模型的要素

数据模型由数据结构、数据操作和完整性规则三部分组成。

(1)数据结构

数据结构是所研究对象的集合，这些对象包括数据库的组成，例如表中的字段、名称等。数据结构分为两类，一类是与数据类型内容等相关的对象，另一类是数据之间关系的对象。

(2)数据操作

数据操作是指对数据库中各种对象(型)的实例(值)允许执行的操作的集合，包括操作及其相关的操作规则。数据库的操作主要包括查询和更新两大类，数据模型必须定义操作的确切含义、操作符号、操作规则和实施操作的语言。

(3)完整性规则

数据模型中数据及其联系所具有的制约和依存的规则是一组完整性规则，这些规则的集合构成数据约束条件，以确保数据的正确、有效和相容。

数据模型应该反映和规定此数据模型必须遵守的基本完整性约束条件，还要提供约束条件的机制，以反映具体约束条件是什么。

2. 实体之间的联系

数据结构是描述一个数据模型性质最重要的方面，因此常按数据结构的类型命名数据模型，例如层次结构、网状结构和关系结构的数据模型分别命名为层次模型、网状模型和关系模型。

随着数据库应用领域的扩大，计算机辅助设计(CAD)、计算机辅助制造(CAM)、图象处理和超文本等新的应用领域的出现，对数据库管理提出了新的需求，面向对象数据库模型应运而生。

(1)层次模型(Hierarchical Model)

层次数据模型是最早出现的数据模型，其采用层次模型结构。

用树形结构表示实体及其之间联系的模型称为层次模型，这种模型的实际存储数据由链接指针来体现联系，参见图 2.6。

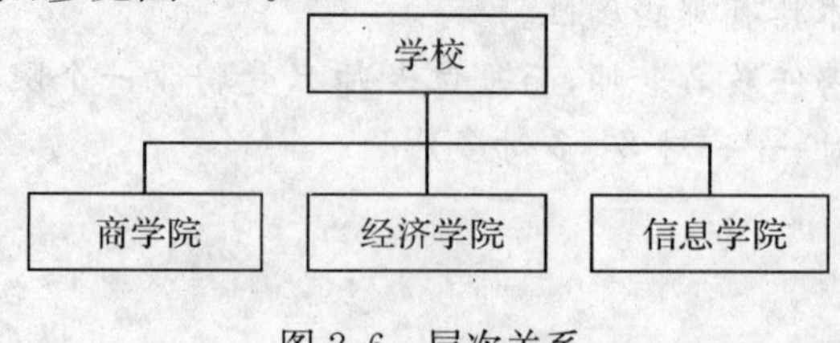

图 2.6 层次关系

层次模型的特点如下：

①有且仅有一个节点无父节点，此节点是根节点。例如，大学数据模型中的校长。

②其他节点有且仅有一个父节点。比如，校长下属的学院院长，他们的父节点就是大学校长。

③适合于表示一对多的联系。比如，一个校长下属的若干院长。

支持层次模型的数据库系统称为层次型数据库系统。典型的层次型数据库有 IBM 公司研制的 IMS 系统。

(2)网状模型(Netware Model)

网状模型中，节点间的联系是任意的，任意两个节点间都能发生联系，这种结构更适于描述客观世界。用网状结构表示实体及其之间联系的模型被称为网状模型。

网状模型的特点是：允许节点有多于一个的父节点，可以有一个以上的节点无父节点。

网状模型适合于表示多对多的联系。例如，供应商与合同、合同与商品间的关系等都是 $m:n$ 的关系，参见图 2.7。

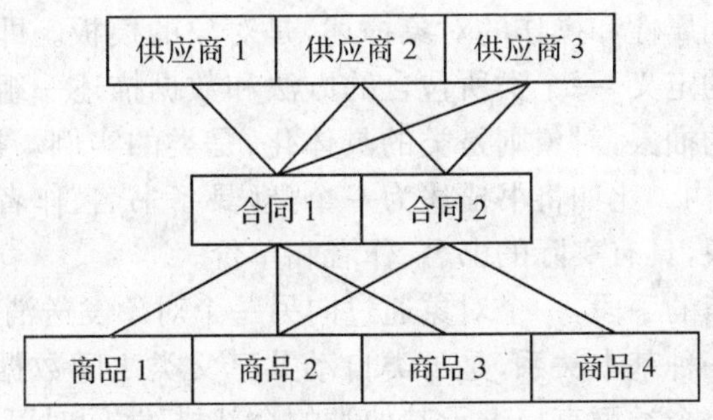

图 2.7　网状关系

采用了网状数据模型的数据库系统就是网状数据库系统，网状数据库的代表是 DBTG 系统。

(3)关系模型(Relational Model)

用二维表结构来表示实体以及实体之间联系的模型称为关系模型。关系数据库模型是以关系数学理论为基础的，在关系模型中，结构单一化是关系模型的一大特点，操作的对象和结果都是二维表，这种二维表就是关系。关系模型对数据库的理论和实践产生很大的影响，它比层次和网状模型有明显的优点，成为当今计算机技术的主流模型，Access 就是一个典型的关系型数据库管理系统。

一个关系的逻辑结构是一张二维表，日常生活中人们熟悉的通讯录、产品目录等都以二维表的形式组织数据。每个二维表有一个名字，代表概念模型中的一个实体集；二维表的每一行代表概念模型中的一个实体；二维表的每一列代表概念模型中的实体的一个属性。关系在磁盘上以文件形式存储，每个字段是表中的一列，每个记录是表中的一行，如图 2.8 所示的是一张医生名单表。

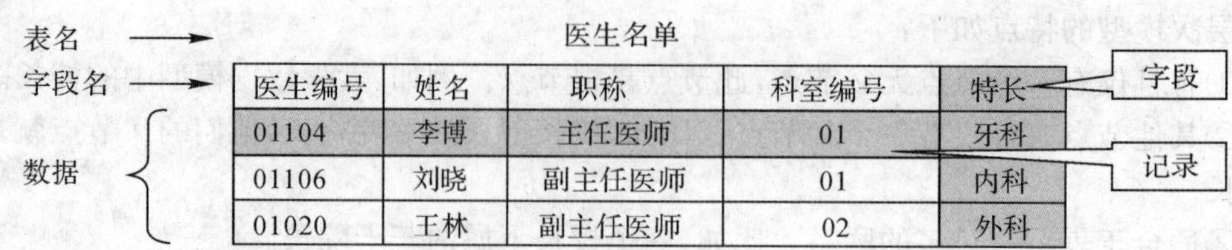

图 2.8 某医院医生名单

(4)面向对象(Object Oriented,OO)

面向对象的思想首先出现在程序设计语言中。“面向对象”是一种认识客观世界和模拟客观世界的方法,它将客观世界看成是由许多不同种类的对象构成的,每个对象都有自己的内部状态和运动规律,不同对象之间的相互联系和相互作用就构成了完整的客观世界。面向对象引入了对象、类、消息、继承、封装性和多态性等一系列概念。

对象是要研究的任何事物,对象的描述包括其一组属性及这组属性上的专有操作。从一本书到一家图书馆,从单个整数到整数列庞大的数据库,从汽车零件到航天飞机都可看作对象。

类是一组具有相同属性和操作的对象描述,是对象的模板。即类是对一组有相同属性和相同操作的对象的定义,一个类所包含的方法和数据描述一组对象的共同属性和行为。类是在对象之上的抽象,对象则是类的具体化,是类的实例。类可有其子类,也可有其他类,形成类层次结构。比如将书描述为一个类,具备书名、作者、单价等属性,而具体的一本书就是一个对象,具有实际的书名、作者和单价。

消息是对象间通信的手段,一个对象通过向另一个对象发送消息来请求服务。

继承是类之间的一种基本关系,是子类自动共享父类之间数据和方法的机制。它由类的派生功能体现。一个类可直接继承其他类的全部描述,同时可修改和扩充。比如,教材类是书类的子类,它不仅具备与书相同的属性,还具备教材类特有的属性。

封装是一种信息隐蔽技术,封装的目的在于把对象的设计者和对象的使用者分开,使用者不必知晓行为实现的细节,只需用设计者提供的消息来访问该对象。

多态性是对象根据所接收的消息而做出动作。同一消息为不同的对象接受时可产生完全不同的行动,这种现象称为多态性。

总之,面向对象数据与现实世界实体一一对应,具有传统数据库数据不具备的两大特点:即内容海量性和结构复杂性,它是构建新型数据库的基础。面向对象方法(Object Oriented Method)是一种把面向对象的思想应用于软件开发过程中,指导开发活动的系统方法,是建立在“对象”概念基础上的方法学。

把面向对象的方法和数据库技术结合起来建造面向对象的数据库系统(Object Oriented DataBase System, OODBS)应该具备两个基本特征:首先它是一个数据库系统,具备数据库系统的基本功能;其次是一个面向对象系统,必须支持面向对象的数据模型,具有面向对象的特性。因此可以将一个 OODBS 表达为“面向对象系统+数据库能力”。图 2.9 说明面向对象数据库系统的基本结构。

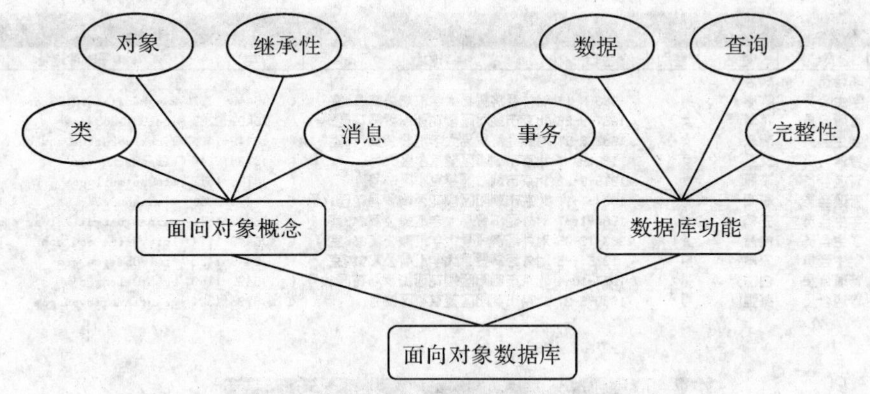

图 2.9　面向对象数据库模型

2.2　关系数据模型

20 世纪 80 年代以来，新推出的数据库管理系统几乎都支持关系数据模型，Access 就是一种关系型数据库管理系统，本节结合 Access 来介绍关系数据库系统的基本概念。

2.2.1　关系术语及特点

关系数据模型的用户界面非常简单，一个关系的逻辑结构就是一个二维表。这种用二维表的形式表示实体和实体间联系的数据模型称为关系数据模型。目前流行的关系型数据库管理系统产品包括 Access、SQL Server、FoxPro、Oracle 等。

1. 关系术语

在 Access 中，一个表就是一个关系。图 2.10(a)给出了一张"会员"表。图 2.10(b)给出了一张"会员级别"表。

(1)关系(Relation)

一个关系就是一个二维表，每个关系有一个关系名。其格式为：

关系名(属性名 1，属性名 2，…，属性名 n)

在 Access 中，表示为表结构：

表名(字段名 1，字段名 2，…，字段名 n)

例如"会员"表可以描述为：

会员(会员 ID，会员级别，姓名，性别，生日，地址，电话，电子邮件地址，邮编)

会员级别(会员级别，待遇)

(2)元组(Tuple)

在一个二维表(一个具体关系)中，水平方向的行称为元组，每一行是一个元组。元组

会员：表

会员 ID	会员级别	姓名	性别	生日	地址	电话	电子邮件地址	邮编
1	非会员	顾客						
2	学生会员	陈康	男	1983-8-15	对外经济贸易大学汇忠公寓214室	(　)6449-1257	kangkangtaoqi@163.com	100029
3	普通会员	蒋琴琴	女	1987-9-25	北京市朝阳区樱花西街罗马花园5号	(　)6499-8237	jqq1987@263.com	
4	学生会员	施乐	女	1982-3-27	对外经济贸易大学汇贤公寓118室	(　)6449-1426	xerox1982@sina.com.cn	
5	普通会员	艾雯	女	1881-4-7	北京市朝阳区望京小区59号	(　)8798-2245	allen@sohu.com	
6	普通会员	李丽	女	1979-6-22	北京市朝阳区望京小区59号	(　)8798-1577	mzm@hotmail.com	
7	普通会员	李澜	男	1984-7-11	北京市朝阳区樱花西街罗马花园11号	(　)6499-2351	eve@sohu.com	
8	学生会员	王楠	女	1984-11-7	对外经济贸易大学汇美公寓245室	(　)6449-1874	nannanguaiguai@elong.com	
9	学生会员	徐茜	女	1983-12-25	对外经济贸易大学汇康公寓336室	(　)6449-1174	ivivy@sina.com.com	
10	学生会员	宋敏	男	1985-1-5	对外经济贸易大学汇智公寓519室	(　)6449-1423	csm1985@eyou.com	
11	普通会员	白浩光	男	1977-10-4	北京市朝阳区樱花西街罗马花园29号	(　)6499-1789	hgbai@elong.com	
12	普通会员	张强	男	1980-5-27	北京市朝阳区望京小区28号	(010)8798-1324	qiangzhang@eyou.com	

(a) “会员”表

会员级别：表

会员级别	待遇
非会员	无特别待遇
普通会员	本店内任何商品九折优惠（特价商品除外）
学生会员	本店内任何商品八折优惠（特价商品除外）

(b) “会员级别”表

图 2.10

对应表中的一个具体记录，例如，“会员”关系包括多条记录（或多个元组）。

(3)属性(Attribute)

二维表中垂直方向的列称为属性，每一列有一个属性名。在 Access 中表示为字段名。每个字段的数据类型、宽度等在创建表的结构时规定。例如，“会员”中的“会员 ID”、“姓名”、“性别”等字段名及其相应的数据类型组成表的结构。

(4)域(Domain)

属性的取值范围，即不同元组对同一个属性的取值所限定的范围。例如，性别只能从“男”、“女”两个汉字中取一；或要求所有的会员是 1970 年以后出生的。

(5)主键(Primary Key)

主键又称为主关键字，其值能够唯一地标识一个元组的属性或属性的组合，在Access 中表示为字段或字段的组合。一个表只能有一个主键，主键可以是一个字段，也可以由若干字段组合而成。

例如，“会员”表中的“会员 ID”字段可以唯一确定一个元组，也就成为该关系的主键。由于具有某一会员级别的可能不止一人，因而“会员级别”字段不能成为“会员”表中的主键。而在“会员级别”表中的“会员级别”字段可以唯一确定一个元组，“会员级别”字段也就成为该关系的主键。

(6)外键(Foreign Key)

表之间的联系是通过外键来建立的。某个字段同时存在于表 1 和表 2 中，它不是表 1 的主键，而是表 2 的主键，就可以说该字段是表 1 的外键。

例如，将“会员级别”表与“会员”表联系起来的字段是这两个表都有“会员级别”字段。“会员级别”字段是“会员级别”表的主键，但不是“会员”表的主键，当“会员级别”表与“会员”表通过“会员级别”字段建立联系，则“会员级别”字段成为“会员”表的外键。

2. 关系的特点

关系模型看起来简单，但是并不能将日常手工管理所用的各种表格，按照一张表一个关系直接存放到数据库系统中。在关系模型中对关系有一定的要求，关系必须具有以下特点：

(1)关系必须规范化。所谓规范化是指关系模型中的每一个关系模型都必须满足一定的要求。最基本的要求是所有属性值都是原子项(不可再分)。

手工制表中经常出现如表 2.1 所示的复合表。这种表格不是二维表，因为应发工资被分成基本工资、奖金和津贴 3 个属性，应扣工资存在同样的问题。为了把它作为关系来存储，必须去掉应发工资和应扣工资这两项。

表 2.1　复合表示例

姓名	职称	应发工资			应扣工资			实发工资
		基本工资	奖金	津贴	房租	水电	托儿费	

(2)在同一个关系中不能出现相同的属性名，即不允许同一表中有相同的字段名。

(3)关系中不允许有完全相同的元组，即冗余。

(4)在一个关系中元组的次序无关紧要。任意交换两行的位置并不影响数据的实际含义。

2.2.2　关系运算

关系数据库进行查询时，需要找到用户感兴趣的数据，这就需要对关系进行一定的关系运算。关系的基本运算有两类：一类是传统的集合运算(并、差、交等)，另一类是专门的关系运算(选择、投影、联接)，有些查询需要几个基本运算的组合。

1. 传统的集合运算

进行并、差、交集合运算的两个关系必须具有相同的关系模式，即元组有相同的结构。

(1)并(Union)

两个相同结构关系的并是由属于这两个关系的元组共同组成的集合。

例如，有两个结构相同的学生关系 R1、R2，分别存放两个班的学生，将第二个班的学生记录追加到第一个班的学生记录后面就是两个关系的并集。

(2)差(Difference)

设有两个相同结构的关系 R 和 S，R 与 S 的差是由属于 R 但不属于 S 的元组组成的集合，即差运算的结果是从 R 中去掉 S 中也有的元组。

例如，设有选修计算机基础的学生关系 R，选修数据库 Access 的学生关系 S。求选修了计算机基础，但没有选修数据库 Access 的学生，就应当进行差运算。

(3)交(Intersection)

两个具有相同结构的关系 R 和 S，它们的交是由既属于 R 又属于 S 的元组组成的集合。交运算的结果是 R 和 S 的共同元组。

例如,有选修计算机基础的学生关系 R,选修数据库 Access 的学生关系 S。求既选修了计算机基础又选修了数据库 Access 的学生,就应当进行交运算。

2. 专门的关系运算

关系型数据库管理系统能完成 3 种关系操作,即选择、投影和联接。

(1)选择(Select)

从关系中找出满足给定条件的元组的操作称为选择。选择的条件以逻辑表达式给出,逻辑表达式的值为真的元组将被选取。例如,要从"会员"表中找出"会员级别"为"学生会员"的记录,所进行的查询操作就属于选择操作。

(2)投影(Project)

从关系模式中指定若干属性组成新的关系称为投影。

投影是从列的角度进行的运算,相当于对关系进行垂直分解。经过投影运算可以得到一个新的关系,其关系模式所包含的属性个数往往比原关系少,或者属性的排列顺序不同。投影运算提供了垂直调整关系的手段,体现出关系中列的次序无关紧要这一特点。

例如,要显示"会员"关系中查询学生的"姓名"和"地址"所进行的查询操作就属于投影运算。

(3)联接(Join)

联接是关系的横向结合。联接运算将两个关系模式拼接成一个更宽的关系模式,生成的新关系中包含满足联接条件的元组。

联接过程是通过联接条件来控制的,联接条件中将出现两个表中的公共属性名,或者具有相同的语义,可比的属性。联接结果是满足条件的所有记录。

选择和投影运算的操作对象只是一个表,相当于对一个二维表进行切割。联接运算需要两个表作为操作对象。如果需要联接两个以上的表,应当两两进行联接。

总之,在对关系数据库的查询中,利用关系的投影、选择和联接运算可以方便地分解或构成新的关系。

2.3 建立 Access 数据库

由 Access 数据库管理系统建立的数据库以.mdb 作为扩展名。与传统的一些数据库管理系统不同,Access 数据库可以把各种有关的表、索引、窗体、报表以及 VBA 程序代码都包含在一个文件中,Access 为用户处理了所有的文件管理细节。

2.3.1 创建 Access 数据库

Access 提供了两种创建新数据库的方法:

(1)使用数据库模板向导来完成创建任务，用户只要做一些简单的选择操作，就可以建立相应的表、窗体、查询、报表等对象，从而建立一个完整的数据库。

(2)先创建一个空数据库，然后再添加表、查询、报表、窗体及其他对象。无论哪一种方法，在数据库创建之后，都可以在任何时候修改或扩展数据库。

2.3.2　使用模板创建数据库

Access 2003 提供了多种数据库模板，用户可以根据需要，利用这些模板建立一个比较完整的数据库系统，它包括了系统所需的表、窗体和报表，只是表中没有数据。这些模板代表一些典型的数据库管理业务，比如订单、分类总账、服务请求、工时与账单、讲座管理、库存管理、联系人管理、支出、资产追踪和资源调度等 10 个模板。

【例 2-3】 利用“通用模板”创建“库存控制”数据库。操作步骤如下：

①建立用户自己的数据库，可以采用以下三种方法中的任何一种：

- 单击工具栏最左边的“新建”工具按钮(空白纸的形状)。
- 在“文件”菜单中选择“新建”选项。
- 按下〈Ctrl〉+〈N〉键。

无论采取哪种方式，Access 程序窗口中都将显示如图 2.11 所示的“新建文件”窗格。

②在“新建文件”窗格上，选择“本机上的模板...”，弹出模板窗口(图 2.12)，选择“数据库”标签，在模板列表上选择“库存控制”模板。

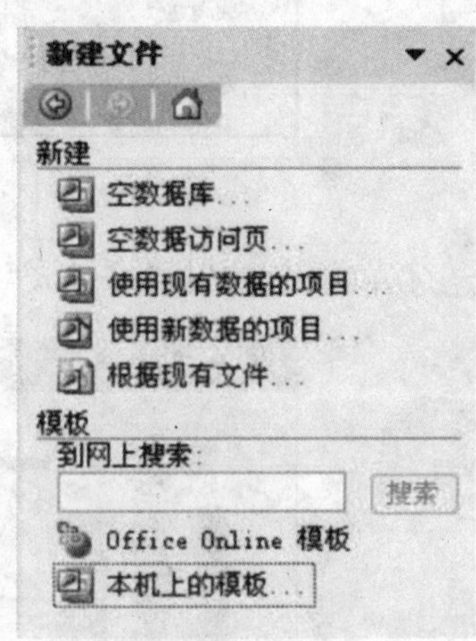

图 2.11　新建任务窗格

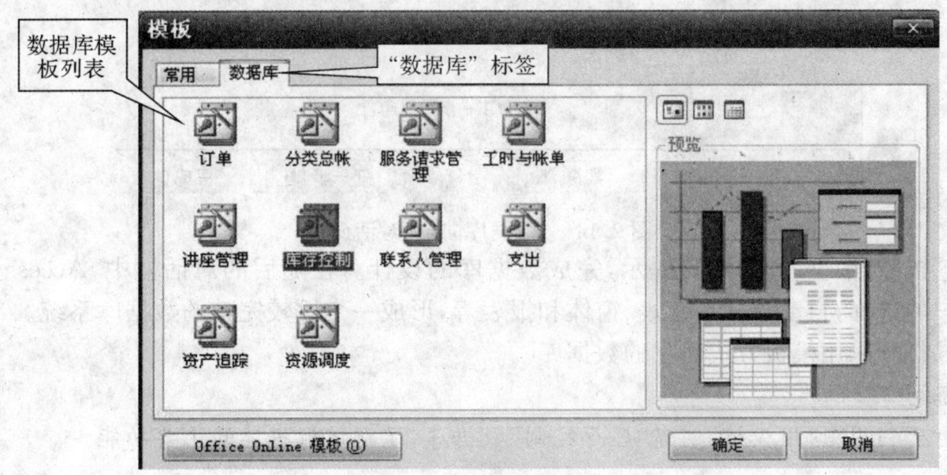

图 2.12　“模板”窗口

③单击“确定”按钮，在弹出的“文件新建数据库”对话窗口(图 2.13)中输入新建数据库文件的路径及名称。

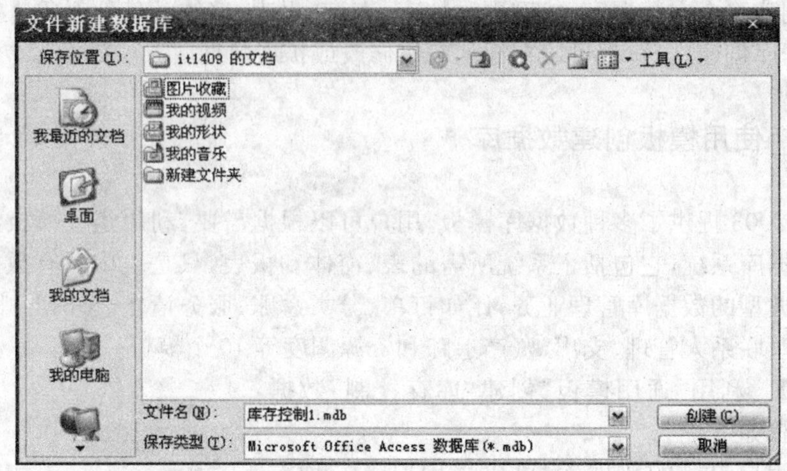

图 2.13 “文件新建数据库”对话窗口

④单击“创建”按钮，进入“数据库向导”的第一步，如图 2.14 所示。

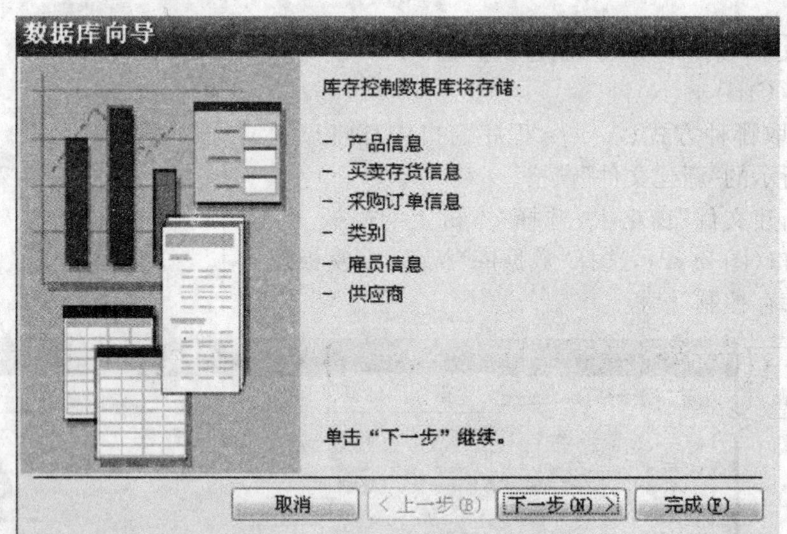

图 2.14 “数据库向导”对话窗口

⑤按照“数据库向导”的提示，完成数据库的设计。在随后的对话框中，Access 会根据用户的选择，自动建立一套表、窗体和报表等，形成一个比较完整的数据库系统。

⑥打开采用模板方式建立的数据库。

练习 2.2

打开利用“通用模板”创建“库存控制”数据库，了解该数据库的主要功能。

2.3.3　创建自定义数据库

通常使用者先创建一个空数据库，空数据库像一个多宝格，可以在不同的格子里放置不同的物品，使用者根据需要再添加表、窗体、报表及其他对象。

【例 2-4】　在 D 盘的“数据库”文件夹下，创建名为“音像店管理”的空数据库。操作步骤如下：

①在“新建文件”窗格(图 2.11)上的“新建”栏中选择“空数据库”选项。如果窗口中没有显示“新建文件”面板，可通过文件菜单的“新建”选项，或工具栏上的“新建”按钮，打开新建文件任务窗口。

②双击“空数据库”选项卡，在弹出的“文件新建数据库”对话框(图 2.13)中，选择数据库文件存储的位置“d:\数据库”，输入数据库的名称“音像店管理”，按“确定”按钮便创建了一个空数据库。如图 2.15 所示，新建一个空数据库“音像店管理”。

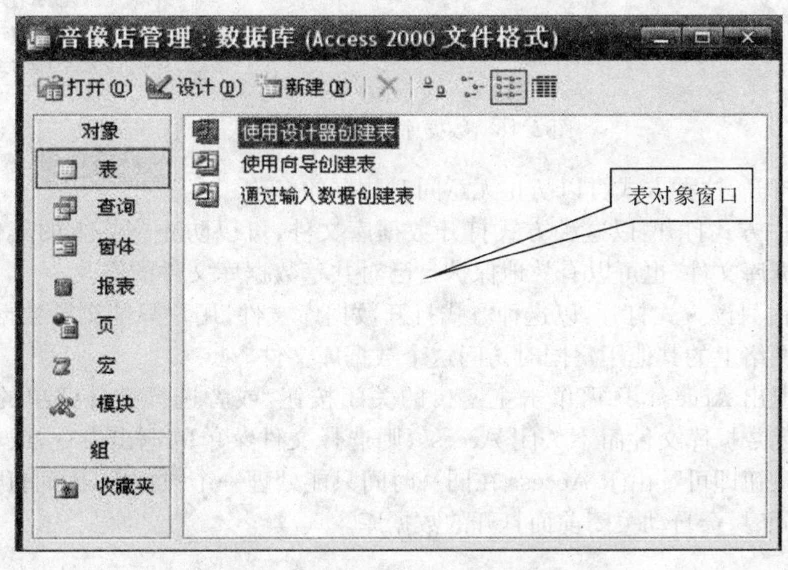

图 2.15　“音像店管理:数据库”窗口

2.3.4　数据库的打开和关闭

如果已经创建了数据库，就可直接打开已创建的数据库。要打开一个已经存在的数据库，可以使用工具栏上的“打开”按钮，或“文件”菜单中的“打开”命令，在弹出的窗口中指定要打开的数据库文件即可。也可以使用“文件”菜单直接打开最近使用过的数据库。

在 Access 中，数据库文件的打开有四种形式，如图 2.16 所示。

- 打开：以共享方式打开数据库文件，这时网络上的其他用户可以再打开这个文件，也可以同时编辑这个文件，这是默认的打开方式。
- 以只读方式打开：如果只是想查看已有的数据库，并不想对它进行修改，可以选择

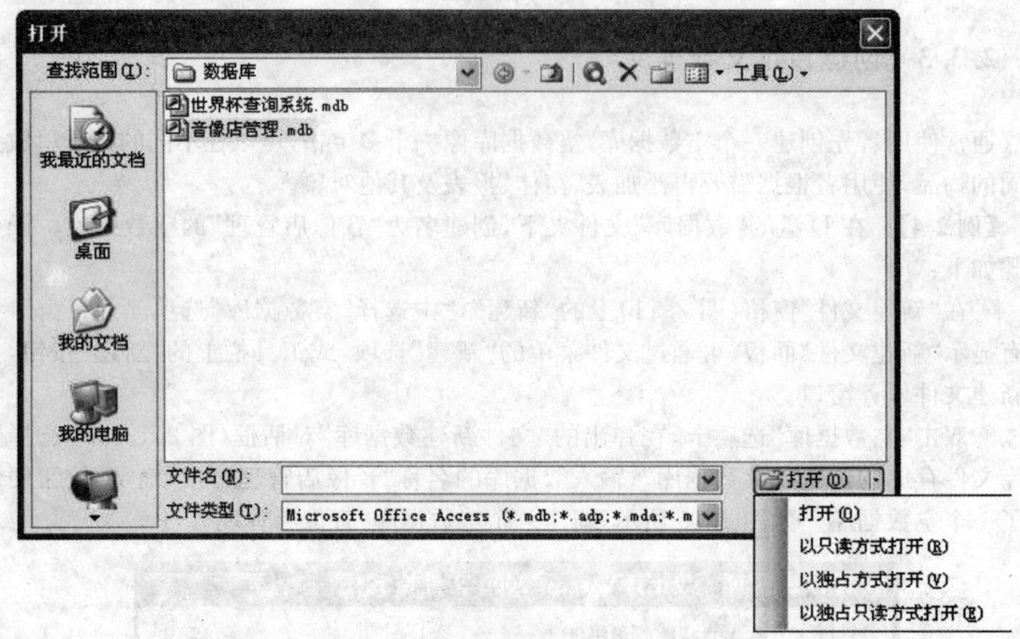

图 2.16 数据库文件的打开方式

以只读方式打开,这种方式可以防止无意间对数据的修改。

• 以独占方式打开:以这种方式打开数据库文件,可以防止网络上的其他用户同时访问这个数据库文件,也可以有效地保护自己对共享数据库文件的修改。

• 以独占只读方式打开:以这种方式打开数据库文件,用户只能浏览数据库的数据,并可以防止网络上的其他用户同时访问这个数据库文件。

如果要退出 Access,只需单击主窗口的关闭按钮,或者选择文件菜单的退出命令。如果只想关闭数据库文件而不关闭 Access,则选择文件菜单的退出命令,或单击数据库窗口的关闭按钮即可。由于 Access 在同一时间只能处理一个数据库,因而打开或新建一个数据库的同时,会自动关闭前面打开的数据库。

2.4 数据库设计基础

在建立一个数据库管理系统之前,合理地设计数据库的结构,是保障系统高效、准确完成任务的前提。

2.4.1 数据库设计的步骤

设计数据库的一般步骤如下:

①分析数据需求。明确需要利用数据库解决什么问题,确定数据库要存储哪些数据。

②建立概念模型。将数据分解为不同的相关主题，找出相关实体。

③确定实体的属性和实体之间的关系，形成 E-R 图。

④确定需要的表。根据 E-R 图，以实体为基础，就可以在数据库中为每个实体建立一个表。

⑤确定需要的字段。实际上就是确定在各表中存储数据的内容，即确立各表的结构。

⑥确定表的主键。找出能唯一地标识出实体集中的每一个实体的字段，选作主键。

⑦确定各表之间的关系。研究各表之间的关系，确定各表之间的数据应该如何进行关联。

⑧改进设计。对照需求，检查设计的各表是否能得到希望的结果。如果发现设计不完备，可以对设计做一些调整。

2.4.2　数据库设计案例

下面通过一个案例解释数据库设计的基本过程。

【例 2-4】　利用 Access 数据库，为某音像超市实现销售管理。

(1)分析数据需求

音像超市主要提供来自不同供应商的各类音像制品，包括磁带、CD、VCD、DVD 等。音乐风格多样，包括轻音乐、流行音乐、古典音乐、民族音乐、乡村音乐等，满足不同年龄层次和不同素质的客户的要求。

音像超市业务活动是销售音像制品给客户，同时对客户实行会员制管理。大家一定有到超市购物的经历，你可能是这家超市的会员，也可能不是；你可能多次到音像超市订购产品，每次你选购了若干商品，在交款台，商店交给你一张销售凭证，上面记录了你购买商品的数量和金额。

(2)建立概念模型

根据音像超市业务活动，可以将产品、订单、销货记录和会员作为主要的实体。产品实体记录所有音像产品情况，会员实体包含会员情况。你可能会问为什么销售凭证被分成订单和销货记录两个实体？这是由于每次购买的商品不止一种，订单实体记录每次购物的基本信息，如购买者和购买日期等；而销货记录实体记录销售明细情况。音像超市管理中的主要实体见表 2.2。

表 2.2　音像超市管理中的主要实体

实　体	含　义	属　性
产品	记录所有音像产品情况	产品 ID、产品名称、艺人、类别、风格、价格、供应商、库存量、单价等
销售订单	记录与会员签订的销售订单	订单 ID、会员、销售日期、送货日期、经手人
销货记录	记录销售明细情况	订单 ID、产品、数量、折扣
会员	记录会员清单	会员 ID、姓名、地址、电话、等级

(3)绘制 E-R 图

根据音像超市管理中存在的上述实体,绘制 E-R 图(图 2.17)。该图省略了各实体的属性。

现在分析这些实体之间的联系。在 E-R 图(图 2.17)中会员实体与订单实体是一对多的联系,说明每个会员多次购物;销售订单和销货记录两个实体是一对多的联系,说明每次购物选购了一种或一种以上的商品;而产品和销货记录两个实体是一对多的联系,说明一种产品会出现在多个销货记录中,即被多次购买。

图 2.17 音像管理 E-R 图

(4)确定需要的表

根据音像管理 E-R 图,就可以将实体组织为数据库不同的相关主题的表。其表名可以与实体名相同。音像管理数据库的表包括:音像制品、订单、销货记录、会员。

(5)确定表的字段

各表的字段基本与实体的属性相同。通过这些字段,实际上就是确定在各表中存储数据的内容,可以参见表 2.2 的属性栏,确立各表的结构。

(6)确定表的主键

主键是能唯一地标识出实体集中的每一个实体的字段。各表的主键见表 2.3。

表 2.3 各表的主键

表	主 键	说 明
产品	产品 ID	每个音像制品都有各自的产品 ID
会员	会员 ID	每位会员都有各自的编号,用 1 代表所有的非会员
销售订单	订单 ID	每张销售订单都有各自的编号
销货记录	订单 ID+产品 ID	每张销售订单所销售的某种产品

(7)确定各表之间的关系

根据音像管理 E-R 图(图 2.16),确定各表之间的联系。各表的联系见表 2.4。

表 2.4 表的联系

表	主 键	说 明
会员与订单	一对多	每个会员多次购物
订单与销货记录	一对多	每次购物选购了一种或一种以上的商品
产品与销货记录	一对多	产品会出现在多个销货记录中

思考题和习题

一、选择题

1. 以二维表结构来表示实体与实体之间联系的数据模型称为(　　)。

(A)网状模型　(B)关系模型　(C)层次模型　(D)环状模型

2. 数据库中1∶n的关系可以表现在(　　)。

(A)学校与下属学院的关系　(B)医院护士与病人的关系

(C)学生与班主任的关系　(D)飞机与机械师的关系

3. 可以作为“学生”表主键的属性是(　　)。

(A)姓名　(B)性别　(C)学号　(D)生日

4. 数据库表的外键是(　　)部分。

(A)另一个表的关键字　(B)本表的关键字

(C)与本表没关系的　(D)都不对

5. 关系数据库管理系统的3种基本关系运算不包括(　　)。

(A)比较　(B)选择

(C)联接　(D)投影

6. 一个学生可以同时借阅多本图书,一本图书能被多个学生借阅,学生和图书之间为(　　)的联系。

(A)一对多　(B)多对多　(C)多对一　(D)一对一

二、填空题

1. Access数据库窗口中有如下命令按钮:________、________、________、删除、大图标、小图标、列表和详细信息。

2. 表是________的集合,一个Access数据库可以有多个数据表,一个表又由多个具有不同数据类型的________组成。在一个表中最多可建立________个主键。

3. 在同一个Access窗口中,可以打开________个数据库。

4. 在Access中,数据库文件的打开方式有________、________、________和________。

5. ACCESS提供两种创建数据库的方法,分别是、________和________。

三、思考题

1. 简要说明Access的基本组成部分。

2. 简述开发Access数据库应用系统的过程。

3. 简述实体之间存在哪些类型的关系,并举例说明。

实验

练习目的

学习如何建立、打开和使用Access数据库。

练习内容

1. 完成本章的实习内容。

2. 打开“罗斯文示例数据库”，查看它包括哪些表，各有哪些字段。

3. 采用模板方式建立“讲座管理”数据库。

要求：

(1)将建立的“讲座管理”数据库以“我的讲座管理”为名，保存到“d:\数据库”文件夹中。

(2)打开并运行“我的讲座管理”数据库，录入一条记录。

(3)进入数据库窗口，查看这个数据库包含哪些表、查询、窗体和报表。

第 3 章

建立 Access 数据表

创建数据库是创建数据库管理项目的第一步,这是第 2 章所讨论的要点。而创建数据表是数据处理的第一步。本章将重点讲述表的建立以及数据表结构的设计和修改方法,以此作为学习数据库管理的开始。

【本章要点】

- 表的建立
- 字段属性的设置
- 设定表的关系

3.1 创建表

Access 利用表来定义数据库中数据的结构。每张表中包含了一系列相关的信息。Access 能让用户方便地创建表。

注意:不要混淆了表和数据库的概念。在某些数据库管理系统中,比如 dBase,数据库就是一个信息清单,与 Access 中的表非常相似。然而,Access 中的数据库不仅仅是表。

Access 提供了表的两种视图方式:设计视图和数据表视图。设计视图允许以自定义的方式创建表以及修改表的结构。数据表视图允许添加、编辑、浏览数据记录以及排序、筛选、查找记录,而且还可以定义显示数据的字体和大小、调整字段的显示次序、隐藏或冻结列、改变列的宽度以及记录行的高度。

Access 提供了创建表的 3 种方法:使用数据库向导创建表、使用表向导创建表、在设计视图中创建表。不管使用哪一种方法创建数据表,用户都可以在数据库设计视图中进一步定义数据表,如新增字段、设置字段属性等。

3.1.1 表的设计

表(或者称为数据表)结构的好坏直接影响表的使用效果,在前两章里,重点介绍了表设计的原则。Access 以二维表的形式来定义数据库中数据的结构。每张表中包含了同一主题的一系列相关信息。

表 3.1　产品表

产品 ID	产品名称	产品类别	产品风格	艺　人	供应商	单位数量	单　价	库存量	订购量
11001	将爱	磁带	流行音乐	王　菲	滚石唱片	单盒	￥10.00	5	20
11002	Listen To Me	磁带	流行音乐	张智成	新力电子	单盒	￥10.00	10	10
11003	真爱	磁带	流行音乐	罗白吉	新力电子	单盒	￥10.00	3	15
11004	STYLE	磁带	流行音乐	安室奈美惠	滚石唱片	单盒	￥10.00	2	5
11005	Born To Do It	磁带	流行音乐	Craig David	京文音像	单盒	￥10.00	5	10

表 3.1 就是一个二维表形式的产品表，它纵向的每个栏目列出某类数据，并以首行标题加以说明，比如产品 ID、产品名称等；表的每行代表一组信息，记录了一个产品的情况；而整个表冠以“产品表”的名称。绘制这张表时，首先设定表的各个栏目，包括栏目标题和宽度，然后才能输入表的信息。

Access 的做法与之类似，每个表由表名、表包含的字段名及其属性、表的记录等几部分组成。Access 创建表的过程就是平时绘制表的过程，只是更加方便灵活。

在建表之前，用户需要认真准备回答以下问题：

(1)表的用途是什么？

(2)表的名字是什么？表的名字应与用途相符，比如保存产品信息，则命名为“产品”。

(3)表由哪些列(字段)组成？每个字段代表一个属性，比如在“产品”表中安排产品 ID、产品名称、产品类别等字段。

(4)每个字段的数据类型是什么？在 Access 中，字段的数据类型有文本、备注、数字、日期/时间、货币、自动编号、是/否、OLE 对象、超级链接和查阅向导 10 种数据类型，以满足数据的不同用途。表 3.2 中列出了这些数据类型的含义。比如姓名为文本型，出生日期为日期型，成绩为数字型。

(5)每个字段的大小，即字段宽度是多少？有些数据类型的大小是固定的，比如日期型，有些数据类型的大小是可变的，比如文本型。

(6)是否需要为表建立一个主键？主键用来唯一标识表中的每一条记录，即不同记录中的主键内容各不相同。

表 3.2　数据类型

数据类型	标　识	说　明	大　小	示　例
文本	Text	文本或文本与数字的组合，可以是不必计算的数字	最大值为 255 个中文或英文字符	公司名称、地址、电话号码
备注	Memo	适用于较长的文本叙述	最长 65536 个字符	经历、说明、备注
数字	Number	只可保存数字	1,2,4,8 个字节	数量、售价

续表

数据类型	标　识	说　明	大　小	示　例
日期/时间	datetime	可以保存日期及时间，允许范围为 100/1/1 至 9999/12/31	8 个字节	生产日期、入学时间
货币	Money	用于计算的货币数值与数值数据，小数点后 1～4 位，整数最多 15 位	8 个字节	单价、总价
自动编号	AutoNumber	在添加记录时自动插入的唯一顺序或随机编号	4 个字节	编号
是/否	Yes/No	用于记录逻辑型数据 Yes(1)/No(0)	1 位	送货否、婚否
OLE 对象	OLE Object	内容为非文本、非数字、非日期等内容，也就是用其他软件制作的文件	最大可达 1GB(受限于磁盘空间)	照片、音乐
超级链接	Hyperlink	内容可以是文件路径、网页的名称等，单击后可以打开	最多存储 64000 个字符	电子邮件、网页
查阅向导	Lookup Wizard	在向导创建的字段中，它允许用户使用组合框选择来自其他表或来自值列表的值。	需要与对应于查阅字段大小相同的存储空间。一般为 4 个字节	专业

【例 3-1】 设计“音像店管理”数据库的表结构。

根据例 2-4 中对“音像店管理”的功能和数据的分析，形成下列 4 个数据表的结构。

表 3.3 “产品”表结构

字段名称	字段类型	字段大小	是否是主键
产品 ID	数字	长整型	是
产品名称	文本	50	
产品类别	文本	50	
风格	文本	50	
艺人	文本	50	
供应商	文本	50	
单位数量	文本	50	
单价	货币	50	
库存量	数字	长整型	
订购量	数字	长整型	
中止	是否		
简介	备注		
封面	OLE		

表 3.4 “销售订单”表结构

字段名称	字段类型	字段大小	是否是主键
订单 ID	自动编号	长整型	是
会员 ID	数字	长整型	
销售日期	日期		
送货日期	日期		
经手人	文本	10	

表 3.5 “销货记录”表结构

字段名称	字段类型	字段大小	是否是主键
订单 ID	数字	长整型	是
产品 ID	数字	长整型	是
折扣	数字	单精度	
数量	数字	长整型	

表 3.6 “会员”表结构

字段名称	字段类型	字段大小	是否是主键
会员 ID	自动编号	长整型	是
会员级别	文本		
姓名	文本		
性别	文本		
生日	日期		
地址	文本		
电话	文本		
电子邮件地址	文本		

3.1.2 通过“表向导”建立新表

【例 3-2】 使用向导创建“产品”表。表的结构参照表 3.3。

操作步骤如下：

①打开“音像店管理”数据库，选择表对象。

（以后如果没有特别说明，例题所采用的数据库均为“音像店管理”数据库，不再重复开发数据库的步骤。）

②选择“使用向导创建表”。

在表对象窗口双击“使用向导创建表”，如图 3.1 所示；也可单击“新建”按钮新建(N)，在出现的“新建表”对话框中选择“表向导”，如图 3.2 所示。

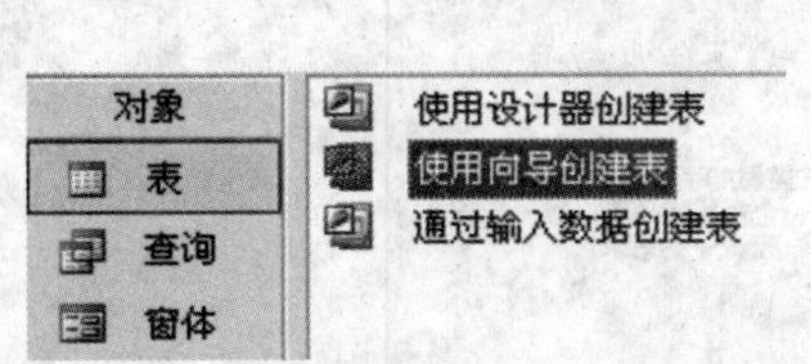

图3.1　数据库窗口中的向导选项

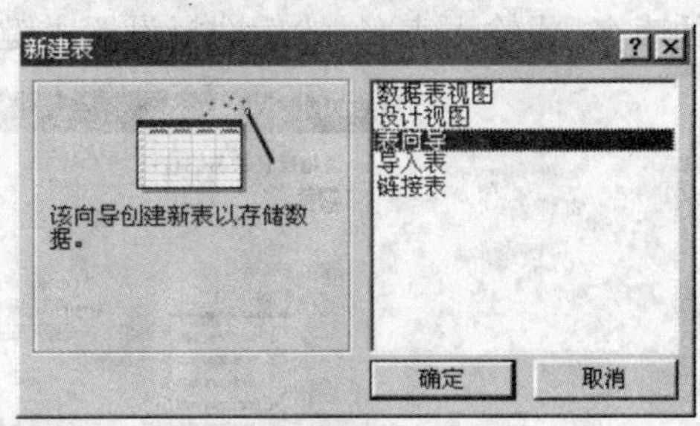

图3.2　“新建表”对话框

③打开“表向导”对话框，如图 3.3 所示。在表向导对话框中，“表向导”对话框的左上方有两个选项：商务和个人，提供与商务有关的表和与个人事物有关的示例表，以供选择。在“示例表”列表框中选择“产品”示例表；在“示例字段”列表框中，根据自己的需要选择某些字段作为要创建表的字段，如表 3.7 所示。例如，选择示例表的“产品”，并通过单击 > 按钮分别将“产品 ID”、“产品名称”、“产品类别”等字段，添加到右边的“新表中的字段”框中。根据表 3.3“产品”表结构，通过单击“重命名字段”对所选择的字段重新命名，如可将“类别 ID”改为“产品类别”。如果在示例字段中没有合适的字段供选择，可在后面的“修改表结构”中处理。

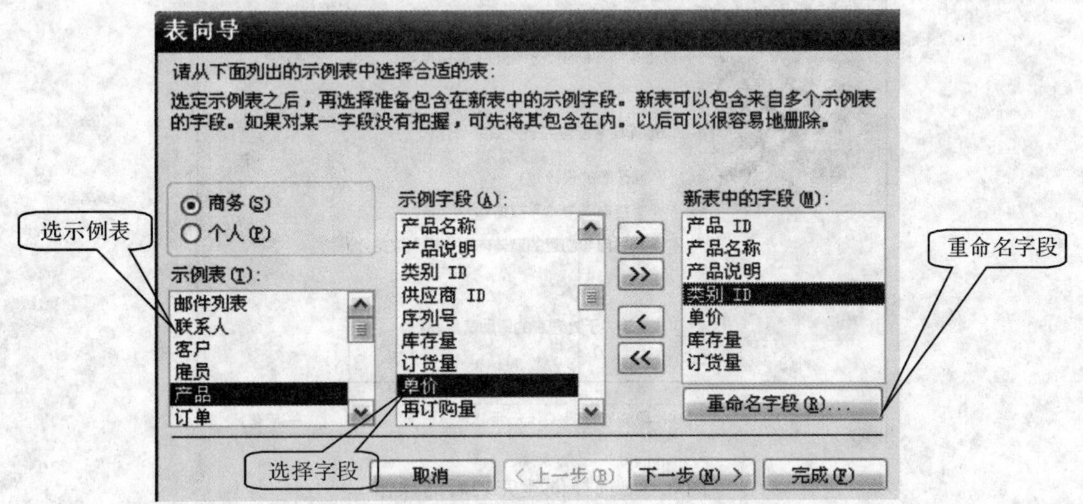

图 3.3　“表向导”对话框

表 3.7　字段选择按钮

按钮	用　　途
>	从“示例字段”列中选取一个字段到新表
>>	从“示例字段”列中选取所有字段到新表
<	从新表中移去一个字段
<<	从新表中移出所有字段

④单击"下一步"按钮，显示如图 3.4 所示。在"请指定表的名称"文本框中采用默认的表名，或输入表名；然后选择设置主键，如单击"是，帮我设置一个主键"。

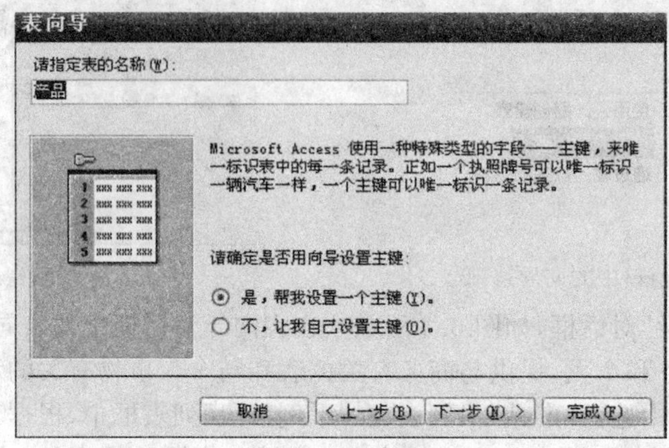

图 3.4 确定表名和主键

⑤单击"下一步"按钮，在图 3.5 中，单击"修改表的设计"选项按钮，可以修改表的设计；单击"直接向表中输入数据"选项按钮，可以向表中输入数据；单击"利用向导创建的窗体向表中输入数据"选项按钮，向导创建一个输入数据的窗体。

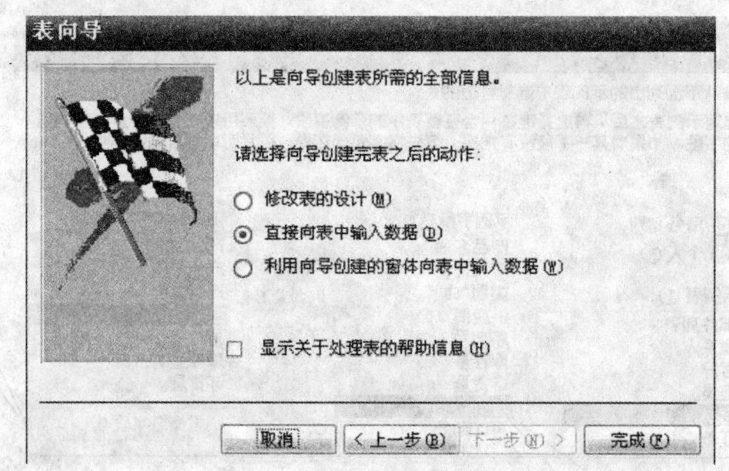

图 3.5 选择创建完表后的操作

创建了表的结构之后，就可以直接在数据表视图(图 3.6)中输入数据了。在创建了

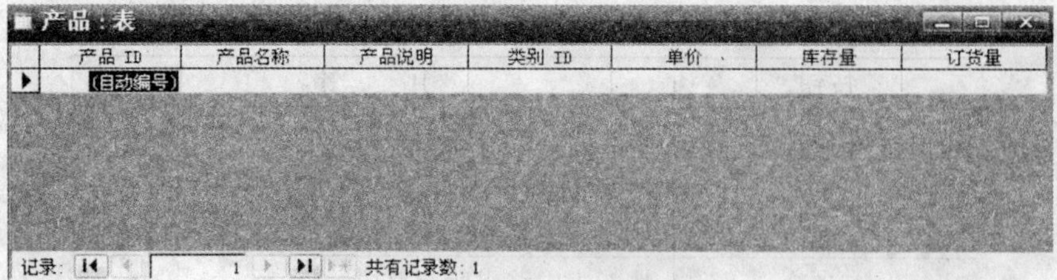

图 3.6 "产品"表的数据视图

新数据数据库后会自动打开数据表视图，以使用户输入数据。也可在数据库视图表对象列表框中，通过双击或“打开”按钮打开数据库窗口表，进入数据表视图。

总之，利用表向导的方法创建表方便、快捷，但是由于受到示例表的限制，影响了表的设计。

3.1.3 使用“数据表”视图创建表

如果你手中有大量的数据，且这些数据格式统一，可以采用通过输入数据创建表。

【例 3-3】 采用通过输入数据创建“会员”表。数据参照表 3.8。

表 3.8　会员名单

会员ID	会员级别	姓名	性别	生　日	地　址	电　话	电子邮件地址
1	非会员	顾　客					
2	学生会员	陈　康	男	1983-8-15	对外经贸大学汇忠公寓 214 室	64491257	kangkangtaoqi@163. com
3	普通会员	蒋琴琴	女	1987-9-25	朝阳区樱花西街罗马花园 5 号	64998237	jqq1987@263. com
4	学生会员	施　乐	女	1982-3-27	对外经贸大学汇贤公寓 118 室	64491426	xerox1982@sina. com. cn

操作步骤如下：

①双击数据库窗口的表对象中的“通过输入数据创建表”，也可选择新建表对话框中的“数据表视图”，都会出现空数据表视图(图 3.7)。默认情况下，表的字段名为字段 1、字段 2、……。

	字段1	字段2	字段3	字段4	字段5	字段6
	1	非会员	顾客			
	2	学生会员	陈康	男	1983-8-15	汇忠公寓214室

表1：表　记录：2　共有记录数：21

图 3.7　“会员”表的数据视图

②输入一两条有关会员的数据，如图 3.7 所示。

③以“会员”为表名保存。

采用通过输入数据创建的表需要在设计视图中将默认字段名改为合适的名称，并作相应的修改。有关设计视图的使用参见 3.1.4 小节。

3.1.4 使用“设计视图”创建表

不论是使用向导创建的表，还是通过输入数据直接建立的表，大部分都需对其作相应的修改，如更改字段的名称、字段的数据类型、设置主键等。在设计视图中，不仅可以创建一个新表，还可以对已有的数据表进行修改。

1. 表的设计视图

打开表的设计视图有多种方法，可直接双击数据库窗口中的“使用设计器创建表”项，也可以选择新建表中的“设计视图”，还可以通过“设计”按钮打开一个已有的表。图 3.8 为“成绩”表的设计视图。输入表的字段名称、数据类型等内容。

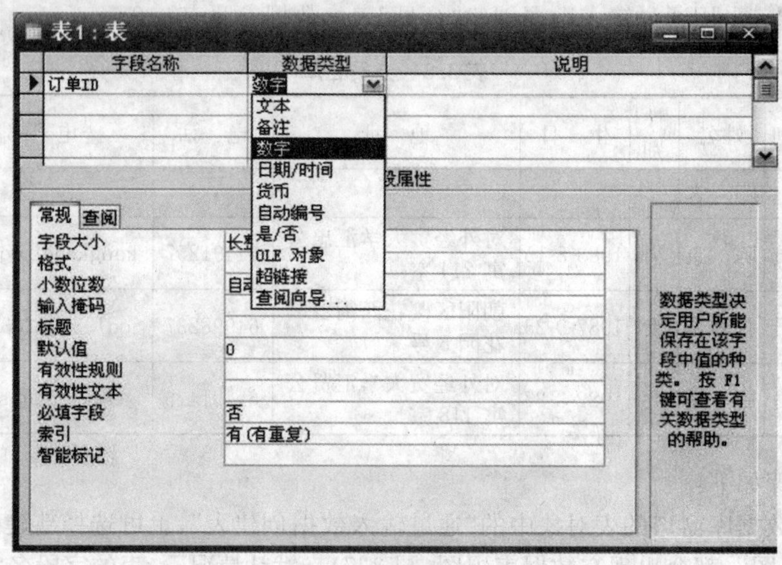

图 3.8 表的设计视图

数据表的设计视图包含两个区域：字段输入区和字段属性区。在字段输入区中输入表的每个字段的名称、数据类型和说明。在字段属性区中输入或选择字段的属性值，如字段大小、格式等。

2. 表设计工具栏

Access 里有 7 种对象，每个对象会产生不同的窗口，针对不同的对象窗口，Access 会显示不同的工具按钮。表设计窗口中的工具栏，如图 3.9 所示。

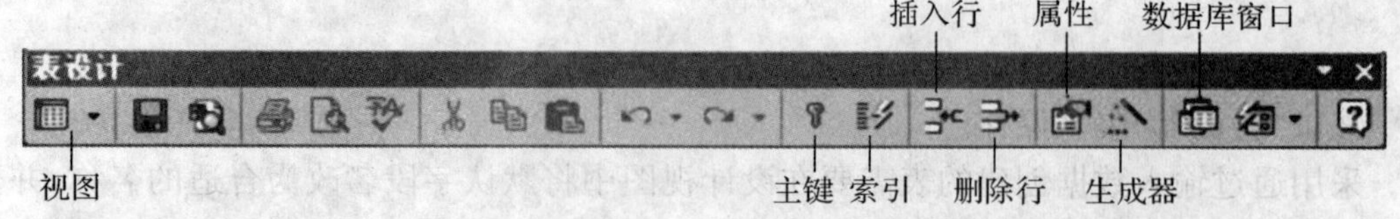

图 3.9 “表设计”工具栏

其中，“视图”按钮用于切换表的视图模式，主要是设计视图与数据表视图间的切换。“插入行”按钮用于添加新的字段，“删除行”按钮用于删除字段，“主键”按钮用于设置表的主键。

【例3-4】 采用设计视图创建“销售订单”表。表结构参照表3.4。

操作步骤如下：

①选择建表方法。在数据库窗口中，单击“表”对象，然后单击“新建”按钮 新建(N)，屏幕显示如图3.2所示的“新建表”对话框，在该对话框中选择“设计视图”选项，然后单击“确定”按钮，屏幕显示如图3.8所示的设计视图。

②输入字段名。单击设计视图的第一行“字段名称”列，输入“销售订单”表的第一个字段名称“订单ID”，然后单击“数据类型”列，并单击其右侧的向下箭头按钮，这时弹出一个下拉列表，列表中列出了Access提供的10种数据类型，如图3.8所示。详细说明见表3.2。

③选择数据类型。选择“数字”数据类型，定义数据类型的目的是规定允许在此字段输入的数据类型，如果字段的类型为数字，就不可以在此字段内输入文本。如果输入错误数据，Access会发出错误信息，且不允许保存。

在“说明”列中输入字段的说明信息：“主关键字”。说明信息不是必需的，但它增加了数据的可读性。

④定义其他字段。用同样的方法，参照表3.4的有关内容，定义表中其他的字段。

⑤设置主键。定义完全部字段后，单击第一个字段“订单ID”的选定器，然后单击工具栏上“主键”按钮，给“销售订单”表定义了一个主键。

⑥保存表结构。单击工具栏上的“保存”按钮，出现“另存为”对话框(图3.10)，由用户输入表名，Access提供的默认表名是“表1”、“表2”等。在对话框中的“表名称”文本框中输入表名“销售订单”。单击“确定”按钮，退出表设计窗口，返回数据库窗口。完成了表结构的创建。

图3.10 “另存为”对话框

⑦视图切换。单击工具栏上的“视图”按钮(图3.9)，从设计视图转换到数据视图(图3.6)，可以输入数据。同样，在数据视图中，单击工具栏上的“视图”按钮(图3.9)，从数据视图返回到设计视图，对表的结构继续修改。

练习3.1

(1)使用设计视图创建“销货记录”表，其结构见表3.5。

(2)使用设计视图创建“产品类型”表，其结构见表3.9。

表3.9 “产品类型”表结构

字段名称	字段类型	字段大小	是否是主键
产品类型	文本	50	是
图片	OLE对象		

(3)使用设计视图创建“用户类型”表，其结构见表 3.10。

表 3.10 “用户类型”表结构

字段名称	字段类型	字段大小	是否是主键
会员级别	文本	50	是
待遇	文本		
取得条件	文本		

3.2 字段操作

数据表的设计重点就是定义数据表所需要的字段，每个字段使用的数据类型及相应的属性等。

3.2.1 指定字段的名称及类型

1. 字段名称

字段名称是用来标识字段的，它可以由英文、中文、数字组成，但必须符合 Access 数据库的对象命名规则。以下规则同样适用于表名、查询名等对象的命名。

字段命名应遵循的规则有：

(1)字段名称的长度为 1～64 个字符。

(2)字段名称可以用字母、数字、空格以及其他一切特别字符，但不能包含句号(.)、叹号(!)及中括号([])等字符。

(3)不能使用 ASCII 值为 0~31 的字符。

(4)不能以空格开头。

1. 字段类型

在表设计视图中，给字段命名后，就应确定字段的数据类型。将光标置于第二列，就会在输入框的右侧出现下拉箭头，单击此按钮就可为字段选择合适的数据类型。

字段类型是否可以以后再更改呢？可以。但一般而言，字段类型一经定义完成，除非万不得已，最好不要更改。因为更改类型会造成数据库系统在后续设计时的许多麻烦，有时可造成数据类型转换错误或数据遗失的情况。一般而言，转换为文本类型时，都不会有错误，因为文本类型允许任何字符，其允许范围最大。如果反过来，将文本转换为数字，就有可能造成数据遗失，因为数字类型不允许 0～9 以外的符号或字符，转换时若发生错误，Access 会显示警告信息。

【例 3-5】 采用设计视图修改“会员”表。表结构参照表 3.6。

设计视图中不仅可以创建一个新表，还可以对已有的数据表进行修改。比如通过输入数据直接建立的表的字段名为默认的“字段 1”、“字段 2”等，可以利用设计视图修改为合适的名字。

操作步骤如下：

①在数据库窗口中，单击“表”对象，在表对象窗口中单击“会员”表，然后单击“设计”按钮 设计(D)，弹出设计窗口。

②用户可以直接修改字段名，改变字段类型，完成插入、删除和修改字段等操作，根据表 3.6，完成对“会员”表的修改（图 3.11）。只需在相应位置右击，在弹出的快捷菜单中（图 3.12），选择相关菜单选项即可。

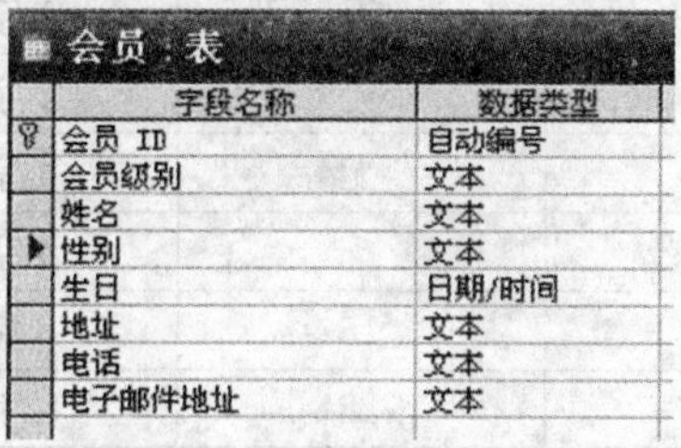

会员：表
字段名称
数据类型
会员 ID
自动编号
会员级别
文本
姓名
文本
性别
文本
生日
日期/时间
地址
文本
电话
文本
电子邮件地址
文本

图3.11　“会员”表设计视图

主键(K)
剪切(T)
复制(C)
粘贴(P)
插入行(I)
删除行(D)
生成器(B)...
属性(P)

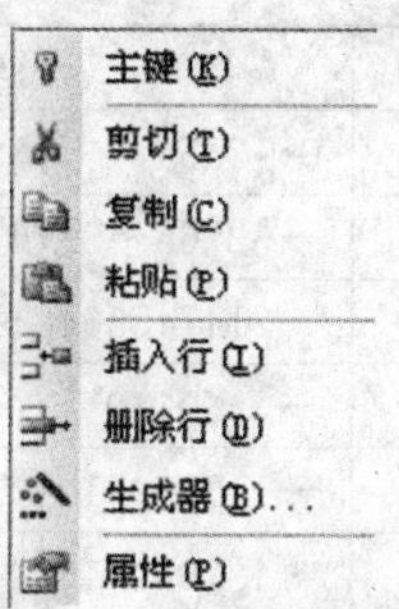

图3.12　设计视图中快捷菜单

练习 3.2

使用设计视图，对使用向导创建“产品”表的结构进行修改。表的结构参照表 3.3。

3.2.2　定义字段属性

每一个字段都有一些用于自定义字段数据的保存、处理或显示的属性，字段的属性决定了如何存储、处理和显示该字段的数据。属性包括字段大小、格式、输入掩码、默认值、有效性规则、有效性文本、输入法模式、标题等。例如，可通过设置文本字段的“字段大小”属性来控制允许输入的最多字符数。每个字段的可用属性取决于为该字段选择的数据类型，其中文本类型字段的默认属性如图 3.13 所示。

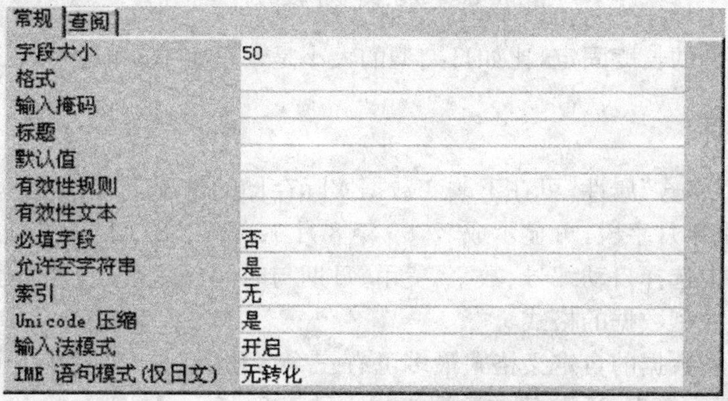

常规
查阅
字段大小
50
格式
输入掩码
标题
默认值
有效性规则
有效性文本
必填字段
否
允许空字符串
是
索引
无
Unicode 压缩
是
输入法模式
开启
IME 语句模式(仅日文)
无转化

图 3.13　文本类型字段的属性

大部分字段属性含义比较明显，如字段大小用于指定文本的长度或数字数据的大小；小数位数指定数字、货币数据的小数位数；标题指定在数据表视图以及窗体中显示该字段时所用的标题；默认值为字段指定缺省值等。也有一部分字段属性需要在这里进一步说明，如格式、输入掩码、有效性规则等。

1. “字段大小”属性

“字段大小”属性可使用文本、数字及自动编号 3 种数据类型。文本类型的字段大小为 1～255 个中文或英文字符，默认值是 50。见表 3.11。

表 3.11　数字类型的字段大小

字段大小	可输入数值的范围	小数位	存储空间
字节	0～255	无	1 字节
整数	－32768～32767	无	2 字节
长整数	－2147483648～2147483647	无	4 字节
单精度数	-3.4×10^{308}～3.4×10^{308}	7	4 字节
双精度数	-1.797×10^{308}～1.797×10^{308}	15	8 字节
小数	-1.797×10^{308}～1.797×10^{308}	28	12 字节

数字类型“字段大小”属性共有 7 个选择，如图 3.14 所示。

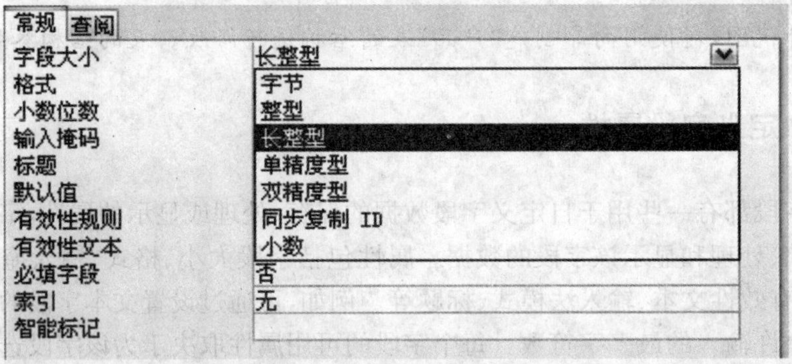

图 3.14　数字类型字段的属性

其他数据类型的长度固定，比如日期型的大小是 8 个字节，详见表 3.2。

2. “格式”属性

使用字段的“格式”属性，可在不改变数据实际存储的情况下，改变数据显示或打印的格式。例如，出生年月字段，可显示成“1985 年 8 月 12 日”、“8/12/85”等形式。可以从预定义格式的列表中选择自动编号、数字、货币、日期与时间、是/否，或者创建自定义格式。

(1)文本、备注型数据的格式

文本和备注型数据的自定义格式最多可有三个区段，以分号“;”隔开，分别指定字段内的文字、零长度字符串、Null 值的数据格式。见表 3.12。

表 3.12　用于定义字符串格式的字符

符　号	代表功能	范　例	数　据	显示效果
@	显示字符或空格	(@@@)@@@	Abcde	(Ab)cde
&	显示字符或空格，差在无字符时省略	(&&&)&&&	Abcde	(Ab)cde
!	强制向左对齐	!(@@@)@@@	Abcde	(Abc)de
>	强迫所有字符大写	>@@@@@	Abcde	ABCDE
<	强迫所有字符小写	<@@@@	Abcde	abcde

例如，在格式中输入：(@@@)@@@－@@@@@，则输入数字 01012345678 时，将会显示为：(010)1234－5678。

(2)数字、货币型数据的格式

数字、货币型数据的默认格式有：一般数字、货币、整数、标准、百分比和科学记数法。如图 3.15 所示。

货币	
常规数字	3456.789
货币	￥3,456.79
欧元	€3,456.79
固定	3456.79
标准	3,456.79
百分比	123.00%
科学记数	3.46E+03

图3.15　数字类型字段的格式

常规日期	94-6-19 17:34:23
长日期	1994年6月19日
中日期	94-06-19
短日期	94-6-19
长时间	17:34:23
中时间	PM 5:34
短时间	17:34

图3.16　日期/时间数据的格式

(3)日期/时间型数据的格式

日期/时间型数据的 7 种预定义的格式，如图 3.16 所示。

也可以用自定义字符，时间分隔符“:”、日期分隔符“/”、以 ddddd 来显示日期和以 ttttt 显示时间，以及 d、w、m、q、y 等分别表示日、星期、月、季、年。

(4)是/否型数据的格式

是/否型数据有三种格式，分别为：

真/假　1 为 True，0 为 False

是/否　1 为 Yes，0 为 No

开/关　1 为 On，0 为 Off

3.“默认值”属性

使用“默认值”属性可以指定在添加新记录时自动输入的值，当表增加新记录时，以默认值作为该字段的内容。在表中往往会有一些字段的数据内容相同或含有相同的部分。例如，“性别”字段只有“男”、“女”两种值，这种情况就可以设置一个默认值，减少输入量。

【例 3-6】　将“会员”表中“性别”字段的“字段大小”设置为 1，字段的“默认值”设置为“男”，“生日”字段的“格式”设置为“长日期”格式，改变电话显示格式，比如 01064494001 显示成(010)6449－4001。

操作步骤如下：

①在数据库窗口中，单击"表"对象，在表对象窗口中单击"会员"表，然后单击"设计"按钮设计(D)，弹出设计窗口。如图 3.11 所示。

②在"性别"字段的"字段大小"属性框中输入"1"，在"默认值"属性框中输入"男"，注意，在输入文本值时，例如"男"时，可以不加引号，系统会自动加上引号。

③在"生日"字段的"格式"属性框，选择右侧向下箭头按钮，在日期/时间型数据的格式框中(图 3.16)选择"长日期"格式。

④在"电话"字段的"格式"属性框中输入"(@@@)@@@@-@@@@"。

⑤单击工具栏中的"视图"按钮，查看属性设置产生的效果。

4."输入掩码"属性

使用"输入掩码"属性可帮助用户按照规定的格式输入数据，防止错误的输入。"输入掩码"属性可用于"文本"、"数字"、"日期/时间"和"货币型"字段。通常使用"输入掩码向导"完成设置。例如输入邮政编码时，只能输入 6 位数字。创建输入掩码时，可以使用特殊字符来要求输入某些必需的数据，特殊字符的含义见表 3.13。

表 3.13　定义输入掩码的字符

字　符	说　　明
0	数字 0～9，必选项；不允许使用加号（+）和减号（-）
9	数字或空格（非必选项；不允许使用加号和减号）
#	数字或空格（非必选项；空白将转换为空格，允许使用加号和减号）
L	字母（A～Z，必选项）
?	字母（A～Z，可选项）
A	字母或数字（必选项）
a	字母或数字（可选项）
&	任一字符或空格（必选项）
C	任一字符或空格（可选项）
. ， : ; - /	十进制占位符和千位、日期和时间分隔符（实际使用的字符取决于 Microsoft Windows控制面板中指定的区域设置）
<	使其后所有的字符转换为小写
>	使其后所有的字符转换为大写
!	使输入掩码从右到左显示，而不是从左到右显示。输入掩码中的字符始终都是从左到右填入。可以在输入掩码中的任何地方包括感叹号
\	使其后的字符显示为原义字符。可用于将该表中的任何字符显示为原义字符（例如，\A 显示为 A）
密码	将"输入掩码"属性设置为"密码"，以创建密码项文本框。文本框中键入的任何字符都按字面字符保存，但显示为星号（*）

例如：

输入掩码定义	允许值示例
999999	123456
(000) 000－0000	(206) 234－0248
(999) 999－9999!	(206) 234－0248
	(　) 234－0248
(000) AAA－AAAA	(206) 234－TELE

输入掩码主要用于文本和日期/时间字段，也可以用于数字或货币字段。定义字段的输入掩码时，可通过输入掩码右边的 按钮，打开输入掩码向导，如图 3.17 所示。也可直接在输入掩码框中输入表达式，但这时一定要注意其定义形式。输入掩码定义包括用分号隔开的三部分：输入掩码本身；决定是否保存原义显示字符，0 表示以输入的值保存原义字符，1 或空白表示只保存输入的非空格字符；显示在输入掩码处的非空格字符，可以使用任何字符，" "代表一个空格，如果省略该节，则显示下划线。例如，电话号码的输入掩码可以设置为"(999)0000－0000!;0;" ""。

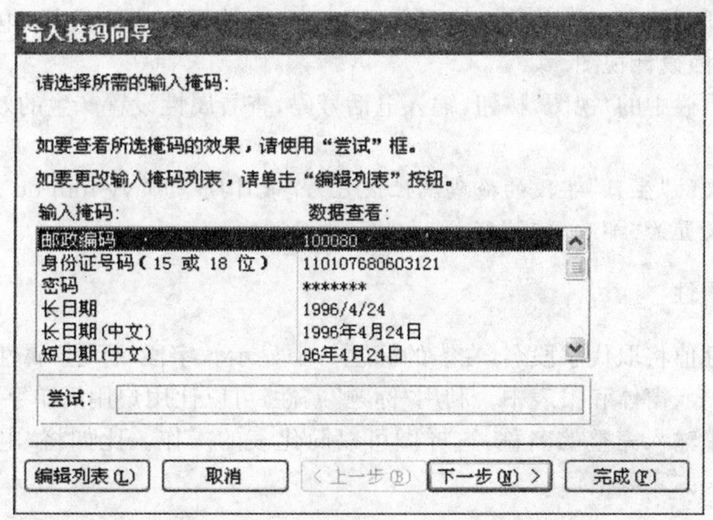

图 3.17　输入掩码向导

【例 3-7】　为"会员"表中的"电话"字段设置掩码，要求使该字段的输入为 8～11 位数字，地区码 3 位，可选，其余 8 位是必填项，中间以"－"分隔。做法是先使用"输入掩码向导"创建一个新的掩码格式，然后再选择该掩码格式。

操作步骤如下：

①在数据库窗口中，单击"表"对象，在表对象窗口中单击"会员"表，然后单击"设计"按钮 设计(D)，弹出设计窗口。

②在"会员"表的设计视图中，选择"电话"字段，单击字段属性中的"输入掩码"框右边的掩码向导按钮 ，弹出"输入掩码向导"窗口(图 3.17)。

③单击"编辑列表"按钮。

④在“自定义‘输入掩码向导’”窗口中(图 3.18),单击“添加记录”按钮 ▶*。在“说明”框填写“电话号码”,在“输入掩码”框填写“(999) 0000－0000!”。

自定义“输入掩码向导”

请确定是否为该“输入掩码向导”编辑或添加输入掩码以便显示:

说明: 电话号码 帮助

输入掩码: (999) 0000-0000! 关闭

占位符:

示例数据: (010) 6449-5073

掩码类型: 文本/未绑定

记录: 6 共有记录数: 6

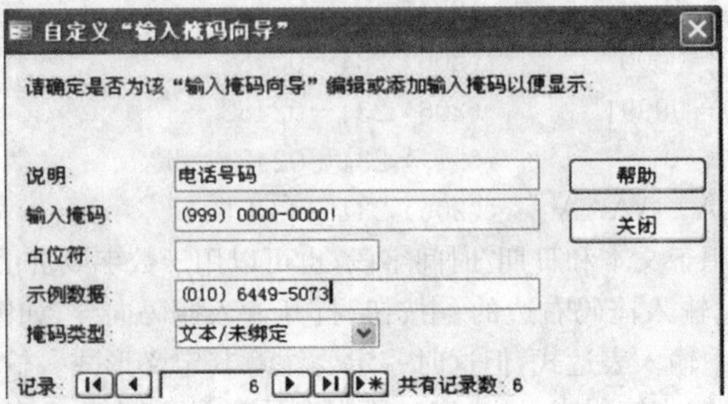

图 3.18 “自定义‘输入掩码向导’”窗口

说明:数字 0 表示该位必须是一个 0～9 的数字,而且是必填项;数字 9 表示该位必须是一个 0～9 的数字,是可选项;符号!使输入掩码从右到左显示。

⑤单击“关闭”按钮,回到“输入掩码向导”窗口,在掩码列表中选择“电话号码”;单击“完成”按钮,返回设计视图。

⑥单击工具栏中的“视图”按钮,输入电话号码,查看属性设置产生的效果。

练习 3.3

将“会员”表的“生日”字段的掩码属性设置为“中日期”,即 yy-mm-dd 形式,“邮编”字段的掩码属性设置为“邮政编码”形式。

5.“标题”属性

“标题”属性值将取代字段名,在表的标题行中显示。字段“标题”属性的默认值是该字段名,它用于表、窗体和报表中。利用“标题”属性,可以让用户用简单字符定义字段名,在“标题”属性中输入完整的名称,这样做可以简化表的操作。比如将“电话”字段的“标题”属性值设置为“家庭电话”。

6.“有效性规则”与“有效性文本”属性

“有效性规则”是实现“用户定义完整性”的主要手段,利用该属性可以防止非法数据输入到表中。在“字段有效性规则”属性框中输入检查表达式,来保证输入数据的正确性。有效性规则的形式以及设置目的随字段的数据类型不同而不同。对“文本”类型字段,可以设置输入的字符个数不能超过某一个值;对“数字”类型字段,可以让 Access 只接受一定范围内的数据;对“日期/时间”类型字段,可以将数值限制在一定的月份或年份之内。

“有效性文本”是指当输入了字段有效性规则不允许的值时显示的出错提示信息,此时用户必须对字段值进行修改,直到正确为止。如果不设置“有效性文本”,出错提示信息为系统默认显示信息。

有些约束条件涉及多个字段(如“必修课不得少于 20 课时”),其“有效性规则”/“有效性文本”可在记录级属性表中定义(右击表设计器窗口标题栏,打开“属性”)。

【例 3-8】　“会员”表的“性别”字段只能输入“男”或“女”，将“电话”字段的“标题”属性值设置为“家庭电话”。

操作步骤如下：

①在数据库窗口中，单击“表”对象，在表对象窗口中单击“会员”表，然后单击“设计”按钮设计(D)，弹出设计窗口。

②在“会员”表设计视图的“性别”字段的“有效性规则”属性框中输入："男" or "女"。(图 3.19)(注意：应使用西文的双引号，或者输入时不加引号，键入回车键，系统会自动添加引号)

③在“性别”字段的“有效性文本”属性框中输入“输入性别有误!”。

④在“电话”字段的“标题”属性文本框中输入“家庭电话”。

⑤退出“设计视图”，在数据库窗口中，打开“学生”表，单击“添加记录”按钮，在“性别”字段分别输入“男”、“女”和“male”，观察效果。

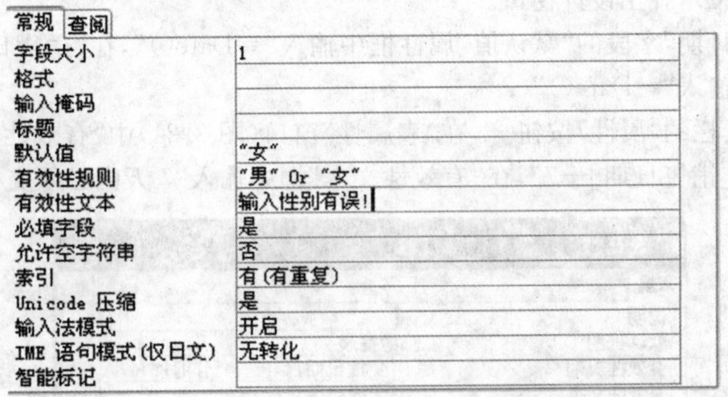

图 3.19　“性别”字段的属性设置

在输入有效性规则时，也可单击有效性规则框右边的…按钮，打开表达式生成器(图 3.20)，完成字段有效性规则表达式的设置。生成器上方是一个表达式框，下方是用于

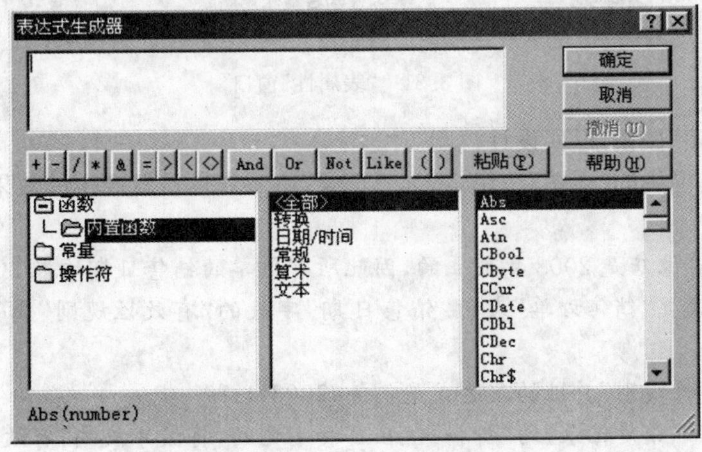

图 3.20　表达式生成器

创建表达式的元素。将这些元素粘贴到表达式框中可形成表达式,也可直接键入表达式。生成器中间是常用运算符按钮,单击某个按钮,就会在表达式框中插入相应的运算符。

有些约束条件涉及多个字段,其“有效性规则”/“有效性文本”可在记录级属性表中定义(右击表设计器窗口标题栏,打开“属性”)。

【例 3-9】 当添加“销售订单”表的新记录时,“销售日期”和“送货日期”字段的默认值为当天日期,并要求“送货日期”在“销售日期”7 天内。

分析 要使字段的默认值为当天日期,应将字段的默认值属性设置为“=Date()”, Date()是 Access 提供的函数,通过该函数能够获得计算机系统的日期值,只要计算机系统的日期值设置正确,就可以产生当天日期。“送货日期”在“销售日期”7 天内的要求应通过设置表属性实现。

操作步骤如下:

①在数据库窗口中,单击“表”对象,在表对象窗口中单击“销售订单”表,然后单击“设计”按钮 设计(D),弹出设计窗口。

②在“销售日期”字段的“默认值”属性框中输入“=Date()”,在“送货日期”字段的“默认值”属性框中输入“=Date()”。

③单击工具栏的“属性”按钮,在“表属性”窗口(图 3.21)中“有效性规则”框中输入“[送货日期]<=[销售日期]+7”,在“有效性文本”框中输入“7 天内必须交货”。

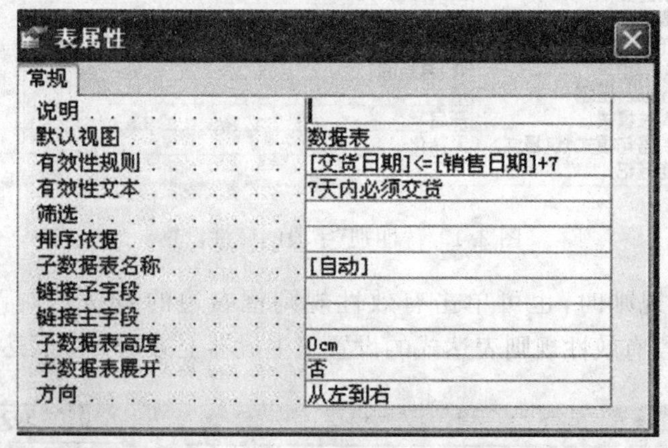

图 3.21 “表属性”窗口

④单击“关闭”按钮,返回设计视图。

⑤单击工具栏中的“视图”按钮,添加新记录,查看属性设置产生的效果。

练习 3.4

(1)由于该音像店是 2003 年成立的,因此所有订单的销售日期均在 2003 年以后。根据这种情况,请设置“销售订单”表的“销售日期”字段的“有效性规则”属性和“有效性文本”属性。

提示:“有效性规则”属性的表达式是:>=#2003-1-1#

(2)为了保证“销货记录”的“折扣”值在 0 和 1 之间,将该字段的“有效性规则”属性设置为:between 0 and 1,“有效性文本”属性中输入:折扣值在 0 和 1 之间。

7. “索引”属性

索引实际上是一种逻辑排序，它并不改变数据表中数据的物理顺序。建立索引的目的是加快查询数据的速度，就像在书中使用索引来查找某些内容一样。“索引”属性字段的数据类型为“文本”、“数字”、“货币”或“日期/时间”。

既可以基于单个字段创建索引，也可以基于多个字段来创建索引。使用多个字段索引进行排序时，一般按索引中的第一个字段进行排序，如果第一个字段有重复值，则系统会使用索引中的第二个字段进行排序，依次类推。

索引属性可以分为“无”、“有(无重复)”和“有(有重复)”三种，默认值为“无”，如果设定为“有(无重复)”的索引，在输入数据时，可以自动检查是否重复。如果表的主键为单一字段，系统自动为该字段创建索引，索引值为“有(无重复)”。

索引可以提高查询速度，但维护索引顺序是要付出代价的。当对表进行插入、删除和修改记录等操作时，系统会自动维护索引顺序，也就是说索引会降低插入、删除和修改记录等操作的速度。所以，建立索引是一个策略问题，并不是建得越多越好。

8. “必填字段”属性

“必填字段”属性取值为“是”和“否”两项，当取值为“是”时，表示该字段的内容不能为空，必须填写。一般情况下，主键字段的“必填字段”属性为“是”，其他为“否”。

总之，这些属性都是为了提高数据的规范、正确和有效。读者可以在应用的过程中逐步认识它们的作用。

【例 3-10】 设置“会员”表的“姓名”字段为必填字段，并为“姓名”字段建立索引。

操作步骤如下：

①在数据库窗口中，单击“表”对象，在表对象窗口中单击“会员”表，然后单击“设计”按钮 设计(D)，弹出设计窗口。

②在“会员”表设计视图的“姓名”字段的“必填字段”属性框的下拉框中选择“是”，在“索引”属性框的下拉框中选择“有(有重复)”，这是因为可能存在重名的可能。

③单击工具栏中的“视图”按钮，添加新记录，查看属性设置产生的效果。

练习 3.5

将“产品”表的“产品类型”字段设置为必填字段，并为该字段建立索引。

3.2.3　设置主键

主键，也叫主关键字，是唯一能标识一条记录的字段或字段的组合。指定了表的主键后，在表中输入新记录时，系统会检查该字段是否有重复数据，如果有，则禁止重复数据输入到表中。同时，系统也不允许主键字段中的值为 Null。

一般在创建表的结构时，就需要定义主键，否则在保存建表操作时，系统会询问是否要创建主键，如果选择“是”，系统将自动创建一个“自动编号(ID)”字段作为主键。该字段在输入记录时会自动输入一个具有唯一顺序的数字。

定义主键时，先要指定作为主键的一个或多个字段，如果只选择一个字段，可单击字段所在行的选定按钮，若需要选择多个字段作为主键，可先按下〈Ctrl〉键，再依次单击这些字段所在行的选定按钮。

指定字段后，单击工具栏上的“主键”按钮，或选择“编辑”→“主键”菜单命令，也可在鼠标右键菜单中选择“主键”命令把该字段设为表的主键。如果主键在设置后发现不适用或不正确，可以通过“主键”按钮取消原有的主键。

【例 3-10】 根据“销货记录”表(表 3.5)结构，用设计视图的方法建立“销货记录”表，并设置主键。

分析：“销货记录”表的每条记录代表某个销售订单所采购的某种产品的数量，因此它的主键是由“订单 ID”和“产品 ID”两个字段形成的复合主键。

操作步骤如下：

①在数据库窗口中，单击“表”对象，然后单击“新建”按钮 新建(N)，屏幕显示如图 3.2 所示的“新建表”对话框，在该对话框中选择“设计视图”选项，然后单击“确定”按钮，屏幕显示如图 3.8 所示的设计视图。

②在设计视图中，依次输入字段名、字段类型等(图 3.22)。

③设置主键。按下〈Ctrl〉键，再依次单击“订单 ID”和“产品 ID”两个字段的选定按钮。单击工具栏上的“主键”按钮。这两个字段出现主键标志(图 3.22)。

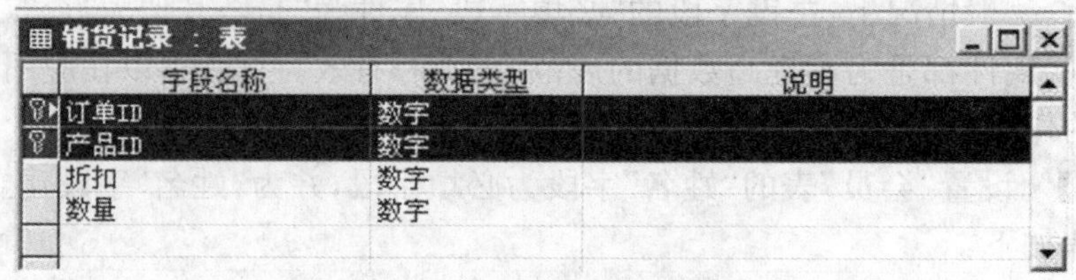

图 3.22 “销货记录”表设计视图

练习 3.6

检查目前所创建的表是否建立了主键，如果没有，指定主键字段，设置主键。

3.2.4 使用“查阅向导”类型

在有些情况下，表中某个字段的数据也可以取自其他表中的某个字段的数据，或者取自固定的数据。在 Access 提供字段的数据类型中，“查阅向导”是一种特殊的类型，它利用列表框或组合框，从另一个表或值列表中选择值。这样做方便数据的输入，并减少输入的错误。

【例 3-11】 将“会员”表中“性别”字段类型设置为查阅向导型。

操作步骤如下：

①在“会员”表设计视图的“性别”字段的“数据类型”下拉列表中选择“查阅向导”。

②“查阅向导”对话框(图 3.23)中有两个选项：

- 使用查阅列查阅表或查询中的值。数据的来源是其他表的某些字段。

• 自行键入所需的值。所查询的值由用户预先输入。

本例选择后者。

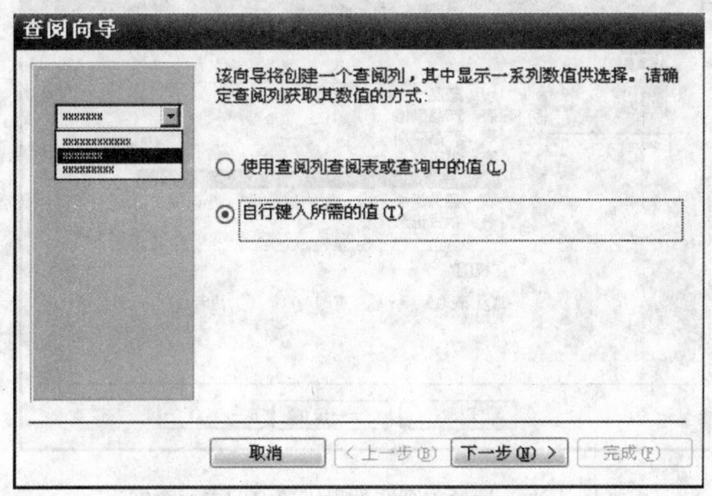

图 3.23　“查阅向导”对话框

③在输入列(图 3.24)中键入所需的值“男”和“女”，单击“下一步”，完成操作。

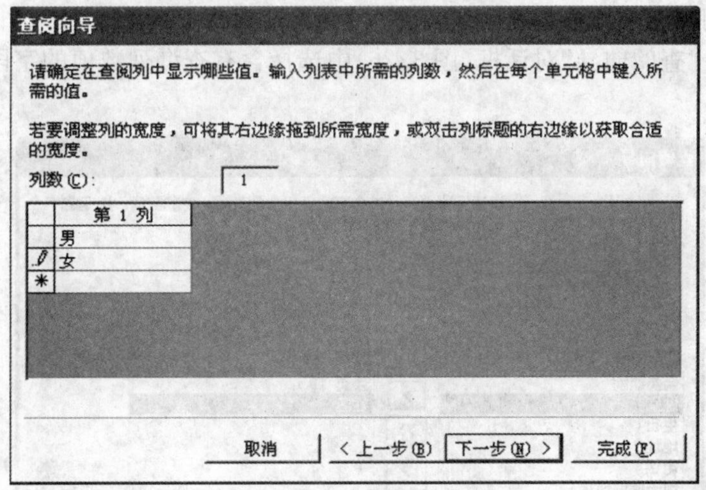

图 3.24　输入所需的值

④单击工具栏中的“视图”按钮，打开“会员”表，输入记录时，单击“性别”字段的下拉按钮，出现下拉框，选择所需值。

【例 3-12】 将“销售订单”表中“会员 ID”字段类型改为查阅向导型。

操作步骤如下：

①在“销售订单”表设计视图的“会员 ID”字段的“数据类型”下拉列表中选择“查阅向导”。

②在“查阅向导”对话框(图 3.23)中选择“使用查阅列查阅表或查询中的值”选项，单击“下一步”。

③在下一个“查阅向导”对话框中(图 3.25)选择为查阅列提供数值的表或查询，“销

售订单"的"会员 ID"字段的内容来自"会员"表，选择"会员"表，单击"下一步"。

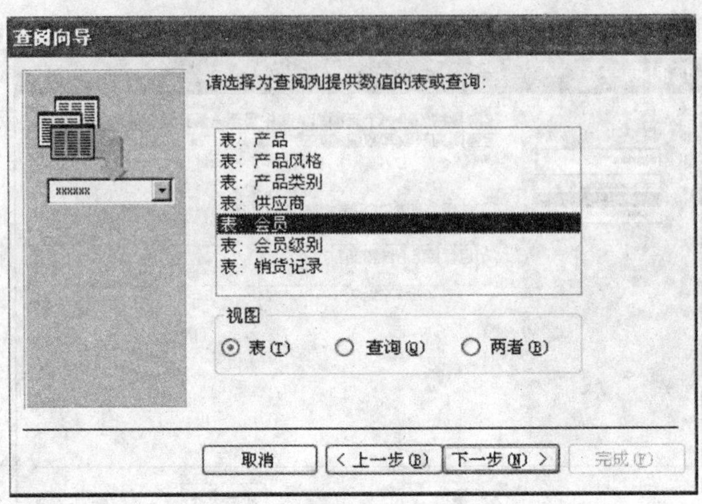

图 3.25　选择为查阅列提供数值的表或查询

说明：如果"销售订单"表的"会员 ID"字段与"会员"表的"会员 ID"字段建立了关系，则不能改变字段的数据类型，也就不能改为查阅向导型。所以在改动之前，需要在"关系"窗口中删除它们之间的关系。

④在下一个"查阅向导"对话框(图 3.26)中选择含有查询列数值的字段："会员 ID"和"姓名"字段。

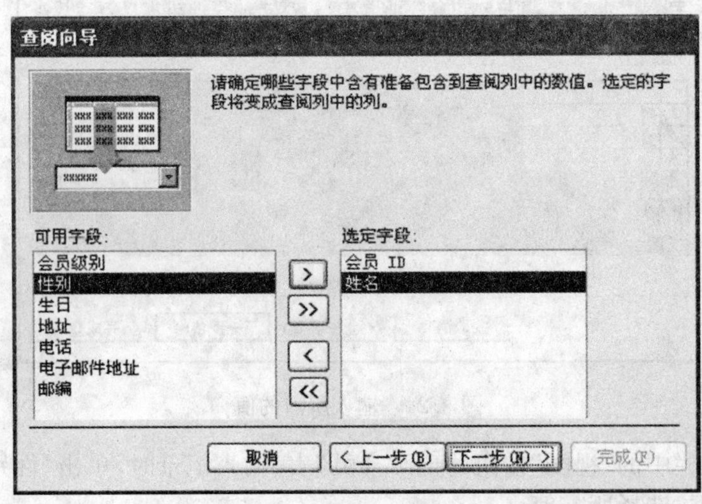

图 3.26　选择为查阅列提供数值的字段

⑤在下一个"查阅向导"对话框(图 3.27)中指定显示的列，选择"隐藏键列"选项，单击"完成"按钮。

⑥单击工具栏中的"视图"按钮，输入记录时，单击"会员 ID"字段的下拉框(图3.28)，选择所需值。由于选择"隐藏键列"选项，"会员 ID"字段被隐藏，显示是"姓名"字段的内容。

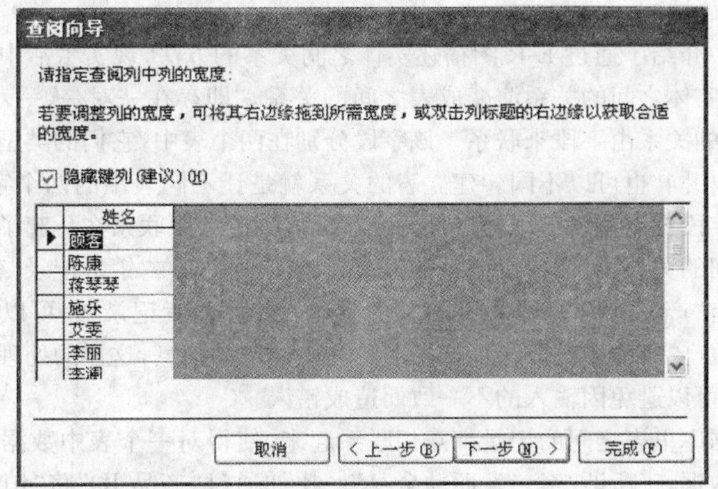

图 3.27　选择为查阅列提供数值的字段

销售订单：表

订单ID	会员ID	销售日期	交货日期	经手人
1	顾客	2003-10-1	2003-10-1	
2	顾客	2003-10-1	2003-10-1	
3	陈康	2003-10-2	2003-10-2	
4	蒋琴琴	2003-10-2	2003-10-2	
5	施乐	2003-10-2	2003-10-2	
6	艾雯	2003-10-2	2003-10-2	
7	李丽	2003-10-2	2003-10-2	
8	李澜	2003-10-2	2003-10-2	
	王楠			
9	艾雯	2003-10-2	2003-10-2	
10	顾客	2003-10-2	2003-10-2	

记录：1　共有记录数：59

图 3.28　选择“隐藏键列”的显示效果

当字段类型通过“使用查阅列查阅表或查询中的值”设置成“查阅向导”类型，该表与查阅表建立了一种关系。通过例 3-12，将“销售订单”表中“会员 ID”字段类型改为查阅向导型，所查阅的表是“会员”表。当“会员”表中增加新会员后，新增加的会员会自动出现在“会员 ID”字段的下拉框中（图 3.28）。下一节将详细讨论有关表的关系。

练习 3.7

(1)将“产品”表的“单位数量”字段类型设为“查询向导”，使用“自行键入所需的值”方式，键入的值为：“单盒”；“单碟”；“双碟”。

(2)将“产品”表的“产品类型”字段类型设为“查询向导”，使用“查阅列查阅表或查询中的值”方式，查阅表来自“产品类型”表。

3.3　设定表关系

Access 是一个关系型数据库。在关系型数据库中，用户建立了所需的表后，还要创建表之间的关系。

在第 2 章中介绍了通过 E-R 图描述实体之间关系的方法,现实生活中的实体在数据库中表现为表,实体之间的关系演变成表之间的关系。即存在一对一、一对多、多对多三种关系,表之间的关系由字段来联系。该字段分别在两个表中,它们的类型和大小必须相同,字段名可以相同,也可以不同。建立表的关系就是让不同表中的两个字段建立联系,如表中的其他字段自然也就可以通过这两个字段之间的关系联系在一起了。

建立表之间的关系,可以减少数据的冗余和错误。比如在“销货记录”表中只有“产品ID”字段,而没有“产品名称”等与产品相关的字段,因为“销货记录”表可以通过与“产品”表的关系中,从“产品”表中获取包括产品名称在内的产品信息,这样的处理既可以减少数据的输入量,也可以避免因输入的不一致而造成错误。

关系将数据库里表之间的记录都互相联系起来,使得对一个表中数据的操作有可能影响其他表的数据,正所谓“牵一发而动全身”。比如通过“产品 ID”将“销货记录”与“产品”表联系起来,这样只需要输入一个产品 ID 号,就可以将该产品以及该产品销售信息都调出来使用,非常方便。不过如果在“产品”表中删除一个产品的记录,会影响“销货记录”表中关于这个产品的记录。

3.3.1 表关系

所谓关系,指的是两个表中都有一个相同的数据类型、大小的字段,利用这个字段建立两个表之间的关系。通过这种表之间的关联性,可以将数据库中的多个表联接成一个有机的整体。关系的主要作用是使多个表中的字段协调一致,以便快速地提取信息。

例如,在罗斯文商贸示例数据库中,“雇员”表存储的是公司内部人事的基本数据,而“客户”表是某位雇员所接洽的客户清单,两者之间可以通过某种字段相互联系起来,让用户只需输入雇员编号,就可以查出该雇员接洽的所有客户。图 3.29 所示为罗斯文商贸示例数据库表间的关系。

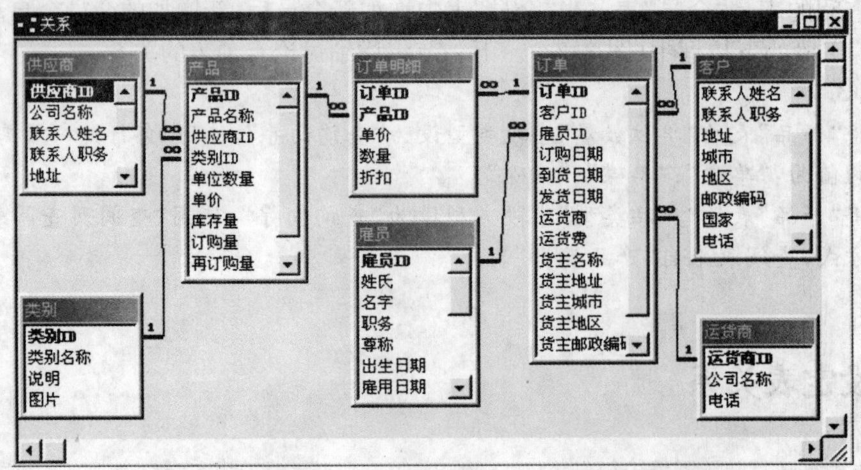

图 3.29 Northwind.mdb 的表关系

如果两个表使用了共同的字段，就应该为这两个表建立一个关系，通过表间关系就可以指出一个表中的数据与另一个表中的数据的关联方式。表间关系如表 3.14 所示。

表 3.14　表间关系

类　型	描　　述
一对一	一个表中的每个记录只与第二个表中的一个记录匹配，反之亦然
一对多	一个表中的每个记录与第二个表中的一个或多个记录匹配，第二个表中的每个记录只能与第一个表中的一个记录匹配
多对多	一个表中的每个记录与第二个表中的多个记录匹配，反之亦然

3.3.2　创建表关系

1. 建立表关系前的准备工作

首先，根据 E-R 图确定表之间的关系，比如在第 2 章的“音像店管理”数据库例子中，通过 E-R 图(图 2.18)确定各表间的关系和匹配字段(表 3.15)，就可以在表关系视图中创建表之间的关系了。

表 3.15　“音像店管理”表的联系

表	联　系	匹配字段	说　　明
会员与销售订单	一对多	会员 ID	每个会员签一次或多次销售订单，每张订单只属于某个会员
销售订单与销货记录	一对多	订单 ID	每张销售订单选购了一种或一种以上的商品
产品与销货记录	一对多	产品 ID	产品出现在多个销货记录中

保证在两个表中建立关系的相关字段(即匹配字段)的类型和大小相同，名称可以不同，建议采用相同的字段名称。重要的是匹配字段必须有相同的字段类型，并具有相同的“字段大小”属性设置。不过主键字段如果是“自动编号”字段，由于“自动编号”的“字段大小”为长整型，所以它可以和一个类型为“数字”、“字段大小”属性均为“长整型”的字段相匹配。

其次，如果两个表存在一对一关系，则建立关系的字段均为主键。如果两个表存在一对多关系，在“一”方表中，该字段为主键，在“多”方表中，该字段不是主键。比如“产品ID”字段是“产品”表的主键，但不是“销货记录”表的主键。

2. 创建表之间的关系

【例 3-13】　设置“音像店管理”数据库“会员”表和“销售订单”表间的关系。

操作步骤如下：

①在数据库窗口中，单击工具栏上的“关系”按钮，或使用工具菜单中的“关系”命

令，显示“关系”视图窗口。如果在数据库中已经创建了关系，那么在关系窗口中将显示出这些关系。

如果没有定义任何关系，Access 会在弹出“关系”窗口的同时弹出“显示表”对话框，如图 3.30(a)所示。也可单击关系工具栏上的“显示表按钮”，打开“显示表”对话框。

②选中对话框中的“会员”表和“销售订单”表，单击“添加”按钮，将所需要的表加入到“关系”窗口中，如图 3.30(b)所示，关闭“显示表”对话框。

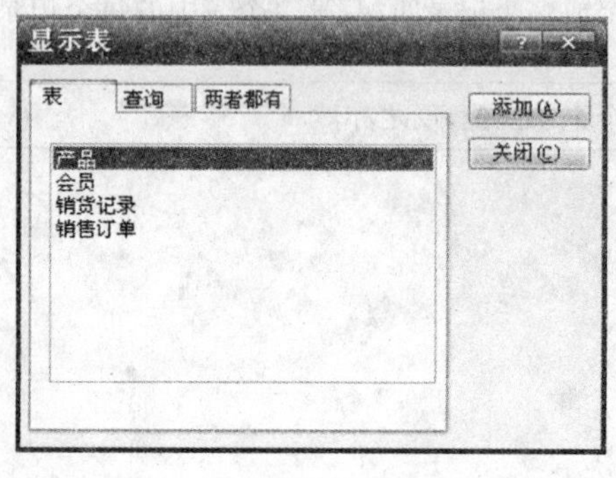

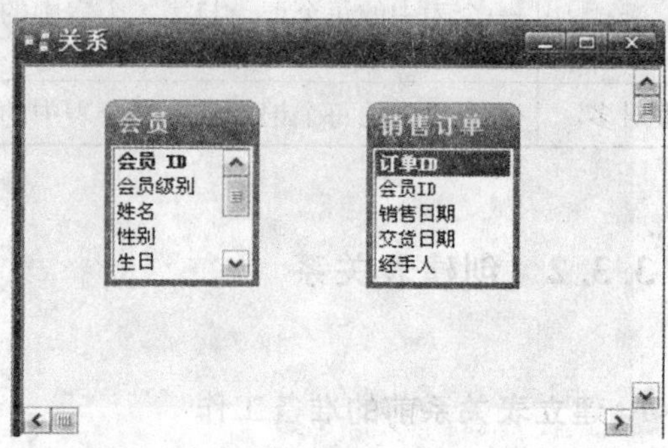

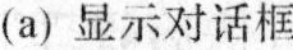
(a) 显示对话框

(b) 关系窗口

图 3.30 创建表之间的关系

③“会员”表和“销售订单”表的关系是通过匹配字段“会员 ID”实现。“会员 ID”是“会员”表的主键，该表称为主表。在窗口中选中“会员”表的“会员 ID”字段，拖动鼠标到目的表“销售订单”表上方，然后放开左键。会弹出“编辑关系”对话框，如图 3.31 所示。

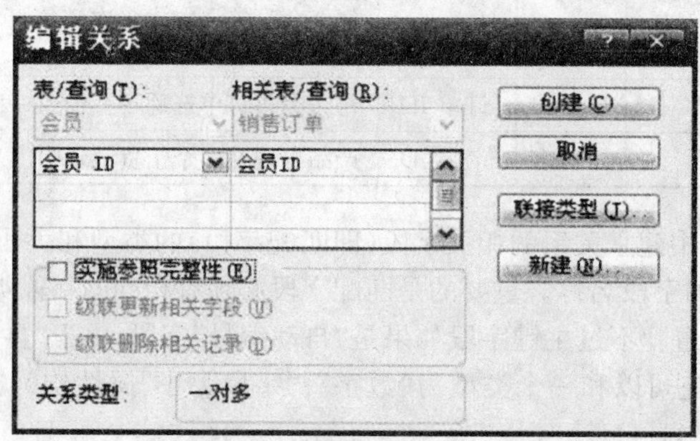

图 3.31 “编辑关系”对话框

提示：可以随时调整“关系”对话框中表所在的位置，拖动标题行移动表，拖动边框缩放表。

在图中显示了相关联的两个字段，说明它们的关系类型为“一对多”，即“会员”表中的一个记录对应“销售订单”表中的一个或多个记录。也就是说，一个会员有一个或多个订单。

④按下“创建”按钮完成两个表间的关联操作。

⑤用同样方法，依次建立其他几个表间的关系，如图 3.32 所示。

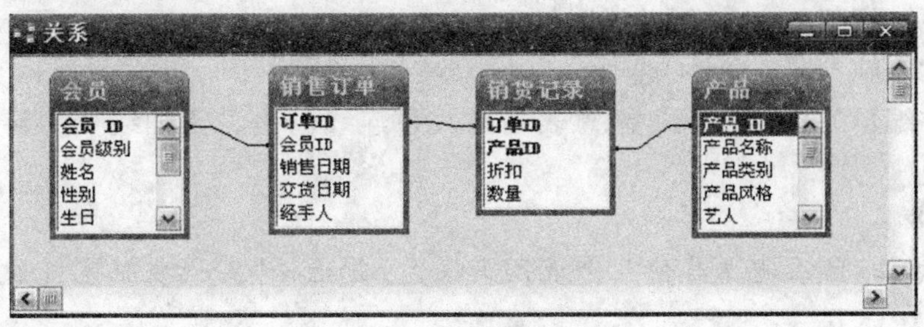

图 3.32　“关系”窗口

3. 参照完整性

在定义表之间的关系时，Access 设立了一些有助于确保相关表中记录之间关系完整的准则。实施参照完整性，对相关表的操作遵循以下规则：

(1)不能将主表中没有的键值添加到相关表中。

(2)不能在相关表中存在匹配的记录时删除主表中的记录。

(3)不能在相关表中存在匹配的记录时更改主表中的主关键字值。

也就是说，实施了参照完整性后，对表中主关键字字段进行操作时，系统会自动检查主关键字字段，看看该字段是否被添加、修改或删除了。如果对主关键字的修改违背了参照完整性的要求，那么系统会自动强制执行参照完整性。

在相关表符合以下条件时，才能实施参照完整性：

(1)主表的匹配字段是主键，或设置成“有(无重复)”类型的索引。

(2)匹配字段数据类型和大小相同，或符合要求的不同类型，比如字段编号与长整型。

(3)两个表都属于相同的数据库。

(4)如果在“编辑关系”对话框(图 3.31)中选中了“实施参照完整性”，同时可决定是否设置“级联更新相关字段”、“级联删除相关记录”，以使在更改源表的主键值时，目的表中该字段的值是否同时被修改。

• 级联更新相关字段：如果在定义一个关系时选择了该项，则无论何时更改源表中记录的主键，Access 都会自动在所有相关的记录中将主键更新为新值。例如修改了“会员”表的“会员 ID”值，则在有关联的“销售订单”表中，自动修改这个会员的“会员 ID”，从而维持它们之间的关系。

• 级联删除相关记录：如果在定义一个关系时选择了该项，则在删除源表中的记录时，Access 会自动删除相关表中相关的记录。例如删除了“会员”表某个“会员 ID”，则在有关联的“销售订单”表中，自动删除这个会员的相关记录，从而维持它们之间的关系。

(5)以同样的方法建立其他表间的关系后，关闭关系视图窗口，并保存此布局设置。

【例 3-14】　设置“音像店管理”数据库中各表间“实施参照完整性”的关系。

操作步骤如下：

①在数据库窗口中，单击工具栏上的“关系”按钮，显示“关系”视图窗口(图3.32)。

②单击“会员”表和“销售订单”表之间的关系连线，选中后关系连线由细实线变成粗实线，单击“关系”菜单→“编辑关系”，打开“编辑关系”对话框，如图 3.31 所示。

③选择“实施参照完整性”选项。

④关闭“编辑关系”对话框，注意表之间关系连线已由一条细线变为显示一对多的连线。

练习 3.8

用同样方法，依次建立其他几个表间的关系，并选择“实施参照完整性”选项，如图 3.33所示。

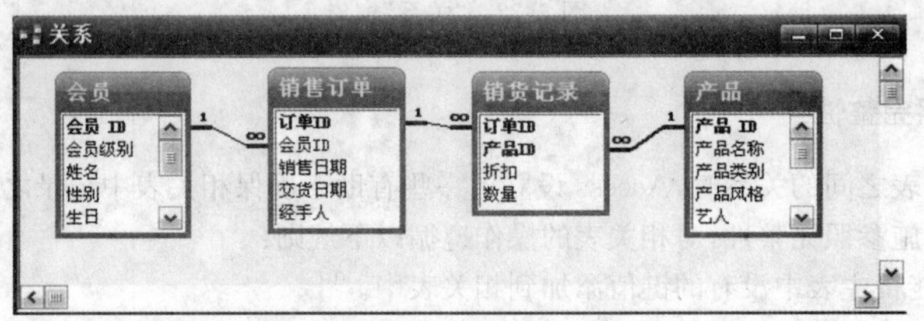

图 3.33 选择“实施参照完整性”选项的“关系”窗口

3.3.3 查看、修改表关系

表之间的关系并不是一成不变的，通过工具栏中的按钮，可以打开关系视图窗口，显示和修改数据库各表之间的关系。还可通过表关系工具栏上的“显示直接关系按钮”、“显示所有关系按钮”，查询数据库中表之间的联接关系。

单击“编辑关系”对话框（图 3.31）中的“联接类型”按钮，弹出“联接属性”对话框（图 3.34）。联接属性对话框中的 1、2、3 条的内容，分别对应“内部联接”、“左边外部联接”和“右边外部联接”。

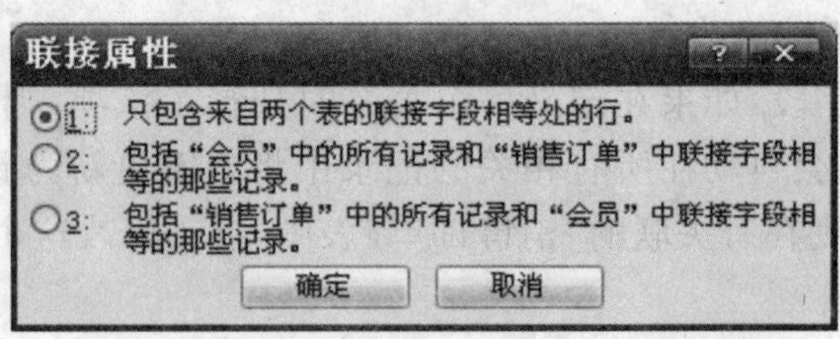

图 3.34 “联接属性”对话框

(1)内部联接，Access 中默认的关系为内部联接，又称“自然联接”。即只选择两个表中字段值相同的记录。例如，在对“会员”表和“销售订单”表的查询时，只包含两个表中会员 ID 相同的记录，而不挑选未购物的会员。

(2)左边外部联接，又称“左联接”。包括“会员”中的所有记录和“销售订单”中联接字段相等的那些记录。

(3)右边外部联接,又称“右联接”。包括“销售订单”中的所有记录和“会员”中联接字段相等的那些记录。

如果要删除两个表之间的关系,可单击所要删除的关系连线,然后按〈Del〉键即可。若要修改两个表之间的关系,双击所要修改的关系连线,打开“编辑关系”对话框即可。

3.3.4　主表与子表

建立表之间的关系以后,Access 会自动在主表中插入子表。主表是“一对多”关系中“一”方的表,子表是“一对多”关系中“多”方的表,在主表中的每一个记录下面都会带着一个甚至几个子表。比如“会员”表和“销售订单”表存在一对多关系,主表是“会员”表,子表是“销售订单”表。

【例 3-15】 了解“会员”表的主表与子表的关系。

操作步骤如下:

①打开“会员”表。

②在数据库窗口中,打开关系中“一”方的表,这些子表的默认状态处于折叠状态,每条记录的前面有一个“+”号。

③单击“+”号,则“+”号变成“-”号,同时展开子表,显示主表中该记录在子表中所对应的记录。图 3.35 显示的子表是会员 ID 为“2”会员在“销售订单”表中的订购单。

会员 : 表

	会员 II	会员级别	姓名	性别	生日	地址	电话
+	1	非会员	顾客				
-	2	学生会员	陈康	男	1983-8-15	对外经济贸易大学汇忠公寓214室	( )6449-125

	订单ID	销售日期	交货日期	经手人
+	14	2003-10-3	2003-10-3	
+	31	2003-10-4	2003-10-4	
+	56	2003-10-5	2003-10-5	
+	57	2003-10-5	2003-10-5	
+	58	2003-10-5	2003-10-5	
*	(自动编号)	2007-1 -14	2007-1-14	

	会员 II	会员级别	姓名	性别	生日	地址	电话
+	3	普通会员	蒋琴琴	女	1987-9-25	北京市朝阳区樱花西街罗马花园5号	( )6499-823
+	4	学生会员	施乐	女	1982-3-27	对外经济贸易大学汇贤公寓118室	( )6449-142
+	5	普通会员	艾雯	女	1881-4-7	北京市朝阳区望京小区59号	( )8798-224
+	6	普通会员	李丽	女	1979-6-22	北京市朝阳区望京小区59号	( )8798-157

记录: 13 共有记录数: 13

图 3.35　主表和子表

④在“格式”菜单“子数据表”的子菜单中,有三个命令“全部展开”、“全部折叠”和“删除”。“全部展开”命令可以将主表中的所有子数据表都展开,“全部折叠”命令可以将主表中的所有子数据表都折叠起来。如果不需要在主表中显示子数据表时,就可以使用“删除”命令把这种显示删除。但这时两个表的关系并没有被删除。如果想恢复在主表上显示子表的形式,单击“插入”菜单→“子数据表”命令。

练习 3.9

了解“产品”表的主表与子表的关系。

3.3.5 关系的完整性

关系模型的完整性规则是对关系的一种约束条件。在关系模型中有 3 类完整性约束:实体完整性、参照完整性和用户定义完整性。其中实体完整性和参照完整性是关系模型必须满足的完整性约束条件,它由关系系统自动支持。

1. 实体完整性

设置主键是为了确保每个记录的唯一性,因此各个记录的主键字段值不能相同,也不能为空。如果唯一标识了数据库表的所有行,则称这个表展现了实体完整性,实体完整性要求关系的主键不能取重复值,也不能取空值。

2. 参照完整性

参照完整性规则定义了外键与主键之间的引用规则。即在建立表关系时,选择实施参照完整性。如"会员级别"字段是"会员级别"表的主键,在"会员"表中是外键,在"会员"表中该字段的值只能取"会员级别"表中"会员级别"的其中值之一或取"Null"。

3. 用户定义完整性

实体完整性和参照完整性适用于任何关系型数据库系统。而用户定义的完整性规则是针对某一具体数据库的约束条件,由应用环境决定。它反映某一具体应用所涉及的数据必须满足的语义要求。通常用户定义的完整性主要是字段级/记录级有效性规则。设置字段的有效性规则就是实现用户定义的完整性规则。

思考题和习题

一、选择题

1. Access 提供的数据类型,不包括(　　)。

(A)文字　　(B)备注　　(C)货币　　(D)日期/时间

2. 建立索引的目的是(　　)。

(A)可以快速地对数据表中的记录进行查找或排序

(B)可以加快所有的操作查询的执行速度

(C)可以基于单个字段创建,也可以基于多个字段创建

(D)可以对所有的数据类型进行操作

3. 医生实体与患者实体之间存在(　　)的关系。

(A)一对一　　(B)多对一　　(C)一对多　　(D)多对多

4. 如果表中有"电话"字段,若要确保输入的联系电话值只能为 8 位数字,应将该字段的输入掩码设置为(　　)。

(A)00000000　　(B)99999999　　(C)########　　(D)????????

5. 若在日期型查询字段的表达式框中输入了条件表达式：

Between #2006/1/11# and #2006/6/1#

下列哪一个表达式与其功能等价(　　)。

(A)like "2006/1/11" and like "2006/6/1"

(B)like (#2006/1/11# and #2006/6/1#)

(C)in("2006/1/11", "2006/6/1")

(D)>=#2006/1/11# and <=#2006/6/1#

6.“产品”表的“产品类型”字段是(　　)。“产品类型”表的“产品类型”字段是(　　)。

(A)主键　　(B)外键　　(C)都是主键　　(D)都不是主键

7. 下列关于表中关键字不正确的描述是(　　)

(A)为了唯一表示表中的某条记录，表中应含有关键字

(B)关键字可以是表中的一个或多个字段

(C)关键字段的值不能重复

(D)关键字段的值可以为空值

二、填空题

1. 在________视图中可以增加或删除表中的字段，在________视图中可以增加或删除表中的记录。

2. 在表设计视图中，可以通过设置字段的________属性来保证输入数据的格式保持一致，可以通过设置字段的________属性来保证显示数据的格式保持一致。

3. 在设计视图下的表窗口中，上半部分包含三项属性，分别是________、________及字段说明。

4. 作为主键的字段的值不能出现________和________。

5. 实体完整性要求关系的主键不能取________，也不能为________。

三、思考题

1. 数据表设计中字段命名应符合哪些规则？

2. 什么是主键？主键与外键有什么关系？

3. 举例说明定义字段时，如何选择数据类型。

4. 举例说明字段的有效性规则属性和有效性文本属性的意义和使用方法。

5. 试述“输入掩码”的用途及设计方法。

6. 什么是主表和子表？

7. 通过直接输入数据来创建表时，能否修改字段的定义？如何修改？

8. 举例说明如何使用向导创建值列表字段？

9. 以罗斯文示例数据库为例，说明关系型数据库是如何实现数据库中数据的关联的。

10. 举例说明在“关系视图”中修改表与表之间关系的方法。

11. 什么是参照完整性？如何实施参照完整性？

实验

练习目的

学习如何创建、修改表和表结构。

练习内容

1. 完成本章的例题和练习内容。
2. 建立"图书借阅"数据库。
3. 在"图书借阅"数据库中建立 4 个表。

(1)"图书"表

字段名称	字段类型	字段大小	是否是主键
书号	文本	10	是
书名	文本	30	
作者	文本	10	
出版社	文本	30	
价格	货币		
是否借出	是/否型		

(2)"借书证"表

字段名称	字段类型	字段大小	是否是主键
借书证号	文本	10	是
姓名	文本	30	
登记日期	日期		
是否有效	是/否型		
类型	数字	长整型	

(3)"借书证类型"表

字段名称	字段类型	字段大小	是否是主键
类型	数字	自动编号	是
可借阅天数	数字	整型	

(4)"借阅登记"表

字段名称	字段类型	字段大小	是否是主键
流水号	自动编号型		是
借书证号	文本	10	
书号	文本	10	
借阅日期	日期		
还书日期	日期		

4. 设置字段的属性。

(1)所有日期型字段的格式设置为长日期。

(2)"登记日期"和"借阅日期"字段的默认值为当天日期,注:利用日期函数 Date()。

(3)"借书证"表的"是否有效"字段的默认值属性设置为 True,表示该借书证有效。

(4)"图书"表的"是否借出"字段的默认值属性设置为 False,表示该图书没有被借出。

(5)"图书"表的"价格"字段设置有效性规则,保证价格不能小于零。

(6)为"图书"表的"书名"字段设置索引。

(7)"借阅登记"表的"借书证号"字段和"书号"字段为必填字段。

(8)设置"借书证"表的"借书证号"的掩码属性,确保输入 10 位数字。

(9)将"借阅登记"表中"书号"字段的类型改为查阅向导型,其查阅值来自"图书"表的"书号"字段。

(10)将"图书"表中"出版社"字段的类型改为查阅向导型,采用"自行键入所需的值"的方式,"出版社"的取值为"高教"、"清华"、"浙大"、"北大"和"电子工业"。

(11)将"借阅登记"表中"书号"字段的类型改为查阅向导型,其查阅值来自"图书"表的"书号"字段。

(12)将"借阅登记"表中"借书证号"字段的类型改为查阅向导型,其查阅值来自"借书证"表的"借书证号"字段。

(13)建立"图书"表和"借阅登记"表的一对多的关系。

(14)建立"借书证"表和"借阅登记"表的一对多的关系。

(15)建立"借书证类型"表和"借书证"表的一对多的关系。

第 4 章

Access 表的使用

在建立数据库和表的基础上，本章将重点讲述表的使用和编辑，数据的排序和筛选，以及 Access 如何与外部共享数据等内容，难点是如何筛选出符合要求的记录。

【本章要点】

- 数据的输入、修改和编辑
- 数据的排序
- 数据的筛选
- 外部数据的导入和链接
- 表的导出

4.1 表的使用和编辑

创建了表，就如同在纸上画好了图表的框架，接下来需要使用这些表，包括数据的输入、修改、查看、排序、打印、查找和筛选数据等。

4.1.1 输入和修改数据

表结构设计好后，就可以在数据表视图或窗体中输入和修改数据记录。在数据表视图中光标所在的单元格中操作数据，与 Excel 输入数据的方法基本相同。但是，完成字段属性的设置后，Access 提供的字段“输入掩码”、“有效性规则”和“默认值”属性，设置字段“查阅向导”型等有助于数据输入的准确、快捷和方便。相关的内容可参阅 3.2 节。

输入数据时，应先输入基础表的数据，然后输入相关表的数据。例如先输入“产品类型”表的数据，然后输入“产品”表的“产品类型”字段的数据时，就能利用设置“查阅向导”型，从下拉列表中选取“产品类型”值。

【例 4-1】 以输入“产品”表和“会员”表的记录为例，分别介绍几种数据类型的输入方法。

①打开“会员”表数据视图。

②添加新记录时，单击工具栏上的“新记录”按钮 ▶*，光标移到新记录上。

- 文本、数字、货币型数据的输入

如果要输入文本、数字、货币型数据，可直接在网格中输入。如果该字段设置了掩码属性，则需要按照掩码的规则输入数据。

- 输入"是/否"型数据

在"中止"字段的网格中，显示了一个复选框。选中则表示输入了"是"，不选中表示输入了"否"。

- 输入"日期/时间"型数据

输入"日期/时间"型数据时，可按最简捷的方式键入，不需键入整个日期。Access 会自动按设计表时在格式属性中定义的格式显示这类数据，或者按设置掩码的方式输入。

例如，在"生日"字段中键入"83-8-18"，其显示方式按该字段"格式"属性设置显示，若设置为"长日期"，则会自动显示为"1983 年 8 月 18 日"。

- 输入 OLE 对象型数据

这种字段可以使用插入对象的方式来输入 OLE 对象型数据。在 Access 2003 中操作更为简单，可以在选中网格中直接粘贴位图图片。

例如，将光标移到"产品"表的"封面"字段，网格中出现一个虚线框，表示该字段已选中。选择菜单的"对象"命令，或右击选择"插入对象"命令，打开"插入对象"对话框，如图 4.1 所示。

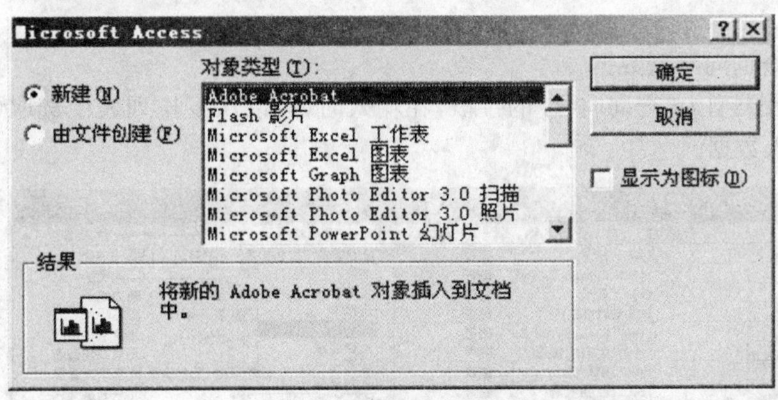

图 4.1　"插入对象"对话框

如果选择"新建"，则对话框中显示各种系统注册的对象类型，可以通过与这些对象相关联的程序创建新的对象，并插入到字段中。若选择"由文件创建"，则可通过浏览功能选择一个已存储的图片。单击"确定"按钮，便可将选中的图片插入到"封面"字段。

说明：OLE 对象型数据在数据表视图中只标注插入对象的类型，比如"位图图片"、"包"等。在窗体视图中，如果是"位图图片"，则直接显示图片，如果是其他类型的对象，双击该对象框，系统自动调用相关对象程序。比如插入的对象是音频文件，双击该对象框，将播放音乐。

- 输入备注型数据

输入备注型数据时，可直接在网格中输入。由于备注型数据可以多达 64K，经常采用"复制"→"粘贴"方式，从现有的 Word 文档中粘取文字。

- 输入超链接型数据

超链接型数据的输入，可用“插入超链接”对话框来实现。如在输入表中的“Email”字段时，可选择插入菜单中的“超链接”命令，或工具栏中的按钮，打开“插入超链接”对话框，如图 4.2 所示。

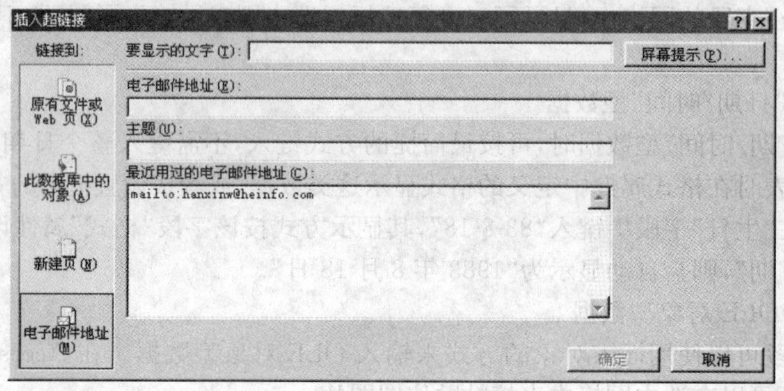

图 4.2 “插入超链接”对话框

在对话框中可以选择 4 种超链接：原有文件或 Web 页、此数据库中的对象、新建页、电子邮件地址。图 4.2 显示的是输入电子邮件地址，通过屏幕提示按钮还可以输入提示信息。

- 输入查询向导型数据

对于字段类型为“查询向导”的字段，在输入时，可以从下拉列表中选取（图 4.3），也可以直接输入数据。

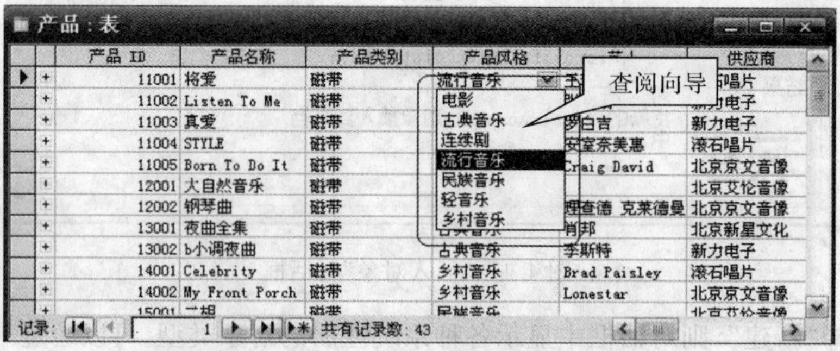

图 4.3 设置了“查阅向导”的输入方式

练习 4.1

(1)按照图 4.3 给“产品”表输入 10 条记录。

(2)按照图 2.10(b)给“会员级别”表输入 3 条记录。

4.1.2 改变数据表显示方式

通过“格式”菜单可以改变数据表的显示形式。对于“字体”、“行宽”和“列高”等命令，用户容易理解，不做解释。以下的操作是 Access 数据表中特有的命令，所有这些命令都在数据表视图中完成。

1.“数据表”命令

该命令主要用于选择单元格显示效果、网格线和背景颜色等。

【例 4-2】　改变“会员”表的显示格式。

操作步骤如下：

①在数据库窗口的表列表框中打开“会员”表。

②在数据视图中，单击“格式”菜单→“数据表”，弹出“设置数据表格式”对话框(图 4.4)。

③在“设置数据表格式”对话框中设置单元格显示效果、网格线显示方式、背景色、网格线颜色、边框和线条样式等。

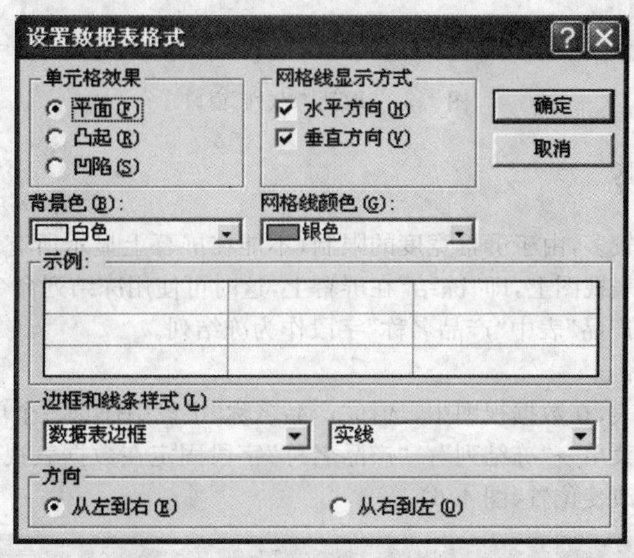

图 4.4　“设置数据表格式”对话框

2.“隐藏列”命令

“隐藏列”命令可以将用户暂时不关心的列隐藏起来。

【例 4-3】　隐藏“产品”表中“封面”字段。

操作步骤如下：

①打开“产品”表，在数据视图中，选择“封面”字段中任意一个单元。

②单击“格式”菜单→“隐藏列”，可以将当前列隐藏。

“取消隐藏列”命令可以指定列的显示或隐藏方式。

操作步骤如下：

①打开“产品”表，在数据视图中，单击“格式”菜单→“取消隐藏列”。

②在“取消隐藏列”对话框中(图 4.5)，选中的字段为显示字段，未选中的字段为隐藏字段。

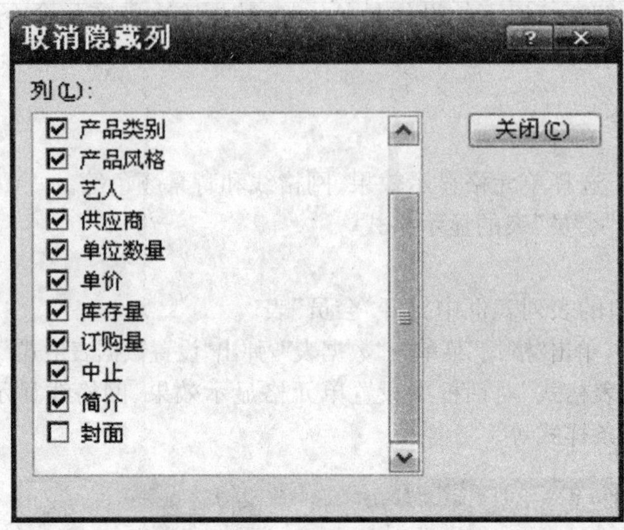

图 4.5 “取消隐藏列”窗口

3.“冻结列”命令

当表中字段比较多,由于屏幕宽度的限制,不能在屏幕上显示所有的字段,但又希望有的列能留在数据表视图上,即“冻结”在屏幕上,这时可使用冻结列命令。

【例 4-4】 将“产品”表中“产品名称”字段作为冻结列。

操作步骤如下:

①打开“产品”表,在数据视图中,选择“产品名称”字段中任意一个单元。

②单击“格式”菜单→“冻结列”。“产品名称”字段固定在数据表视图的左侧,不随水平滚动条的移动而改变位置(图 4.6)。

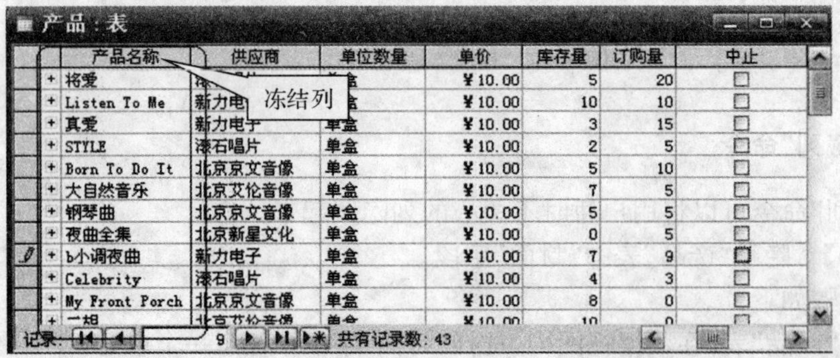

图 4.6 冻结列

4.1.3 移动列

数据表视图中字段按数据表设计时的顺序排列。可以通过鼠标操作移动列,改变字段在表中排列的顺序。

【例 4-5】 将“会员”表中“单价”字段移到“产品类别”字段的前面。

操作步骤如下：

①打开“会员”表，在数据视图中，单击“产品类别”字段的标题栏，选中该字段，并将鼠标指针停留在这列上。

②按住鼠标左键，鼠标指针的尾部周围将出现一个阴影图案的矩形框。

③拖动此列到表中的新位置。当左右移动鼠标时，Access 将高亮度显示列与列之间的分隔线，表明将要把此列移动到什么位置。

④当鼠标指针处于满意的位置时，释放鼠标。Access 将移动此列到新位置。

4.1.4　查找和替换记录

可以通过“编辑”菜单的“查找”和“替换”命令完成查找和替换的功能(图 4.7)。其中“查找范围”选项可以指定是在一个字段内或整个数据表中完成查找和替换。“匹配”选项可以指定查找或替换是按整个字段、字段开头或字段的任何位置的方式进行的。“搜索”选项可以指定以向前、向后和全部的方式进行。

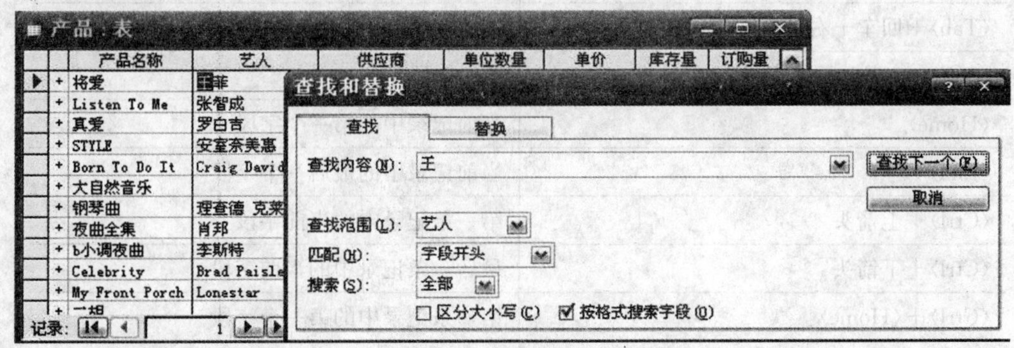

图 4.7　“查找和替换”对话框

【例 4-6】 查找“产品”表中姓“王”的艺人。

操作步骤如下：

①打开“产品”表，在数据视图中，选择“艺人”字段的某个单元。

②单击“编辑”菜单→“查找”，弹出“查找和替换”对话框(图 4.7)。

③在“查找内容”栏中输入“王”。

④在“查找范围”下拉框中指定“艺人”字段。

⑤在“匹配”下拉框中指定“字段开头”。

⑥单击“查找下一个”按钮，完成查找。

4.1.5　定位记录

数据表中有了数据后，修改是经常要做的操作，其中定位和选择记录是首要的任务。

常用的定位方法有两种：一是使用记录号定位；二是使用快捷键定位。

【例 4-7】 将指针定位到“产品”表中第 30 条记录上。

操作步骤如下：

①打开“产品”的数据表视图。

②在窗口底部记录定位器(图 4.8)中的记录编号框中双击编号，然后在记录编号框中输入要查找记录的记录号“30”。

③按回车键，这时，光标将定位在该记录上。

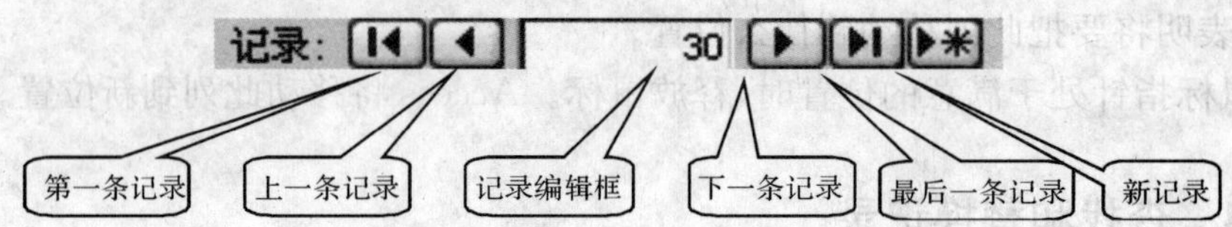

图 4.8 记录定位器

可以使用快捷键定位记录或字段，如表 4.1 所示。

表 4.1 快捷键及定位功能

快捷键	定位功能
〈Tab〉＋回车＋右箭头	下一字段
〈Shift〉＋〈Tab〉＋左箭头	上一字段
〈Home〉	当前记录中的第一个字段
〈End〉	当前记录中的最后一个字段
〈Ctrl〉＋上箭头	第一条记录中的当前字段
〈Ctrl〉＋下箭头	最后一条记录中的当前字段
〈Ctrl〉＋〈Home〉	第一条记录中的第一个字段
〈Ctrl〉＋〈End〉	最后一条记录中的最后一个字段
上箭头	上一条记录中的当前字段
下箭头	下一条记录中的当前字段
〈PgDn〉	下移一屏
〈PgUp〉	上移一屏
〈Ctrl〉＋〈PgDn〉	左移一屏
〈Ctrl〉＋〈PgUp〉	右移一屏

4.1.6 删除记录

删除记录，即将表中不需要的记录删除。Access 能够在表的数据视图中删除单个记录或连续的记录。

【例 4-8】 删除“产品”表的最后两条记录。

操作步骤如下：

①打开“产品”的数据表视图表。

②将鼠标移至欲删除记录的行选定器上，按住左键不放，向下或向上拖拽，选取两条记录。

③按〈Del〉键，或使用“编辑”→“删除”菜单命令。系统弹出提示对话框，询问是否删除。若确定要删除记录，单击“是”按钮。

注意：记录删除后将无法恢复，Access 不提供删除标记及恢复功能。

4.2 数据的排序

排序就是将数据按照一定的逻辑顺序排列。例如，将账单按日期排序，以便知道哪张账单即将到期，将光盘按曲目的字母顺序或者按作曲家名字排序。在 Access 中可以进行简单排序或者高级排序。进行排序时，Access 将重新组织表中记录的顺序。

排序规则如下：

(1)文本，包括英文、中文和文本类型的数据。按字母顺序排序，大小写视为相同，升序时按 A 到 Z 排序，降序时按 Z 到 A 排序。

(2)数字。按数字的大小排序，升序时由小到大，降序时由大到小。

(3)日期和时间字段。按日期的先后顺序排序，升序时按从前到后的顺序排序，降序时按从后向前的顺序排序。

(4)数据类型为“备注”、“超链接”、“OLE”对象的字段不能排序。

排序后，排列次序将与表一起保存。

4.2.1 简单排序

在 Access 中，对字段的排序可以基于一个或多个字段。简单排序就是基于一个或多个相邻字段的内容来排列字段顺序。

1. 基于一个字段的简单排序

【例 4-9】 按“会员”表的“姓名”字段排序。

操作步骤如下：

①打开“会员”表，在数据视图中，选中需要排序的列的字段。

②单击“升序”工具按钮 A↓，或者从“记录”菜单的“排序”子菜单中选择“升序”选项，进行升序排序。

③单击“降序”工具按钮 Z↓，或者从“记录”菜单的“排序”子菜单中选择“降序”选项，进行降序排序。

2. 基于多个相邻字段的简单排序

利用简单排序特性也可以进行多个字段的排序。然而，这些列必须相邻，并且每个字段都按照同样的方式(升序或降序)以从左到右的顺序进行排列。可以通过移动列把要排序的字段移到相邻位置。

【例 4-10】 按照“产品”表中“产品风格”字段和“供应商”字段进行排序。

操作步骤如下：

①打开“产品”表，在数据视图中，单击“供应商”字段的标题栏，移动该列到“产品风格”字段相邻位置。

②按住〈Shift〉键，单击“供应商”字段和“产品风格”字段的标题栏，Access 将高亮显示这两列。

③单击“升序”工具按钮 A↓ 或“降序”工具按钮 Z↓，排序。

当对多个字段进行简单排序时，Access 按照从左到右的顺序进行。这样，Access 会先对最左边的列排序，然后才轮到右边的下一列，以此类推。

4.2.2 高级排序

使用高级排序，可以对多个不相邻的字段采用不同的方式(升序或降序)排列。

【例 4-11】 在“产品”表中，首先按照“供应商”字段升序，然后按照“单价”字段降序排列。

操作步骤如下：

①打开“产品”表。

②单击“记录”菜单→“筛选”→“高级筛选/排序”，显示 “筛选”窗口(图 4.9)。

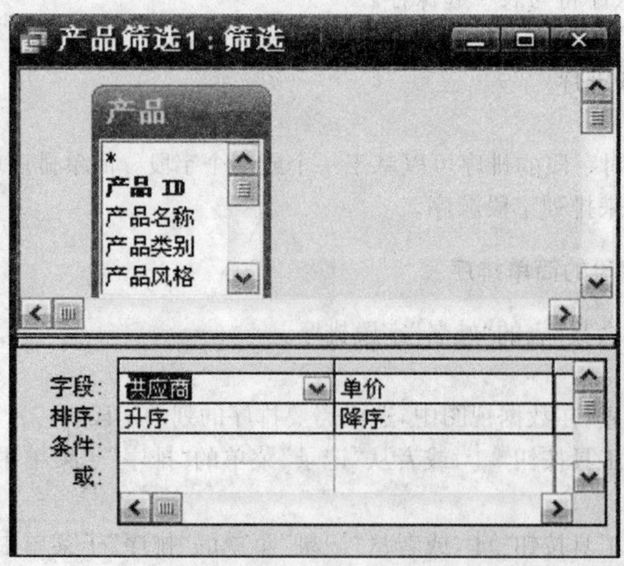

图 4.9 “筛选”对话窗口

③在筛选窗口中，单击“字段”栏第一列右边的向下箭头按钮，从字段列表中选择“供应商”字段。然后，单击“排序”框单元右边的向下箭头按钮。从排序方式的下拉列表中选择“升序”。

④单击“字段”栏第二列右边的向下箭头按钮，从字段列表中选择“单价”字段。然后，单击“排序”框单元右边的向下箭头按钮。从排序方式的下拉列表中选择“降序”。

⑤单击“记录”菜单→“筛选”→“应用排序/筛选”，或者单击“应用排序”工具按钮。Access 将按照指定的顺序对表中的记录进行排序并显示各字段。

要从“筛选”窗口中指定的排序字段中删除某个字段，只需要用鼠标选中含有该字段的列(在网格区域中)，然后按下〈Del〉键，或者从“编辑”菜单中选择“删除列”选项即可。

4.3 数据的筛选

筛选是选择符合条件的记录，经过筛选后的表，只显示满足条件的记录，而不满足条件的记录将被隐藏起来，并不是删除记录。筛选时，用户必须设定筛选条件，然后 Access 筛选并显示符合条件的数据。筛选的过程实际上是创建了一个数据的子集。使用筛选可以使数据更加便于管理。Access 提供多种筛选方法：

(1)按选定内容筛选。

(2)按内容排除筛选。

(3)按窗体筛选。

(4)高级筛选。

4.3.1 按选定内容筛选

按内容筛选是将当前网格位置的内容作为条件进行筛选。

【例 4-12】 在“产品”表中，筛选出“滚石唱片”的记录。

操作步骤如下：

①打开“产品”表，在数据视图中，选择当前位置在“供应商”字段是“滚石唱片”的网格上。

②单击工具栏上“按选定内容筛选”图标，或者单击“记录”菜单→“筛选”→“按选定内容筛选”，数据表将显示所有“供应商”是“滚石唱片”的记录。

4.3.2 按内容排除筛选

按内容排除筛选是将当前网格位置的内容的相反值作为条件进行筛选。

【例 4-13】 在“产品”表中，筛选出不是“滚石唱片”的记录。

操作步骤如下：

①打开“产品”表，在数据视图中，选择当前位置在“供应商”字段是“滚石唱片”的网格上。

②单击“记录”菜单→“筛选”→“内容排除筛选”，数据表将显示不是“滚石唱片”的记录。

4.3.3 按窗体筛选

按窗体筛选是由用户在“按窗体筛选”对话框(图 4.10)上指定条件，然后进行筛选。当筛选条件比较多时，应采用按窗体筛选。

【例 4-14】 筛选滚石唱片公司供应的磁带情况。

操作步骤如下：

①单击工具栏上“按窗体筛选”图标，或者单击“记录”菜单→“筛选”→“按窗体筛选”。

②在“按窗体筛选”对话框中，分别在“产品类别”和“供应商”字段的下拉列表中选择“磁带”和“滚石唱片”。由于这两个条件是“与”的关系，应设置在同一行。注意条件之间是“或”的关系时单击下方的“或”标签。

③单击“记录”菜单→“筛选”→“应用排序/筛选”。数据表将显示滚石唱片公司供应的磁带情况。

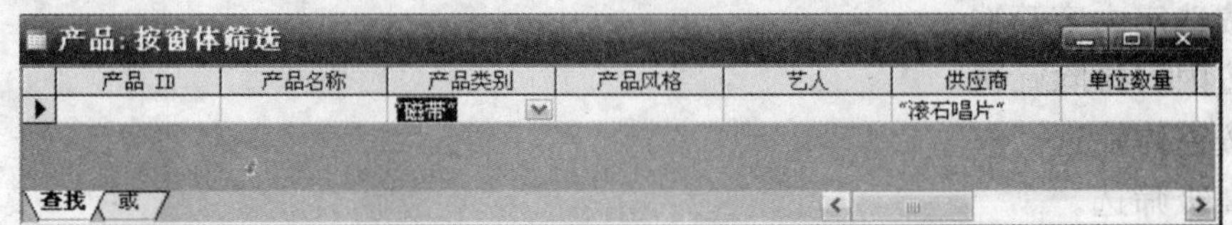

图 4.10 “按窗体筛选”对话框

4.3.4 高级筛选

应用高级筛选需要用户编写比较复杂的条件表达式。

【例 4-15】 筛选 20 世纪 80 年代出生的会员。

操作步骤如下：

①打开“会员”表，单击“记录”菜单→“筛选”→“高级筛选/排序”，显示“筛选”窗口(图 4.11)。

②在窗口的第一列中，单击“字段”框右边的向下箭头并选择“生日”字段。

③在“条件”框中输入表达式：>=#1980-1-1# and <=#1989-12-31#。

注：“生日”字段的数据类型是日期型，因此条件表达式的表述日期的值也应是日期型，#1980-1-1#为日期型常量的表达方式，“80 年代”不能表述成“>1980 and <=1989”。

④单击“筛选”菜单→“应用排序/筛选”。数据表将显示 80 年代出生的会员。

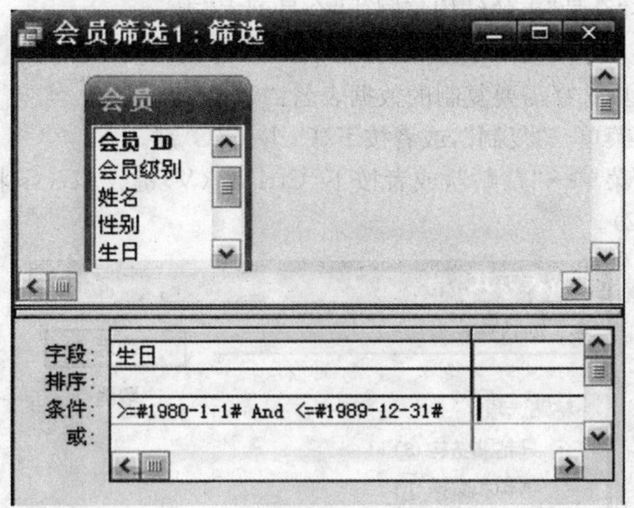

图 4.11　"筛选"窗口

4.3.5　取消筛选

在完成筛选之后，经常需要将该筛选取消，以便查看整张表。用户可以单击工具栏上"取消筛选"图标，或者单击"记录"菜单→"筛选"→"取消筛选"，便可以查看整张表。

练习 4.2

(1)打开"产品"表。

(2)将数据表显示格式设置为凹陷形，小四号字。

(3)隐藏"封面"字段，冻结"产品 ID"字段。

(4)按"产品类型"和"艺人"字段排序。

(5)筛选出供应商为"滚石唱片"的 CD 目录。

(6)筛选出 CD 和 VCD 的产品。

4.4　数据表的复制、更名、删除和导出

创建好数据库和表后，需要对它们进行必要的操作。对数据表的操作可以在数据库窗口中对表进行复制、重命名和删除等操作。

4.4.1　复制表

复制表可以对已有的表进行全部复制、只复制表的结构以及把表的数据追加到另一个表的尾部。

【例 4-16】 将“会员”表的结构复制成“会员副本”表。

操作步骤如下：

①在表列表框中选择需要复制的数据表名：“学生”。

②单击“编辑”菜单→“复制”，或者按下〈Ctrl〉+〈C〉键。

③单击“编辑”菜单→“粘贴”，或者按下〈Ctrl〉+〈V〉键。Access 将弹出“粘贴表方式”对话框(图 4.12)。

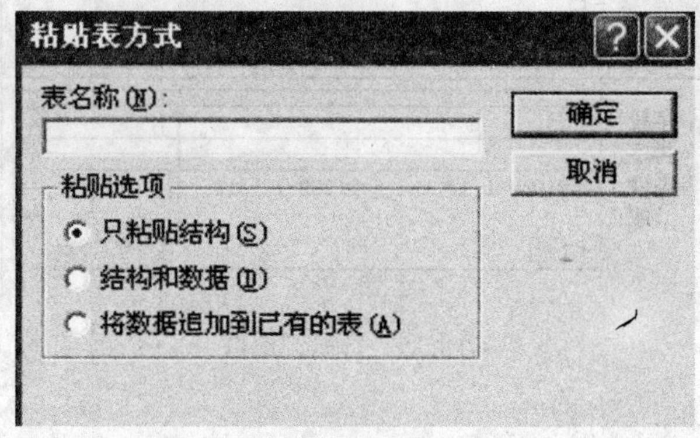

图 4.12 “粘贴表方式”对话框

④在“表名称”输入框中，键入新表名。“粘贴选项”区域里的三个选项为：

- “只粘贴结构”。将生成一个结构相同的空表。
- “结构和数据”。将生成一个副本。
- “将数据追加到已有的表”。键入的表名应为已有目标表的表名，并且与复制的表结构相同。

⑤输入新表的名称，选择“只粘贴结构”，单击“确定”按钮，完成操作。

另外，还可以通过单击“文件”菜单→“另存为”，将数据库窗口中选择的表复制出一个副本(图 4.13)。

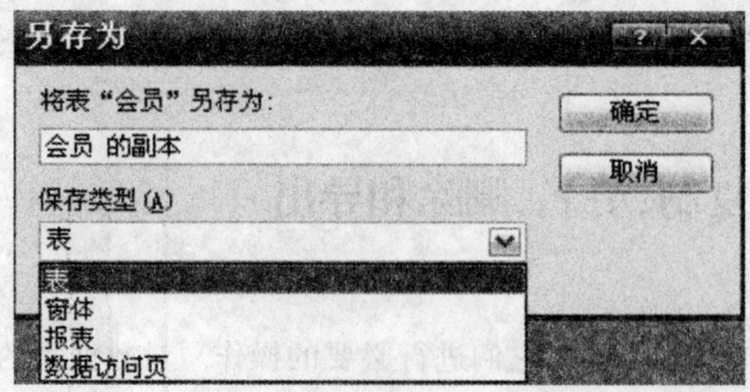

图 4.13 “另存为”对话框

4.4.2 重命名表

重命名表的做法与 Windows 中“重命名”操作相似，读者可以自己试试。

4.4.3　删除表

删除表的做法与 Windows 中删除文件操作有所不同，由于表之间存在关系，不当的删除可能会破坏数据的完整。删除表时，除了询问用户是否确认删除操作，如果该表与其他表已经建立了关系，Access 还要求先删除该表与其他表的关系，然后再完成删除表操作(图 4.14)，因为删除表可能会影响数据的完整性。

图 4.14　“删除关系”对话框

4.4.4　导出表

Access 数据共享的特性并不局限于导入信息，也可以将 Access 数据输出到其他格式的文件中。比如导出到另一个 Access 数据库、文本文件、Excel 工作表、dBASE、Lotus 123 文件等。

【例 4-17】　将“产品”表的数据导出。

操作步骤如下：

①在“数据库”窗口中选择所要输出的表。然后，单击“文件”菜单→“导出”，弹出“导出”对话框(图 4.15)。

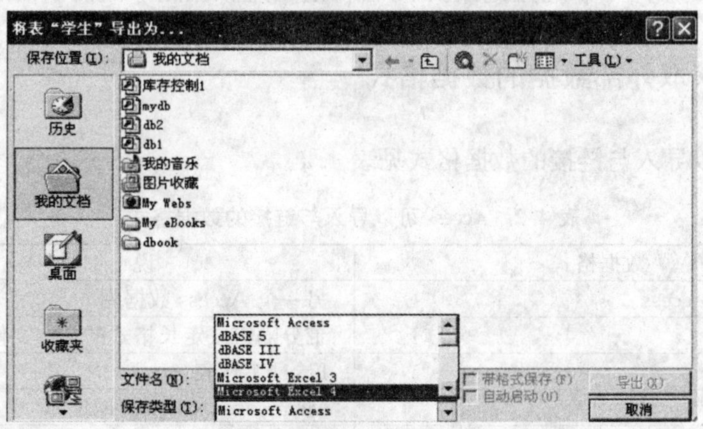

图 4.15　“导出”对话框

②在“导出”对话框的“文件类型”下拉表中选择被导出的数据文件类型，在“保存位置”下拉表中选择被导出的数据文件所在位置，在文件名框中输入导出的文件名。单击“导出”按钮，导出任务完成。

4.5 数据的导入与链接

用户在使用 Access 的同时，希望原有的数据能够得到充分的利用，无论这些数据是何种格式，由哪些程序产生。Access 的一个优点是它可以共享其他程序的数据文件，让用户可以方便地与多种形式的数据文件共享信息。Access 通过导入与链接功能，从外部环境中获取数据。

4.5.1 什么是导入与链接

所谓导入是将数据导入到新的 Microsoft Access 表中，是一种将数据从不同格式转换并复制到 Microsoft Access 中的方法。作为导入的数据源的文件类型，包括Microsoft Access 数据库文件、Excel 文件、超文本文件、dBASE 数据库文件等。所谓链接是一种连接到其他应用程序中的数据但不将数据导入的方法，这样在原始应用程序和 Access 文件中都可以查看并编辑这些数据。它们的不同之处在于：

导入是将其他程序的数据文件中的数据复制到 Access 的表中，通过 Access 所作的改变不影响原来的数据。导入后的数据与原数据无关，可以进行任何修改，运行速度比链接快。

链接是直接访问其他程序的数据文件中的数据，通过 Access 所作的改变均会影响原来的数据。链接与原程序访问的是同一个数据区，节省磁盘的空间，并保持了数据的同时更新，但速度较慢。

因此，究竟是采用导入还是链接获取外部数据，应根据用户的需求而定。

4.5.2 获取外部数据的数据格式

Access 可以导入与链接的数据格式见表 4.2。

表 4.2 Access 可以导入与链接的数据格式

数据格式	说　明
Microsoft Access	另一个 Access 数据库
文本文件	带分隔符或定长格式的文本文件
Microsoft Excel	Excel 工作表
Exchange	Microsoft Exchange 地址簿
Outlook	Microsoft Outlook 地址簿
Paradox	Paradox 数据库文件
HTML 文档	网页
dBASE Ⅲ、Ⅳ和Ⅴ	dBASE Ⅲ、Ⅳ和Ⅴ格式下创建的数据库
ODBC 数据库	任何使用 ODBC 的数据库

此外，Lotus 123 文件只能导入而不能链接。

4.5.3　导入和链接数据

以 Excel 工作表为例，说明导入和链接数据的一般步骤。假设有一个 Excel 工作表，名为“试验数据. xls”，包含两个工作表：“前 10 年”和“后 10 年”。现将“前 10 年”作为导入的数据源，“后 10 年”作为链接的数据源。

【例 4-18】　导入数据，数据源是 Excel 文件“试验数据. xls”的“前 10 年”工作表。

操作步骤如下：

①单击“文件”菜单→“获取外部数据”→“导入”，或者在数据库窗口中单击“新建”→“导入表”，弹出“导入”对话框(图 4. 16)。

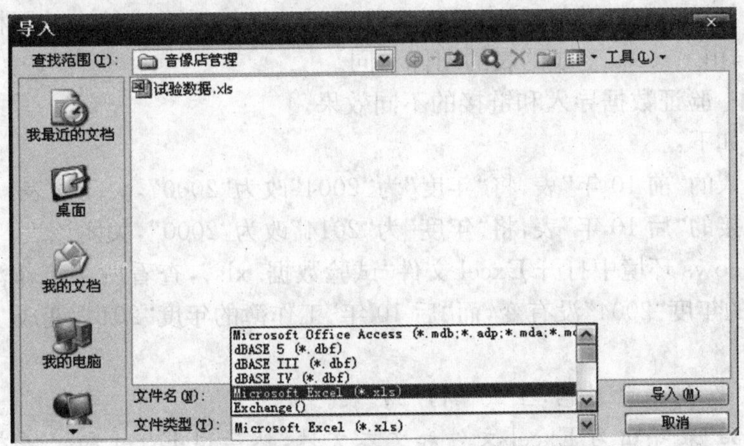

图 4. 16　“导入”对话框

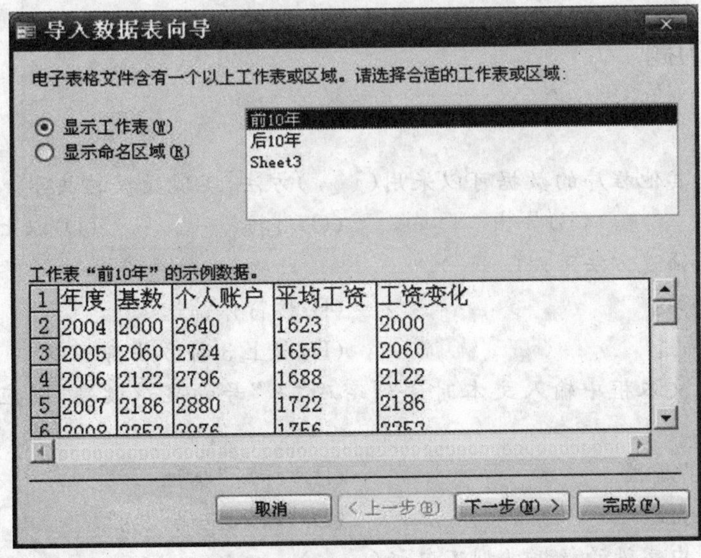

图 4. 17　“导入数据表向导”对话框

②在“导入”对话框的“文件类型”下拉表中选择被导入的数据文件类型（*.xls），在“查找范围”下拉表中选择被导入的数据文件所在位置，在文件列表框中选择被导入的数据文件“试验数据.xls”，单击“导入”。

③在“导入数据表向导”对话框（图 4.17）中，选择导入的工作表，单击“下一步”。

④以下的操作按照其说明文字，确定要采用的列、标题、数据类型、主键和表名等，这里不再一一叙述。

导入后形成的表的图标与由 Access 生成的表的图标相同。

【例 4-19】 链接数据，数据源是 Excel 文件“试验数据.xls”的“后 10 年”工作表。

操作步骤如下：

单击“文件”菜单→“获取外部数据”→“链接”，或者在数据库窗口中单击“新建”→“链接表”，弹出“链接”对话框。

以下步骤与导入数据类似，读者可以自己试试。链接后形成的表的图标与数据源程序图标相似，与由 Access 生成的表的图标不同。

【例 4-20】 验证数据导入和链接的不同效果。

操作步骤如下：

①打开导入的“前 10 年”表，将“年度”为“2004”改为“2000”，关闭该表。

②打开链接的“后 10 年”表，将“年度”为“2014”改为“2000”，关闭该表。

③在 Windows 环境中打开 Excel 文件“试验数据.xls”，查看两个工作簿的变化，“前 10 年”工作簿的年度“2004”没有变，而“后 10 年”工作簿的年度“2014”变成“2000”。

练习 4.3

(1)复制“产品”表的结构，生成“新产品”表。

(2)将“产品”表导出为 Excel 文件和文本文件，然后用 Excel 和记事本程序打开它们，观察效果。

思考题和习题

一、选择题

1. Access 与其他程序的数据可以采用（　　）方法，实现数据的共享。

(A)导入　　(B)导出　　(C)链接　　(D)以上 3 种方法

2. Access 的筛选方法可以（　　）。

(A)按内容筛选　　(B)按窗体筛选

(C)多字段筛选　　(D)以上 3 种方法都可以

3. 若要求在文本框中输入文本时达到密码“*”号的显示效果，则应设置的属性是（　　）。

(A)“默认值”属性　　(B)“标题”属性

(C)“密码”属性　　(D)“输入掩码”属性

4. Access 表中字段的数据类型不包括（　　）。

(A)文本　　(B)OLE 对象　　(C)实型　　(D)日期/时间

5. 构成数据表主关键字的每一个字段中都不允许存在空值(Null)的规则属于(　　)。

(A)字段的有效性规则　　(B)参照完整性规则

(C)实体完整性规则　　(D)用户定义完整性规则

6. 若同时选定了多个字段后按下工具按钮的操作是(　　)。

(A)设置了多个主键　　(B)设置了一个主键

(C)不能这样设置　　(D)设置了一个主键和若干个索引

7. 数据表中的"行"称为(　　)。

(A)字段　　(B)数据　　(C)记录　　(D)数据视图

8. 学生表(<u>学号</u>、姓名、性别、出生年月)与成绩表(<u>学号</u>、<u>课程代码</u>、成绩)之间的关系是(加下划线的为主键)(　　)。

(A)一对一　　(B)一对多　　(C)多对一　　(D)多对多

二、填空题

1. 按窗体筛选时，同行的条件之间是________的关系，设置在不同行的条件之间是________的关系。

2. Access提供主要的筛选方法有________、________、________和________。

3. Access的数据可以导出为________、________、________和________等类型的文件。

4. 在Access提供复制表对话框中，有________、________和________选项。

三、思考题

1. 简述表的排序方法。

2. 如何对表中的数据进行筛选?

3. 举例说明Access表的关系对输入数据和删除数据的影响。

4. 怎样建立表的关系?

5. 总结导入与链接数据的异同之处。

实验

练习目的

学习表的使用和数据的导入。

练习内容

1. 完成本章的例题和练习内容。

2. 打开"罗斯文示例数据库",分析表之间的关系。

3. 利用第3章习题建立的"图书借阅"数据库完成以下操作:

(1)在3个表中输入若干条记录,先输入"图书"表和"借书证"表的记录,然后再输入"借阅登记"表的记录。

(2)在"图书"表中按作者排序,并筛选各出版社的图书情况。

(3)在"借阅登记"表中筛选各本书的借阅情况。

(4)建立“图书”表和“借阅登记”表的一对多的关系。

(5)建立“借书证”表和“借阅登记”表的一对多的关系。

(6)将网上搜寻到的“图书”目录存放到Excel文件中，然后导入到“图书”表。

(7)为什么“图书”表和“借阅登记”表存在一对多的关系？

第 5 章

查　询

数据库最重要的优点之一是数据库具有强大的查询功能，使用户能够十分方便地在浩瀚的数据中挑选特定的数据。本章将学习 Access 提供的另一个强大的工具——查询。查询是一个从数据库中检索记录的描述，可以帮助用户回答关于数据库信息的问题。也可以认为查询是一种提问，可以针对单个数据表提出较简单的问题，也可以针对一些相互关联的数据表提出复杂的问题。最常见的情况是利用查询来选择一组满足指定条件的记录，还可以利用查询将不同表中的信息组合起来，提供一个相关数据项的统一视图。查询与表对象的筛选功能类似，允许用户在表中挑选特定的数据。然而，查询的功能比筛选要强大得多。

可将查询看成是动态的数据集合，使用查询可以按不同的方式来查看、更改和分析数据，也可将查询作为窗体、报表、数据访问页的数据源，甚至是其他查询的数据源。

【本章要点】

- Access 查询的种类和作用
- 建立查询的方法
- 参数查询
- 追加、更新、删除、生成表查询
- SQL 查询

5.1　了解 Access 的查询对象

在设计一个数据库时，为了节省存储空间，减少数据冗余，常常将数据分类，并分别存放在多个表里，但这也相应地增加了浏览数据的复杂性。尽管在数据表中能够进行浏览、排序、筛选、更新等操作，但很多时候需从一个或多个表中检索出符合条件的数据，以便执行相应的查看、计算等。

回顾在 1.3.4 小节中所演示的罗斯文示例数据库的查询，在“查询”对象(图 1.17)显示了罗斯文示例数据库所建立的查询对象，打开“1997 年各类销售总额”查询，就会显示 1997 年各类销售总额查询结果(图 1.18)。它的数据源于另一个查询“1997 年产品销售额”，而最原始的数据则源于“订单”、“订单明细”、“产品”和“类别”4 个表。Access 根据设置的查询准则,进行汇总计算,得到查询结果。

查询实际上就是将这些分散的数据按一定的条件集中起来,形成一个数据记录集合,而且这个记录集在数据库中实际上并不存在,只是在运行查询时,Access 才会从查询源表的数据中抽取创建它。

5.1.1 Access 查询的主要功能

用户通过查询浏览表中的数据,分析数据或修改数据,可以使用户的注意力集中在自己感兴趣的数据上,而将当前不需要的数据排除在查询之外。将经常处理的原始数据或统计计算定义为查询,可大大简化处理工作,不必每次都在原始数据上进行检索,从而提高了整个数据库的性能。

查询的基本功能包括:

(1)以一个或多个表或查询为数据源,选择用户需要的字段和记录,根据用户的要求生成动态的数据集。

(2)可以对数据进行统计、排序、计算和汇总。

(3)可以设置查询参数,形成交互式的查询方式。

(4)利用交叉表查询,进行分组汇总。

(5)利用操作查询,对数据表进行生成新表、追加、更新、删除等操作。

(6)查询作为其他查询、窗体、报表和数据访问页的数据源。

由于表和查询都可以作为数据库的"数据来源"的对象,可以将数据提供给窗体、报表、数据访问页或另外一个查询,所以,一个数据库中的数据表和查询名称不可重复,如有"产品"数据表,则不可以再建立名为"产品"的查询。

与表不同的是,查询本身并不保存数据,它保存的是如何去取得信息的方法与定义,当运行查询时,这些信息便会取得,但是通过查询所得的信息并不会储存在数据库中。当关闭查询时,查询动态集会自动消失,但形成动态集的数据依然存储在表中。

5.1.2 Access 查询的类型

Access 支持 5 种查询类型:选择查询、交叉表查询、参数查询、操作查询和 SQL 查询。

1. 选择查询

选择查询是最常见的一种查询,也就是按照一定的规则从一个或多个表,或其他查询中获得数据,并按照所需的排列次序显示。也可以使用选择查询来对记录进行分组,并且对记录作总计、计数、平均值以及其他类型的总和计算。

2. 交叉表查询

使用交叉表查询可以计算并重新组织数据的结构,这样可以更加方便地分析数据。

交叉表查询可以汇总数据字段的内容，在这种查询中，汇总计算的结果显示在行与列交叉的单元格中。交叉表查询还可以计算平均值、总计、最大值、最小值等。

3. 参数查询

参数查询并不是一种独立的查询，而是在其他查询中增加了可变化的参数，以扩大查询的灵活性。参数查询在执行时通过对话框提示用户输入信息，然后将用户输入的信息作为条件，检索到满足条件的记录或值。例如，可以设计它来提示输入两个日期，然后Access检索在这两个日期之间的所有记录。

4. 操作查询

操作查询就是在一个操作中更改多个记录的查询，操作查询可分为删除查询、追加查询、更新查询和生成表查询。

(1)删除查询。是从一个或多个表中删除一组记录的查询。

(2)追加查询。将新增记录添加到现存的一个或多个表、查询的末尾。

(3)更新查询。根据指定的条件更改一个或多个表中的记录。

(4)生成表查询。是从一个或多个表、查询中的数据集合中创建新表的查询。

5. SQL 查询

SQL 查询是用户使用 SQL 语句创建的查询。可以用结构化查询语句(SQL)来查询、更新和管理 Access 这样的关系型数据库。Access 中，在查询的设计视图中创建的每一个查询，系统都为它建立了一个等效的 SQL 语句。执行查询时系统实际上就是执行这些 SQL 语句。

5.1.3　Access 查询的视图

在 Access 中，提供了5种视图(图5.1)，分别是设计视图、数据表视图、SQL 视图、数据透视表视图和数据透视图视图。

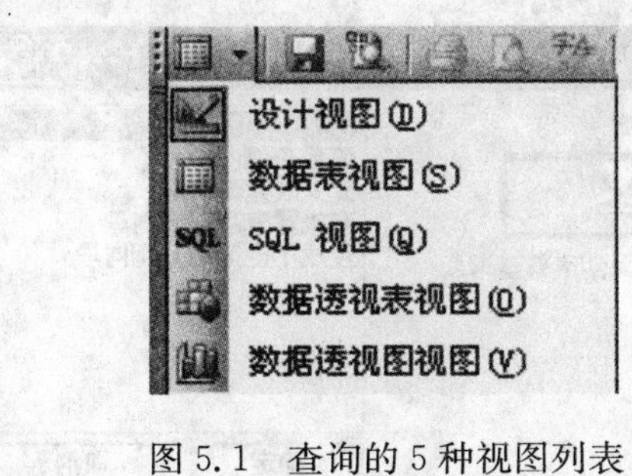

图5.1　查询的5种视图列表

1. 设计视图

查询的设计视图是用来设计查询的窗口，它是查询设计器的图形化表示。利用该视图可以创建多种结构复杂、功能完善的查询。

2. 数据表视图

查询的数据表视图是以行和列的格式显示查询中数据的窗口。在该视图中，可以进行编辑数据、添加和删除数据、查找数据等操作，而且也可以对查询进行排序、筛选以及检查记录等，还可以改变视图的显示风格（包括调整行高、列宽和单元格的显示风格等）。

3. SQL 视图

SQL 视图用于查看、修改 SQL 视图已建立的查询所对应的 SQL 语句，或者直接创建 SQL 语句。在 Access 中很少直接使用 SQL 视图，因为绝大多数查询都可以通过向导或查询的设计视图来完成。

4. 数据透视表视图和数据透视图视图

数据透视表视图和数据透视图视图用于设置交叉表查询和数据透视图。

5.2 建立查询

建立和使用 Access 查询的过程与使用表近似。首先，用户确定需要查询的问题，例如，最近 1 个月内金额超过 5000 元的订单有哪些？有哪些选修英语课的同学成绩不及格？然后将这些问题以 Access 可以接受的查询准则保存在查询对象中，即建立查询。最后，用户打开查询，根据查询准则从表中搜寻并显示满足用户要求的记录，即让数据库回答问题。查询的结果以类似于表的形式显示出来。

Access 提供了 3 种创建查询的方法，一是使用查询向导，二是使用设计视图，三是使用 SQL 视图。选择使用向导和设计视图，可以通过“新建查询”对话框快捷地创建所需要的查询，如图 5.2 所示。

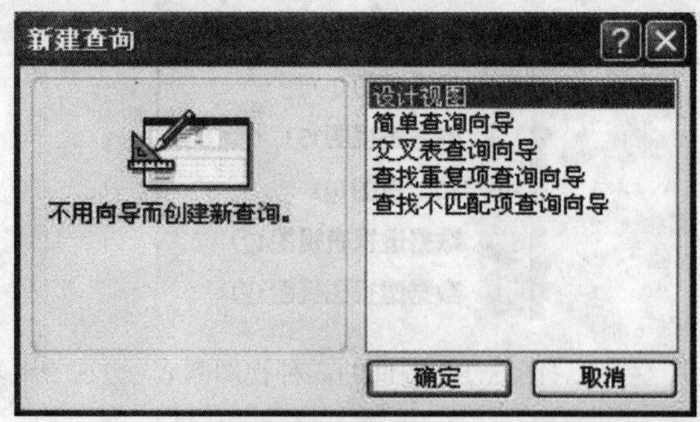

图 5.2 “新建查询”对话框

(1)利用“查询向导”创建简单查询、交叉表查询、查找重复项查询和查找不匹配项查询。这是初学者入门时经常采用的方法。

(2)利用“设计视图”。使用查询设计视图创建和修改各类查询，是建立查询最主要的方法。它可以帮助用户更好地理解数据表之间的关系。

(3)利用“SQL 视图”。通常由“查询向导”和“设计视图”建立的查询实质上就是用 SQL 语言编写查询命令。但是，并不是所有的 SQL 查询都能够在设计视图中创建出来，如联合查询、传递查询、数据定义查询和子查询只能通过编写 SQL 语句实现，因此有些 SQL 查询可以通过 SQL 视图创建。

5.2.1　使用查询向导

简单查询是应用最广泛的一种查询，也是 Access 默认的查询，它可以在一个或多个表、查询中查找相关记录。本章使用第 3 章和第 4 章建立的“音像店管理”数据库作为所有例题的数据源，采用的数据可能与读者建立的数据库中的数据不同，因此查询的结果会不尽相同。

【例 5-1】　使用向导创建一个简单查询，展示出销售订单的订单 ID、会员 ID、销售日期、交货日期。

操作步骤如下：

①打开“音像店管理”数据库，并在数据库窗口中选择“查询”对象(本章中，如果没有特别说明，使用同一个数据库，数据库窗口都是选择了“查询”对象)。

②在数据库窗口中选择“使用向导创建查询”，或选择“新建查询”对话框中的“简单查询向导”，启动“简单查询向导”，如图 5.2 所示。

③在弹出的“简单查询向导”窗口(图 5.3)上，先在“表/查询”下拉列表框中选择“销售订单”表，“可用字段”列表框中的字段就是所选择的表或查询中的全部可用字段。然后从中选择新建查询中需要用到的字段，在选择字段时，也可以使用 > 按钮选择一个字段，使用 >> 按钮一次选择全部字段，若要取消已选择的字段，可以使用 < 按钮和 << 按钮。

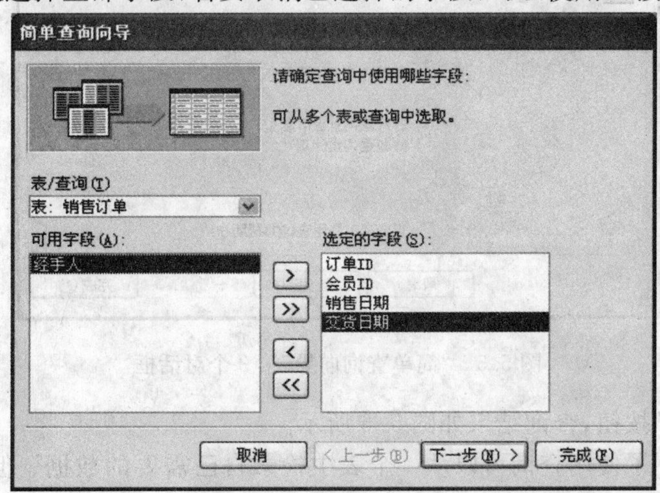

图 5.3　“简单查询向导”第 1 个对话框

④单击“下一步”按钮，显示如图 5.4 所示对话框，选择采用明细查询还是汇总查询。明细查询可以显示每个记录的每个字段，汇总查询可以计算字段的总值、平均值、最小值、最大值、记录数等。如果选择汇总查询，还应通过单击“汇总选项”按钮，打开“汇总选择”对话框，选择字段值的计算方式。选择默认选项“明细”。

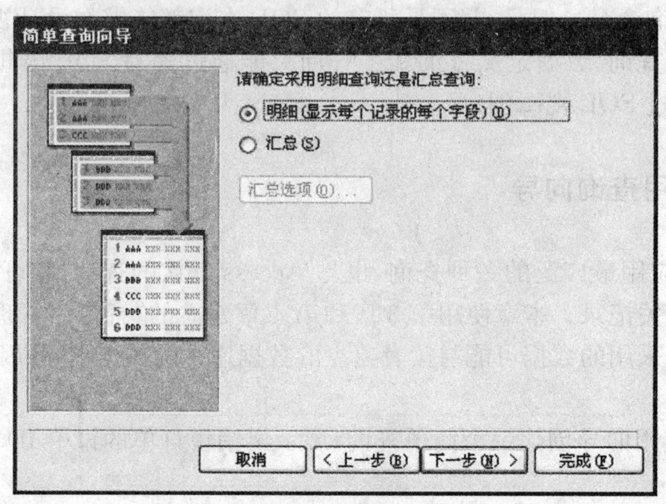

图 5.4　“简单查询向导”第 2 个对话框

⑤单击“下一步”按钮，显示如图 5.5 所示对话框，在“请为查询指定标题”文本框中输入查询名称，也可以使用默认查询名“销售订单查询”，选择“打开查询查看信息”，如果要修改查询设计，则单击“修改查询设计”单选按钮。

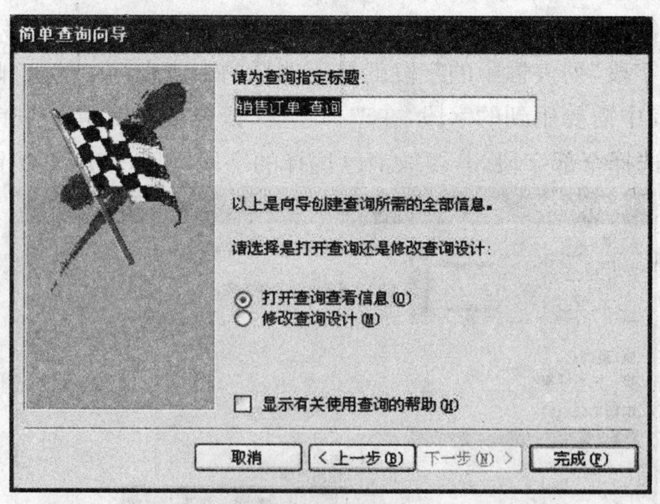

图 5.5　“简单查询向导”第 3 个对话框

⑥单击“完成”按钮，查询结果如图 5.6 所示。

这个例子说明了使用查询可以从一个表中检索自己需要的数据。但实际工作中，需要查找的信息可能不在一个表中。

销售订单 查询 : 选择查询

订单ID	会员ID	销售日期	交货日期
1	顾客	2003-10-1	2003-10-1
2	施乐	2003-10-1	2003-10-1
3	艾雯	2003-10-2	2003-10-2
4	宋敏	2003-10-2	2003-10-2
5	宋敏	2003-10-2	2003-10-2
6	王楠	2003-10-2	2003-10-2
7	王楠	2003-10-2	2003-10-2
8	艾雯	2003-10-2	2003-10-2
9	艾雯	2003-10-2	2003-10-2
10	顾客	2003-10-2	2003-10-2
11	蒋琴琴	2003-10-2	2003-10-2

记录: 1 共有记录数: 59

图 5.6　查询结果

【例 5-2】　使用向导创建一个简单查询,展示出销售订单的订单 ID、销售日期、所订产品 ID、产品名称、数量、折扣和单价。

这个查询涉及几个表,订单 ID、销售日期来自"销售订单"表,所订产品 ID、数量、折扣来自"销货记录"表,产品名称和单价来自"产品"表。

操作步骤如下:

①启动"简单查询向导"。

②在"表/查询"下拉列表中依次选择查询所基于的表或其他查询,同时从"可用字段"列表中选择查询所需要的字段名,可以分别从多个表或查询中选择自己需要的字段。例如,选择"销售订单"表的"订单 ID"、"销售日期"字段,"销货记录"表的"产品 ID"、"数量"、"折扣"字段,"产品"表的"产品名称"和"单价"字段,然后单击"下一步"按钮。

③在弹出的查询类型对话框中,选择"明细"。

④选择明细查询后,单击"下一步"按钮,指定查询的标题"销售情况",单击"完成"按钮,系统会创建设计的查询,如图 5.7 所示。

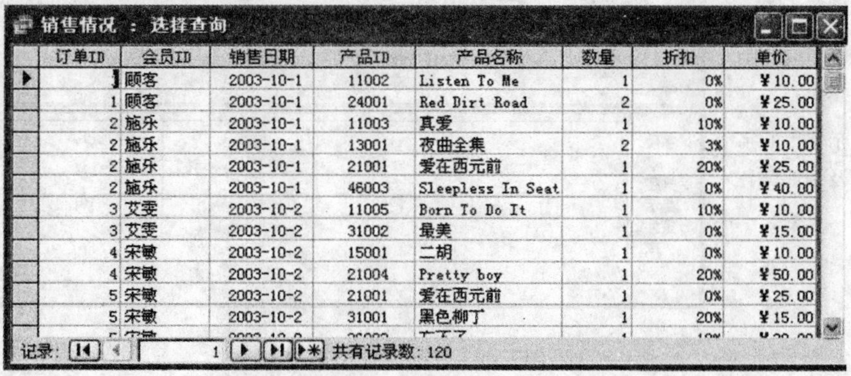

销售情况 : 选择查询

订单ID	会员ID	销售日期	产品ID	产品名称	数量	折扣	单价
1	顾客	2003-10-1	11002	Listen To Me	1	0%	¥10.00
1	顾客	2003-10-1	24001	Red Dirt Road	2	0%	¥25.00
2	施乐	2003-10-1	11003	真爱	1	10%	¥10.00
2	施乐	2003-10-1	13001	夜曲全集	2	3%	¥10.00
2	施乐	2003-10-1	21001	爱在西元前	1	20%	¥25.00
2	施乐	2003-10-1	46003	Sleepless In Seat	1	0%	¥40.00
3	艾雯	2003-10-2	11005	Born To Do It	1	10%	¥10.00
3	艾雯	2003-10-2	31002	最美	1	0%	¥15.00
4	宋敏	2003-10-2	15001	二胡	1	0%	¥10.00
4	宋敏	2003-10-2	21004	Pretty boy	1	20%	¥50.00
5	宋敏	2003-10-2	21001	爱在西元前	1	0%	¥25.00
5	宋敏	2003-10-2	31001	黑色柳丁	1	20%	¥15.00

记录: 1 共有记录数: 120

图 5.7　"销售情况"查询

查询的目的是筛选出用户所需要的、正确的数据记录,如果数据来自于两个以上的表,应事先创建好表间的关系。另外,Access 也允许在查询设计视图中生成表关系。

练习 5.1

使用“查询向导”建立一个名为“会员订货”的查询，选择“会员”表“会员 ID”、“会员级别”、“姓名”字段和“销售订单”表的“订单 ID”、“销售日期”、“送货日期”字段。

5.2.2 查询设计器

在 Access 中，使用设计视图，不仅可以创建各种类型的查询，也可以对已有的查询进行修改。

打开设计视图的方式有两种，一是建立一个新查询，在“新建查询”对话框选择“设计视图”；另一种方法是单击工具栏上的“设计”打开现有的查询设计窗口。

1. 查询设计器的构造

设计视图(图 5.8)的窗口分两部分。上部是数据来源区，显示新建查询所使用的表或查询对象及关系。下部是定义查询设计的网格，显示使用的字段、表及条件等设置情况，查询设计网格的每一列都对应着查询动态集中的一个字段，每一行分别是字段的属性和要求：

(1)字段。设置定义查询对象时要选择表对象的哪些字段。

(2)表。设置字段的来源。

(3)排序。定义字段的排序方式。

(4)显示。设置选择字段是否在数据表视图中显示出来。

(5)条件。设置字段限制条件。

(6)或。指定“或”的查询条件。

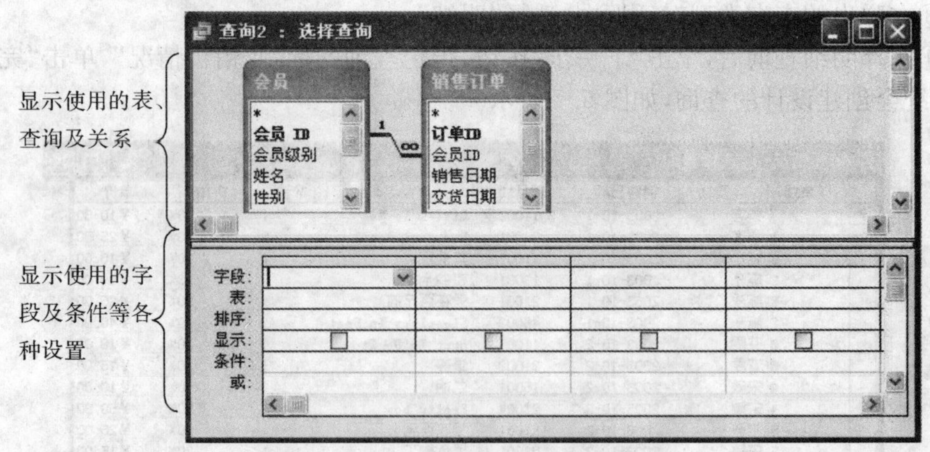

图 5.8 查询设计窗口

2. 查询设计视图的工具栏

打开查询设计视图后，会自动弹出一个查询设计工具栏，如图 5.9 所示。

All

视图 查询类型 运行 显示表 合计 上限值 属性 生成器 数据库窗口 新对象

图5.9 查询设计工具栏

(1)视图。在查询的三个视图(设计视图、数据表视图、SQL视图)之间切换。

(2)查询类型。可在选择查询、交叉表查询、生成表查询、更新查询、追加查询和删除查询之间切换。

(3)运行。执行查询,以工作表的形式显示结果。

(4)显示表。打开显示表对话框,列出当前数据库中所有的表和查询,以便用户选择查询所要使用的对象。

(5)合计。可以查询设计网格,增加“总计”行,进行各种统计计算,如求和、平均值等。

(6)上限值。可以对查询结果的显示进行约定,可在文本框内指定所要显示的范围。

(7)属性。显示光标处的对象属性,在这里对字段属性的修改,只改变字段在查询中的属性,并不改变表中对字段属性的设定。

(8)生成器。弹出表达式生成器对话框,用于生成查询条件表达式,该按钮只在光标位于查询设计区的条件栏内时有效。

(9)数据库窗口。回到数据库窗口。

(10)新对象。打开新建表、新建查询、新建窗体等各种对话框,以生成相应对象。

3. 建立新查询

在设计视图中创建查询,首先应在“显示表”对话框中选择查询所依据的表、查询,并将其添加到设计视图的窗口中去。如果选择多个表,多个表之间必须直接或间接地存在着某种关系。然后,就需要从中选择查询所用的字段了。其方法是:拖动数据表中的“*”号,将数据表拖到下部窗口的字段行,选择所需的字段,或通过鼠标直接移动所需字段至网格字段栏中。

【例5-3】 创建一个非会员签订订单情况的查询。

这个查询涉及“销售订单”表和“会员”表,所谓“非会员”是指“会员ID”为“1”的会员。

操作步骤如下:

①双击数据库窗口中的“在设计视图中创建查询”选项,或通过新建按钮打开“新建查询”对话框中并选择“设计视图”,都可以打开查询设计窗口,并同时弹出“显示表”对话框(图5.10)。

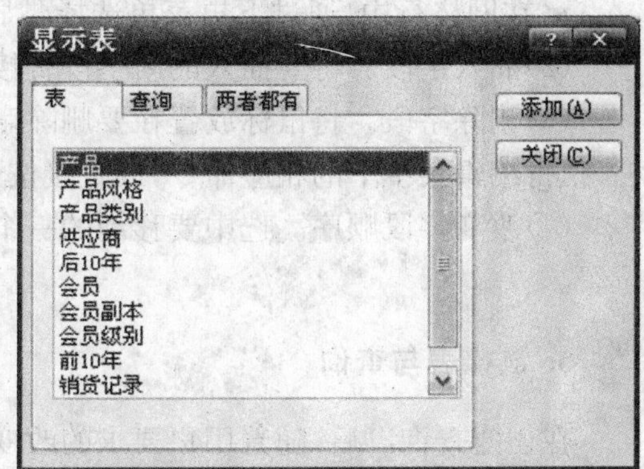

图5.10 “显示表”对话框

②在“显示表”对话框中,将“会员”和“销售订单”两个相关联表添加到窗口中,单击“关闭”按钮,打开查询设计窗口(图5.11)。

③依次拖动“会员ID”、“姓名”、“销售日

期”、“发货日期”字段至窗口的字段行中。

④在“会员 ID”列中的“条件”行中输入条件“1”(图 5.11)。

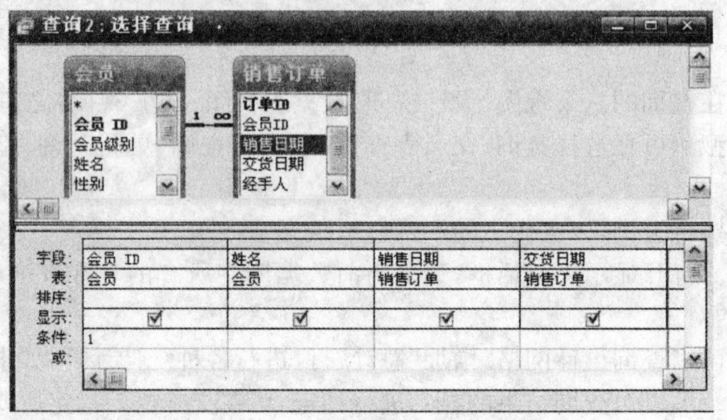

图 5.11 “非会员订单”查询

⑤单击工具栏上的“保存”按钮，在弹出的“另存为”对话框中输入查询名“非会员订单”。

⑥单击工具栏上的“运行”按钮，就可以立即看到查询结果。

如果生成的查询不完全符合要求，可以单击视图按钮，返回设计视图进行修改。如果没有保存，直接关闭查询结果窗口，Access 会要求输入保存名称，以保存查询结果。

4. 查询字段操作

查询建立后，如果想改变原来的查询字段的顺序，或增加、删除查询字段等，都可以通过固定的步骤来操作。

(1)加入字段。除直接拖动源字段列表中字段名称，还可以使用以下几种方式：

- 双击字段名称。
- 拖动表中的“ * ”至网格，或直接双击星号。
- 双击字段列表的标题行，将选中表中所有的字段，再使用鼠标将其拖至网格中。
- 在网格行中，通过下拉菜单选择要显示的字段。

(2)插入字段。将要插入的新字段直接拖至目的位置，原有的字段将顺序右移。

(3)删除字段。将鼠标放置在要删除字段的最上方，即选择整列，可以选择一栏或多栏，执行编辑菜单下的相应命令，或直接按下〈Del〉键，即可清除字段名称或整列。

(4)改变字段顺序。选中要移动的一个或多个字段，通过鼠标可将其直接移动到目的位置。

5. 链接表与查询

在创建查询以后，随着用户要求的改变，还可对已有的查询进行相应的修改，如在查询中增加或删除表，更改表和查询间的联接属性等。

通过“设计”按钮，打开想要修改的现有查询。在设计视图中，利用“显示表”对话框添加表或查询,如果需要添加别的数据库的表,必须先把该表链接到当前的数据库中。选中要删除的表,按〈Del〉键即可将其删除,此表的所有字段也会自动从查询设计网格中消失。

在将表添加到查询的设计窗口中后,如果数据表间存在关系,关系连线会自动在窗口中显示出来。如果查询中的表不是直接或间接地连接在一起,则说明 Access 无法了解记录和记录间的关系,只能显示两表间记录的全部组合,为了避免这种情况发生,应添加其他表(查询)作为表之间的桥梁。

同时把两个表(查询)中的字段添加到设计网格中时,查询将检查连接字段的匹配值。如果匹配,则将两条记录组合成一条,显示在查询结果中;如果一个表(查询)在另一个表(查询)中没有匹配记录,则两者的记录都不在查询结果中显示。有时候,可能希望无论有没有匹配记录,都选取一个表(查询)的全部记录,此时则需要更改连接类型。选中关系连线后,打开"联接属性"对话框,如图 5.12 所示。

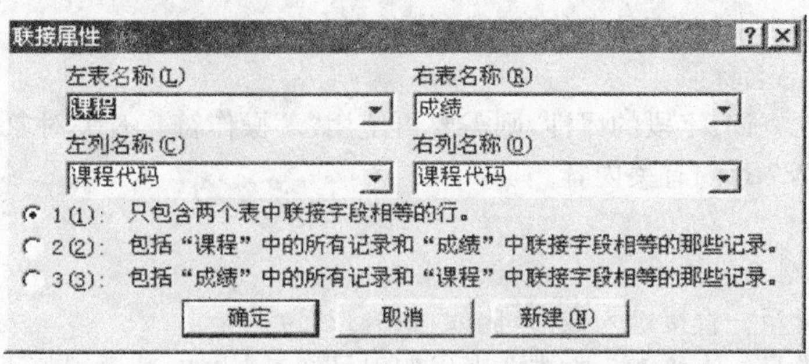

图 5.12　"联接属性"对话框

练习 5.2

利用查询设计视图创建一个名为"流行音乐类产品"订购情况的查询。数据源来自"产品"表和"订单记录"表。

5.3　查询条件

查询条件就是在创建查询时所添加的一些限制条件,使用查询条件可以使查询结果中仅包含满足查询条件的数据记录。例如,如果企业的经理想查看一下特定用户订货情况,就可以在创建查询时,给"会员 ID"字段指定条件,在例 5-3 中,就使用了条件"1",只显示非会员的订货情况。

在查询的"设计视图"上添加查询条件,又称为选择准则,应该考虑为哪些字段添加准则,其次是如何在查询中添加准则,而最难的是如何将自然语言变成 Access 可以理解的查询条件表达式。

5.3.1 条件表达式的组成

在 Access 中，许多操作都要使用表达式，包括创建有效性规则，查询或筛选准则、默认值，以及计算窗体的控件、宏的条件等。在查询中，除可以用准则表达式作为查询条件之外，也可以使用表达式来更新一组记录的值，或创建新的计算字段。

表达式是一个或一个以上的字段、函数、运算符、内存变量或常量的组合。表达式可以是简单的算术表达式，如“1+2”，也可以为复杂的数据运算以及其他操作。

1. 标识符

如果表达式中使用标识符，其意义通常是指 Access 中对象的属性、内置值、名称。例如，要使用“产品”表中的“产品名称”字段，其形式为：

[产品]![产品名称]

而要引用表、查询、字段的属性，则需要再使用“.”操作符。有关对象、属性的具体引用方法，可参阅第 7 章的有关内容。

2. 常量

(1)数字型常量。直接键入数值，比如：123，123.4。

(2)文本型常量。直接键入文本或者以双引号括入，比如：英语，"英语"。

(3)日期型常量。直接键入或者用符号#括入，比如：1970-1-1,#1970-1-1#。

(4)是/否型常量。yes，no，true，false。

注意：表达式中所有的符号必须是英文符号。

3. 运算符

在 Access 的表达式中，使用的运算符包括算术运算符、关系运算符、逻辑运算符、字符串运行符。

(1)算术运算符。+、-、*、/，分别代表加、减、乘、除，也就是常用的四则运算符。

(2)关系运算符。=、>、>=、<、<=、<>，分别代表等于、大于、大于等于、小于、小于等于、不等于，其结果是逻辑值 True 或者 False。

(3)逻辑运算符。and、or、not 等，and 表示两个操作数都为 True 时表达式的值才为 True，or 表示两个操作数中只要有一个值为 True 表达式的值就为 True，not 则生成操作数相反值。

比如：

要查找 0 到 100 之间的数，则条件为：>= 0 and <= 100；

要查找不及格或优秀(90 分以上)，则条件为：> 89 or < 60；

要查找除英语之外的课程，则条件为：not 英语。

(4)连接运算符。&，将两个值连接。

比如："北京" & "朝阳区"结果为“北京朝阳区”，"12" & "34"结果为“1234”。

(5)between A and B 运算符。用于判定一个表达式的值是否在指定 A 到 B 之间的范围,A 和 B 可以是数字型、日期型和文本型,而且 A 和 B 的类型相同。

比如:

75 到 85 之间,between 75 and 85,相当于 >= 75 and <= 85。

要查找 1970 年出生的人,则条件为:between #1970-1-1# and #1970-12-31#。

(6)in。指定一系列值的列表

比如:

in ("北京","南京","西安");

"北京" or "南京" or "西安"。

上面两种用法是等价的。当表达式中包含的值较多时,使用 in 运算符要简短得多,而且意义也更为明晰。

(7)Like。指定某类字符串,配合使用通配符,通配符的用法见表 5.1,如果想查询一些不确切的条件,或是不确定的条件下的记录,就可以使用 Access 提供的通配符。

表 5.1　通配符的用法

字　符	代表功能	范　例
*	通配任意个数的字符(个数可以为 0)	wh * 可以找到 white、wh 和 why 等,但找不到 wash 和 with 等
?	通配任何单一字符	b?ll 可以找到 ball 和 bill 等,但找不到 blle 和 beall 等
[字符表]	通配方括号内任何单个字符	b[ae]ll 可以找到 ball 和 bell,但找不到 bill 等
!	通配任何不在括号内的字符	b[!ae]ll 可以找到 bill 和 bll 等,但找不到 bell 和 ball
—	通配范围内的任何一个字符,必须以递增排序来指定区域(A 到 Z)	b[a-c]d 可以找到 bad、bbd 和 bcd,但找不到 bdd 等
#	通配任何单个数字字符	1#3 可以找到 103、113、123 等

比如:

要查找姓"黄"的人,则条件为:Like "黄 * ";

要查找姓名为 2 个字并姓"黄"的人,则条件为:Like "黄?";

要查找姓名中含有"黄"的人,则条件为:Like " * 黄 * "。

Like "表#",字符串"表 1"、"表 2" 满足这个条件,而"表 A" 不满足条件。

(8)Null。指的是不包含任何数据的字段。例如,要查看没留姓名的用户,可以在"姓名"字段的条件列中输入"Null",显示警告名单。

4. 函数

在 Access 中,函数(Function)用来运行一些特殊的运算以便支持 Access 的标准命令。Access 包含许多种不同用途的函数来帮助读者完成种种工作。

每个函数语句包含一个名称,而紧接在名称之后包含一对小括号,例如,Day(),大部分函数的小括号中需要填入一个或一个以上的参数。函数的参数也可以是一个表达式,例如,可以使用某一个函数的返回值作为另外一个函数的参数,例如,Year(Date())。

除了可以直接使用函数的返回值，还可以将函数的返回值用于后续计算或作为条件的比较对象，表 5.2 是一些经常使用的函数。

表 5.2 常用函数

函 数	代 表 功 能
Count(字符表达式)	返回字符表达式中值的个数(即数据计数)，通常以星号(*)作为Count()的参数。字符表达式可以是一个字段名，也可以是含有字段名的表达式，但所含的字段必须是数据类型的字段
Min(字符表达式)	返回包含在查询的指定字段内的一组值中的最小值
Max(字符表达式)	返回包含在查询的指定字段内的一组值中的最大值
Avg(字符表达式)	返回包含在查询的指定字段内的一组值的平均值
Sum(字符表达式)	返回包含在查询的指定字段内的一组值的总和
Day(日期)	返回值介于 1～31，代表所指定日期中的日子
Month(日期)	返回值介于 1～12，代表所指定日期中的月份
Year(日期)	返回值介于 100～9999，代表所指定日期中的年份
Date()	返回当前的系统日期
Now()	返回当前的系统日期时间
DateAdd()	以某一日期为准，向前或向后加减
DateDiff()	计算出两日期时间的间距
Len(字符表达式)	返回字符表达式的字符个数
Right (string, length)	返回从字符串右侧起的指定数量的字符
Left(string, length)	返回从字符串左侧起的指定数量的字符
IIf(判断式，为真的值，为假的值)	以判断式为准，在其值结果为真或假时，返回不同的值

表 5.2 仅仅列出一些最基本且常用的函数，Access 2003 的在线帮助已按字母顺序详细列出了它所提供的所有函数与说明，大家可以自行查阅。

比如：

设置“交货日期”字段的默认值为当天，在“销售订单”表的设计视图中将该字段的默认值属性框中输入：=Date()

查找“电话”左 4 位(即电话局号)为“6265”的表达式记为：left([电话],4) ＝ "6265"

练习 5.3

(1)写出查找 1985 年 5 月出生的会员的表达式。

(2)写出查找产品类型为“CD”和“VCD”的产品的表达式。

5.3.2 条件表达式的用法

在查询中加入条件的方法是：在设计视图中打开查询，单击要设置查询条件的字段的“条件”网格，直接键入所要添加的条件，或使用表达式生成器来创建条件表达式。

1. 数值条件

在数据库的查询中，用的最多的就是文本及数值条件的查询，例如查找特定的人名、产品、城市、销售业绩及盈余等。

数值包含数字及货币类型的数据，生活中经常用来统计或比较现有的结果。最常见的比较操作符是："<"、">"、"="等，如果要表示某个范围的数字，也可使用"between A and B"，其中，A、B 表示查询条件的边界数值，只有介于 A、B 之间的记录才能进入查询结果中。例如，在"分数"字段可输入：

```
between 75 and 85
```

【例 5-4】 创建一个缺货情况的查询（库存量少于 5）。

操作步骤如下：

①通过新建按钮打开"新建查询"对话框，并选择"设计视图"。

②在"显示表"对话框（图 5.10）中选择"产品"表。

③在"设计视图"中的设置如图 5.13 所示，在"库存量"的条件框中，输入：< 5。

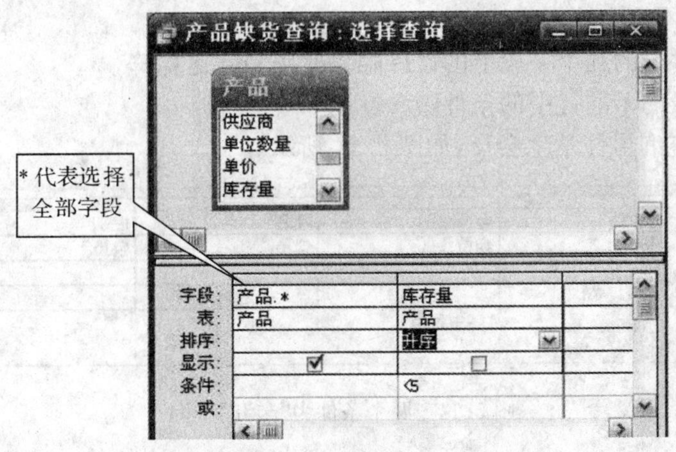

图 5.13 "产品缺货查询"设计视图

2. 文本条件

在标准情况下，输入的文本条件应在两端加上双引号，如果没有加入，Access 也会自动加上双引号。除了使用等号操作符外，还可以利用 and、or、Like、not 等运算符或关键字。

使用 Like 关键字，可以查找指定样式的字符串。

【例 5-5】 按设定的姓名查找会员。

操作步骤如下：

①查找姓名是"李丽"的会员，在姓名字段的条件栏中输入：李丽

②查找姓"李"的会员，可在姓名字段的条件栏中输入：Like "李 * "

③查找姓"张"或"刘"的会员，可在姓名字段的条件栏中输入：Like "[张刘] * "

而关键字 not 代表"非"的意思，例如，not "男"表示的是"非"男性的记录。使用 not

操作符，可以找出不属于某个集合的所有数据。

3. 日期条件

为了和一般的数字数据区分开来，Access 特意将日期类型的数据两端各加了一个“#”号。

【例 5-6】 查询 1985 年出生的会员名单，在“生日”字段的条件栏中输入以下 3 种写法，结果相同。

(1)>=#1985/1/1# and <=#1985/12/31#

(2)between #1985/1/1# and #1985/12/31#

(3)Year([会员]![生日])＝1985

另外，在添加日期条件时，还可以使用 Month、Year 等函数。例如，要查询 7 月份出生的会员名单，可在“生日”的条件框中可输入：

```
Month([生日]) = 7
```

4. 在查询中指定多个准则

在多个条件网格中输入表达式时：

(1)同一条件行的几个字段上的条件隐含使用 and 运算符。

(2)同一字段的不同行中的条件隐含使用 or 运算符。

【例 5-7】 查询男性学生会员，如图 5.14 所示。

字段:	会员 ID	会员级别	姓名	性别
表:	会员	会员	会员	会员
排序:				
显示:	☑	☑	☑	☑
条件:		"学生会员"		"男"
或:				

图 5.14 两个条件为“与”的查询

【例 5-8】 如图 5.15 所示，其设置的条件含义为：显示产品风格为“流行音乐”或“古典音乐”的产品。

字段:	产品 ID	产品名称	产品风格	艺人
表:	产品	产品	产品	产品
排序:			升序	
显示:	☑	☑	☑	☑
条件:			"流行音乐"	
或:			"古典音乐"	

图 5.15 两个条件为“或”的查询

练习 5.4

根据“产品”表、“销售订单”表、“销货记录”和“会员”表，建立名为“会员订购产品”的查询，该查询包含产品 ID、产品名称、订单 ID、销售日期、会员 ID、姓名、性别、电话等字段。

(1)这些字段分别来自哪个表?

(2)建立查询。

(3)以“会员订购产品”查询为数据源,根据下列条件分别建立选择查询。

- 查找CD和VCD的订货情况;
- 查找电话前4位是“6449”的会员的订货情况;
- 查找1984年出生的女会员的订货情况。

5.3.3　在查询中执行计算

Access的查询不仅具有查找的功能,而且具有计算和统计的功能。在表达式中使用计算的目的一方面是为了减少存储空间,另一方面则是为了避免在更新数据时产生不同步进行的错误。在查询中有两种基本计算:统计计算和自定义计算。

1. 统计计算

常用合计函数包括:Sum(总计)、Avg(平均值)、Min(最小值)、Max(最大值)、StDev(标准差)、Var(方差),以及Group By、Count、First、Last、Expression和Where。其中:

(1)Group By(分组)。定义要执行计算的组,即分类统计的依据。

(2)Count(计数)。返回所有无Null值记录的数量。

(3)First(第一条记录)。返回表的第一个记录的字段值。

(4)Last(最后一条记录)。返回表的最后一个记录的字段值。

(5)Expression(表达式)。创建表达式中包含合计函数的计算字段。通常在表达式中使用多个函数时,将创建计算字段。

(6)Where(条件)。指定不用于分组的字段条件。如果选定该选项,Access将清除“显示”复选框,隐藏查询结果中的这个字段。

注意:Access 2003中文版本中上述英文单词均以中文形式出现。

如果有必要,还可以输入影响计算结果的条件。也可以用“简单查询向导”来进行某些类型的总计计算,如总和、平均值等,但如果还要添加条件,则只能使用查询设计视图。

【例5-9】 统计各种风格音像制品的数量和库存合计。

本例题采用“简单查询向导”创建查询,数据源是“产品”表。

操作步骤如下:

①在数据库窗口中选择“使用向导创建查询”。

②在“简单查询向导”中,在“表/查询”下拉列表框中选择“产品”表,在“可用字段”列表框中选择“产品风格”和“库存量”字段。

③单击“下一步”按钮,选择“汇总”查询,单击“汇总选项”。

④在“汇总选项”对话框(图5.16)中,列出数字类型的字段“库存量”,选择“汇总”和右下方的“统计产品中的记录数”,单击“确定”,返回到上层操作对话框。

⑤单击“下一步”按钮,输入查询的标题“各类产品库存”,单击“完成”,查询结果如图5.17所示。

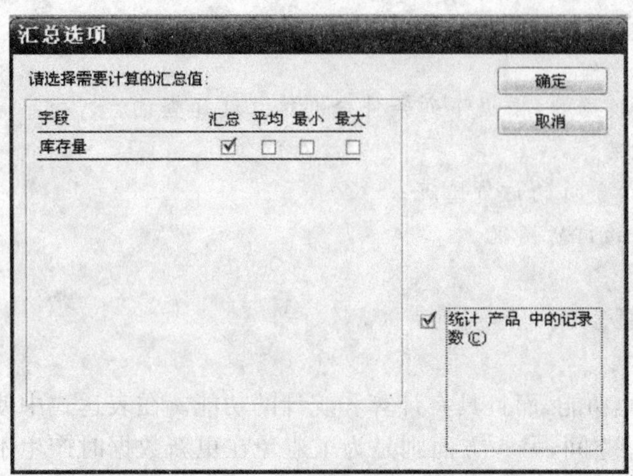

图5.16 “汇总选项”对话框

各类产品库存：选择查询

产品风格	库存量 之 总计	产品之计数
电影	39	6
古典音乐	16	4
连续剧	16	5
流行音乐	72	16
民族音乐	33	4
轻音乐	24	4
乡村音乐	22	4

图5.17 “各类产品库存”查询结果

要利用“设计视图”实现统计计算，单击工具栏上的“总计”按钮 Σ，Access 将自动显示设计网格中的“总计”行。对设计网格中的统计字段，都可在总计行的网格中选择合计函数，对查询中的全部记录、一个或多个记录组，来进行总计计算。

【例 5-10】 统计 10 种最畅销的产品的数量和库存合计。

本例题采用“设计视图”方法创建查询，数据源是“产品”表和“销货记录”表。

操作步骤如下：

①在数据库窗口中选择“设计视图”。

②在“设计视图”(图 5.18)中，添加“产品”表和“销货记录”表。在字段栏选择“产品”表的“产品 ID”和“产品名称”字段，以及“销货记录”表“数量”。

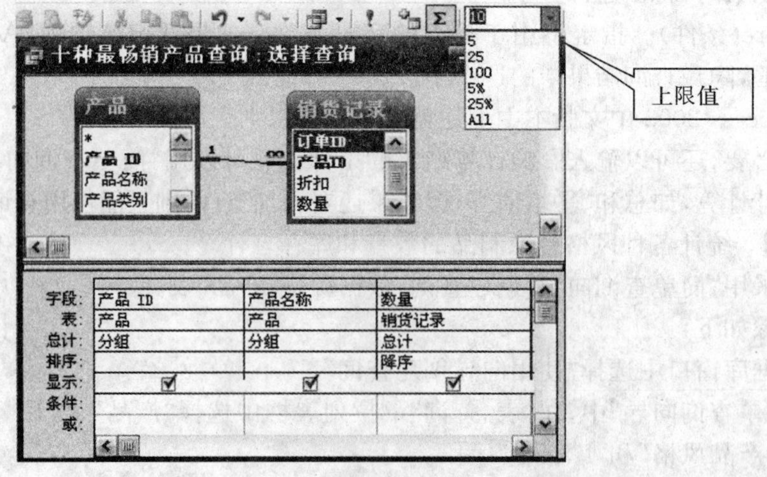

图 5.18 “十种最畅销产品查询”设计视图

③单击工具栏上的“总计”按钮 Σ，在设计网格加入“总计”行，在“数量”字段的“总计”行的网格中选择总计函数，在“数量”字段的“排序”行的网格中选择“降序”。

④在工具栏的“上限值”组合框中选择 10。

⑤以“十种最畅销产品查询”为名保存查询。

练习 5.5

(1)建立一个名为“会员订单统计”查询,统计每个会员订单的数量。

(2)建立一个名为“产品类型统计”查询,统计每种类型产品的库存总量。

2. 自定义计算

可以通过添加列的方式实现对一个或多个字段进行数值、日期和文本的计算,添加的列称为计算字段。它可以显示表的计算结果,当表达式的值发生了变化,该字段的值将会重新计算。

创建计算字段的方法是,通过“生成器”或直接输入的方式,将表达式添加到查询设计网格中的“字段”行中。例如,可将表达式输入到查询设计网格中的空“字段”格中:

金额:[数量]*[单价]

【例 5-11】 计算订单记录中各产品的销售金额,其计算公式为:

金额=数量×单价×(1-折扣)

数据源可使用例 5-2 创建的“销售情况”查询。

操作步骤如下:

①在数据库窗口中选择“设计视图”。

②在“设计视图”(图 5.18)中,添加“销售情况”查询,在字段栏选择所有字段。

③单击工具栏上的“生成器”按钮,弹出“表达式生成器”对话框(图 5.19),在“对象栏”包括表、查询、报表、函数等,选择“查询”→“销售情况”,中部框中列出该查询中的字段。按照计算金额的公式,用鼠标点击字段和运算符,在“表达式框”自动形成计算公式,显然利用“生成器”生成计算公式是很便利的。完成计算公式后,单击“确定”,返回设计视图。

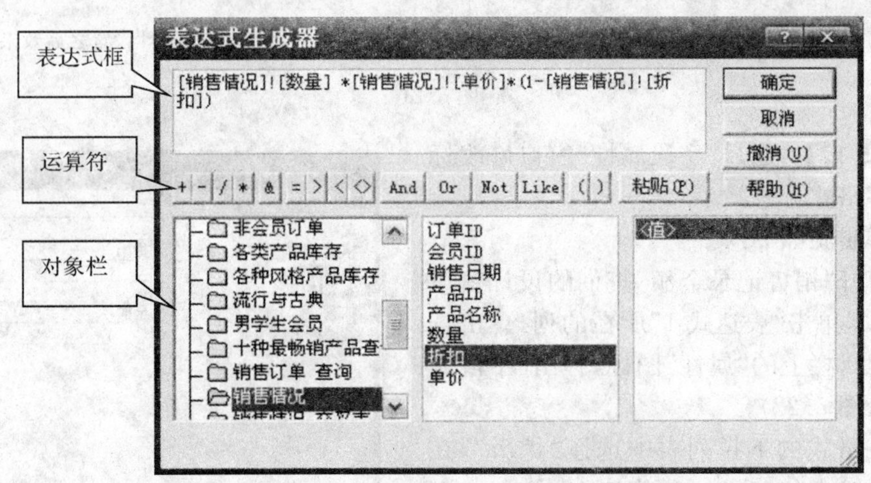

图 5.19 “表达式生成器”对话框

④在设计视图(图 5.20)中,以“销售记录金额”为名保存查询。

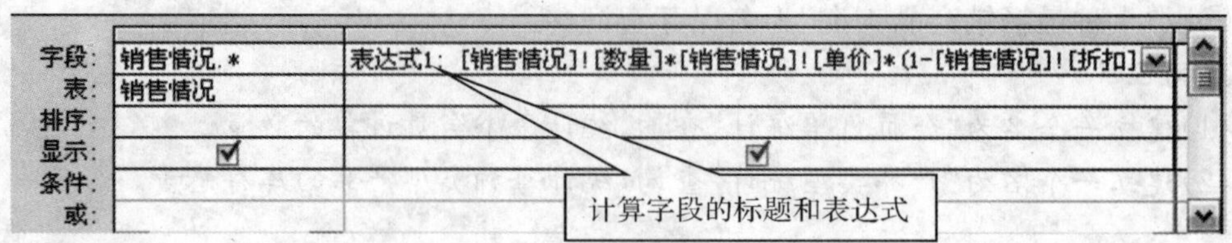

图 5.20 设计视图中的计算字段

练习 5.6

设计一个名为“会员年龄”的查询，显示每个会员的年龄。

提示：计算年龄的表达式为：Year(Date()) - Year([生日])

5.3.4 使用“字段属性”窗口修饰查询结果

打开例 5-11 建立的“销售记录金额”查询，图 5.21(a)是没有使用“字段属性”修饰的结果，图 5.21(b)是使用“字段属性”修饰的结果，显然图 5.21(b)是用户希望看到的形式。通过例 5-12 介绍查询设计视图中“字段属性”窗口的用法。

销售记录金额：选择查询

产品名称	数量	折扣	单价	表达式1
Listen To Me	1	0%	¥10.00	10
Red Dirt Roac	2	0%	¥25.00	50
真爱	1	10%	¥10.00	8.999999985099
夜曲全集	2	3%	¥10.00	19.40000001341
爱在西元前	1	20%	¥25.00	19.99999992549
Sleepless In	1	0%	¥40.00	40
Born To Do I(	1	10%	¥10.00	8.999999985099
最美	1	0%	¥15.00	15
二胡	1	0%	¥10.00	10

记录: 8 共有记录数: 120

(a) 字段属性设置之前效果

标题

数字

销售记录金额：选择查询

产品名称	数量	折扣	单价	金额
Listen To Me	1	0%	¥10.00	¥10.00
Red Dirt Roac	2	0%	¥25.00	¥50.00
真爱	1	10%	¥10.00	¥9.00
夜曲全集	2	3%	¥10.00	¥19.40
爱在西元前	1	20%	¥25.00	¥20.00
Sleepless In	1	0%	¥40.00	¥40.00
Born To Do I(	1	10%	¥10.00	¥9.00
最美	1	0%	¥15.00	¥15.00
二胡	1	0%	¥10.00	¥10.00

记录: 1 共有记录数: 120

(b) 字段属性设置之后效果

图 5.21

【例 5-12】 通过“字段属性”窗口修改标题和数字格式。

操作步骤如下：

①打开“销售记录金额”查询的设计窗口(图 5.20)，单击“表达式 1”所在的列，单击查询设计工具栏上的“属性”图标，弹出“字段属性”窗口(图 5.22)。

②在格式的下拉列表中选择“货币”，在标题框中输入“金额”，关闭窗口。

③重新显示查询的数据窗口，观察修改字段属性的效果。

字段属性

常规 查阅

说明	
格式	货币
小数位数	
输入掩码	
标题	金额
智能标记	

图 5.22 “字段属性”窗口

练习 5.7

使用“字段属性”窗口，对例 5-9 生成的查询的标题进行修改（图 5.17），将“库存量之总计”改为“库存合计”，“产品之计数”改为“产品合计”。

5.4　各种查询的设计

在查询设计视图中，不仅可以创建各种查询，还可以对已有的各类查询进行修改。由于前面已经详细介绍了选择查询的设计，本节着重介绍交叉表查询、重复项查询、不匹配查询和参数查询的设计，以及四种操作查询的设计，即生成表查询、更新查询、追加查询和删除查询。

5.4.1　交叉表查询

交叉表查询以行和列的字段作为标题和条件，选取数据，在行与列的交叉处对数据进行汇总、统计等计算。例如，在交叉表查询结果中可用行来代表产品类型，列代表产品风格，而网格中的数据则是各类产品不同风格的库存数量之和。

1. 交叉表查询向导

【例 5-13】　建立交叉表查询，统计各类产品按不同风格汇总的库存量。

操作步骤如下：

①在新建查询对话框中选中“交叉表查询向导”，单击“确定”按钮，打开“交叉表查询向导”，如图 5.23 所示。在“视图”选项中选择表或查询，两者中的一个，并指定列表中交

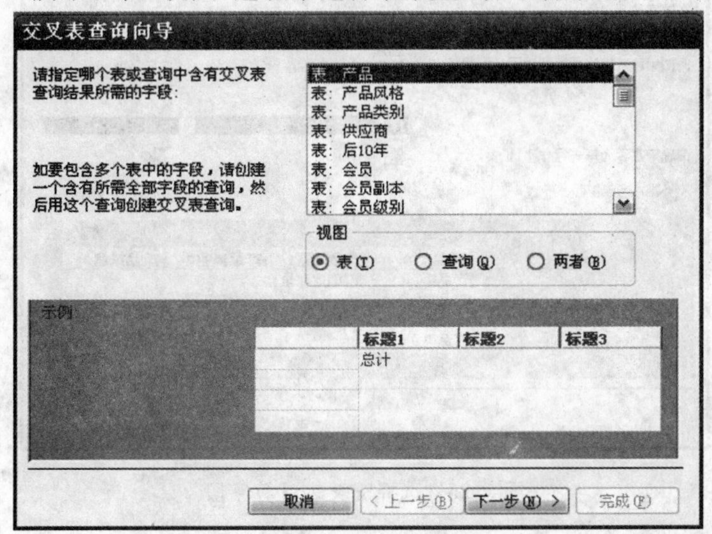

图 5.23　交叉表查询向导

叉表查询所基于的表或查询，选择“产品”表，并单击“下一步”按钮。

注意：通过向导创建交叉表查询只可使用一个表或一个查询，如需使用的字段在多个表中，需要先将所需字段组合在一个查询内，再以此查询为数据源建立交叉表查询。

②按照向导对话框的提示(图 5.24(a))，为交叉表选取一个行标题“产品类别”，行标题最多可选 3 个字段。

③单击“下一步”按钮，在对话框中为交叉表选择一个列标题“产品风格”(图 5.24(b))。

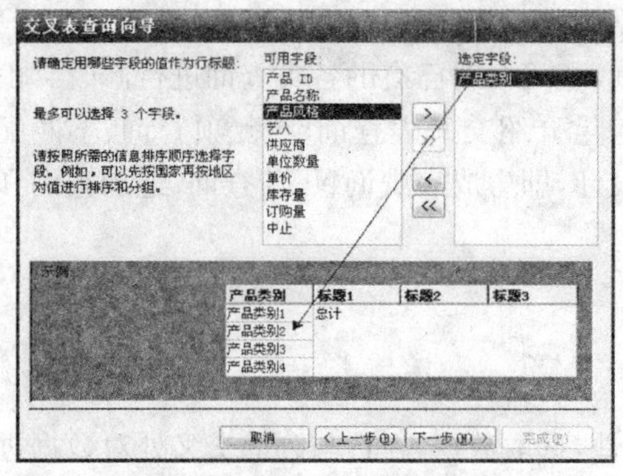

(a) 选取行标题

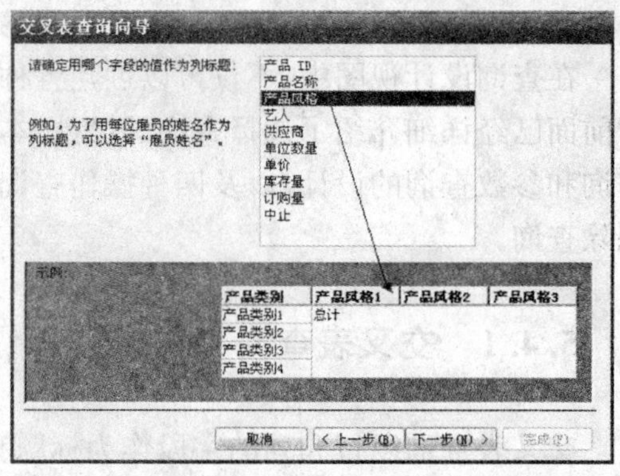

(b) 选取列标题

图 5.24

④为行与列的交叉点指定一个值，如图 5.25 所示。在字段框选择“库存量”，在函数列表中选择“求和”函数，保留“是，包括各行小计”选项。

注意：交叉点指定的字段通常为数字类型，除非使用的统计函数是“计数”函数。

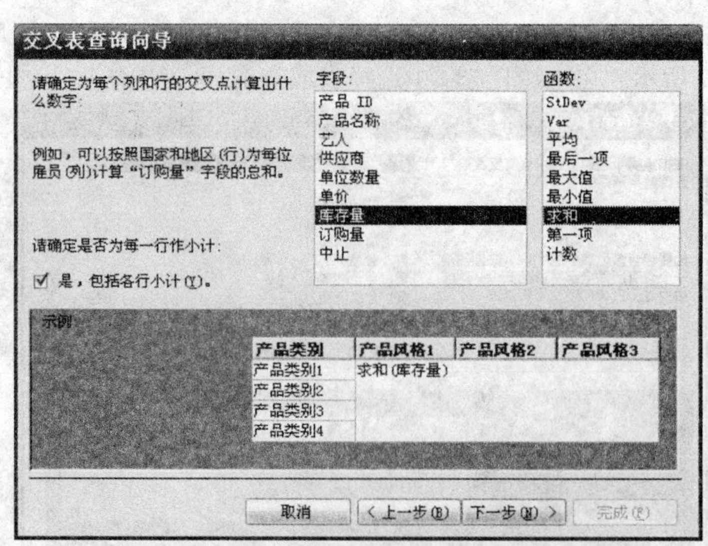

图 5.25　选择交叉表计算字段

⑤以“产品_交叉表”为名，保存查询。创建好的交叉表查询结果如图 5.26 所示。

产品_交叉表：交叉表查询

产品类别	总计 库存量	电影	古典音乐	连续剧	流行音乐	民族音乐	轻音乐	乡村音乐
CD	72		9		30	11	12	10
DVD	20	15		5				
VCD	52	24		11	17			
磁带	78		7		25	22	12	12

记录：1 共有记录数：4

图 5.26　交叉表查询结果

2. 设计视图中的交叉表查询

可以使用向导，也可以用查询设计器来创建交叉表查询，例如，使用向导创建的“交叉表产品查询”的设计视图，如图 5.27 所示。在设计视图中，需要指定要作为列标题的字段值、行标题的字段值，以及进行求和、平均、计数等类型的字段值。

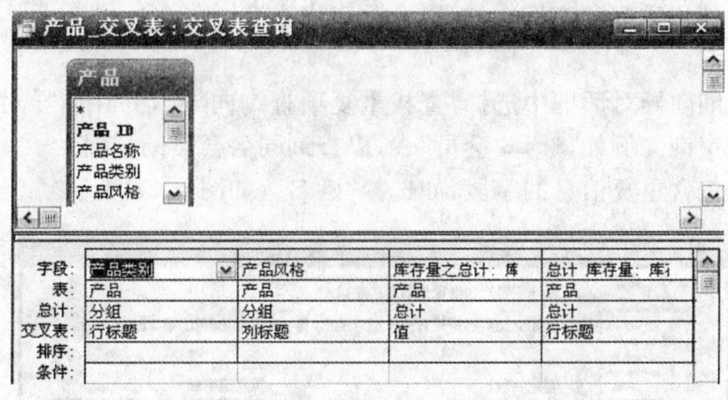

图 5.27　交叉表查询的设计视图

在使用查询设计器创建交叉表查询时，需选择查询菜单的“交叉表查询”命令，以便在设计视图中增加“交叉表”一行。

在添加了查询所依据的对象后，就开始设置查询的各个选项了。如果要将字段的值按行显示，在“交叉表”一栏中选择“行标题”，相应在总计栏中设为“分组”。如果要将字段的值按列显示，在“交叉表”一栏中选择“列标题”，并相应地在总计栏中设为“分组”选项。如果要将字段的值显示在交叉点，在“交叉表”一栏中选择“值”选项，并在总计栏中设为某个合计函数，如合计、平均等。

在一个交叉表查询中，可以使用 1～3 个行标题字段，还可进一步细化交叉表查询所要显示的数据，但只允许有一个列标题。如果想要显示一个多字段的列标题和单字段的行标题，则只需将行列标题互换位置即可。

默认状态下，Access 按字母和数字的顺序来排列标题，有时根据需要对交叉表的列标题的显示作进一步的控制，可在交叉表的属性对话框中指定列标题的顺序。还可以为交叉表的行标题字段或列标题字段指定条件准则，从而可以显示满足一定条件的数据记录。

练习 5.8

(1)利用图 5.27 的交叉表查询设计视图，将行标题和列标题互换。

(2)建立一个名为“供应商与产品类别交叉表”查询,统计供应商提供各类产品汇总的库存量。

5.4.2 重复项、不匹配项查询

在新建查询对象框中,除了“简单查询向导”和“交叉表查询向导”外,还有“查找重复项查询向导”、“查找不匹配查询向导”两种。

1. 建立重复项查询

顾名思义,此向导用来查询字段值重复的记录,一般来说,设置为主键的字段一定不能重复,因而在这里查找的字段一定不能是表的主键。

【例 5-14】 使用重复项查询向导,在会员表中查询同名会员。

操作步骤如下:

①在新建查询向导对话框中选择“查找重复项查询向导”,并在向导对话框中选择查询所基于的表或查询。例如,选择“会员”表,以查询同名会员的情况。

②选择可能包含重复信息的字段,如选择“姓名”,如图 5.28 所示。

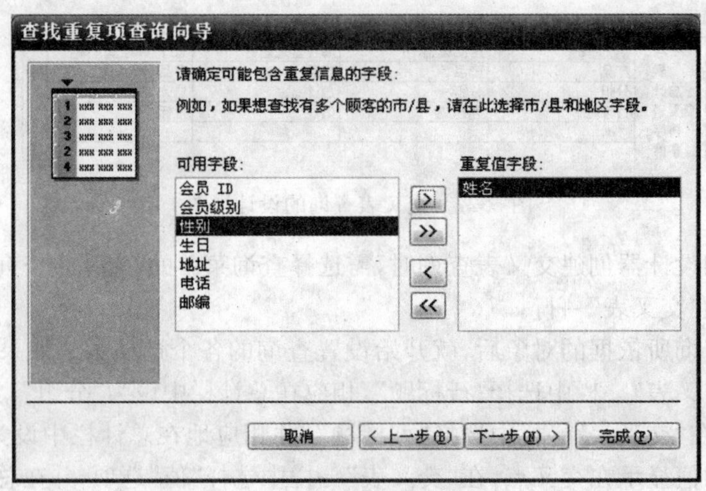

图 5.28 选择重复项字段

③选择除了重复信息字段外,查询中还需要显示的字段,如选择“会员 ID”、“性别”和“会员级别”等。

④以“查找同名会员”为名保存查询,系统即创建了查找重复项的查询。

练习 5.9

查找年龄相同的会员,利用练习 5.6 设计一个名为“会员年龄”的查询。

2. 建立不匹配查询

不匹配项查询可以在一个表中搜索在另一个表中没有相关记录的记录行。

【例 5-15】 利用不匹配项查询，搜索出没有签订销售订单的会员名单。

操作步骤如下：

①在新建查询对话框中选择"查找不匹配项查询向导"，并从显示的表或查询中选择源表，即被搜索的表，如"会员"表。

②选择不包含匹配记录的表"销售订单"表。

③选择在两个表中匹配字段，即联系两个表的关联字段。如选中两个表的"会员 ID"后，单击 <=> 按钮，使其显示在匹配字段框中，如图 5.29 所示。

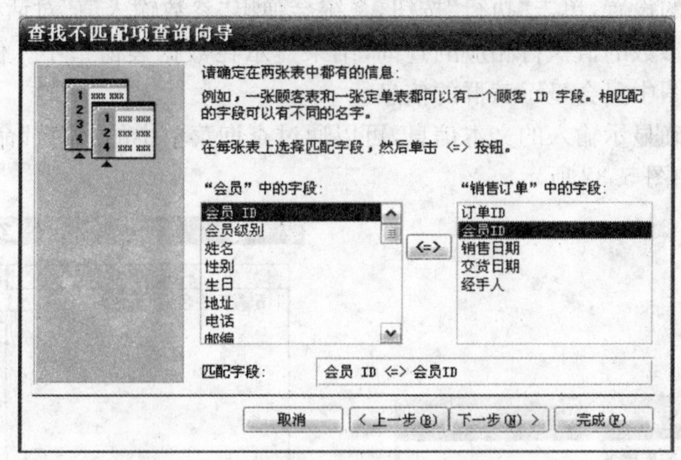

图 5.29 选择匹配字段

④选择查询中需要显示的相关字段，并在下一步中为查询指定查询名"未签订单会员名单"。单击"完成"按钮，显示查询结果。

5.4.3 参数查询

使用参数查询可以在同一查询中，根据输入的参数不同而得到不同的查询结果。参数查询可以在运行查询的过程中根据参数的值自动地设定查询规则，所以在执行查询时，系统会通过对话框要求用户输入参数的值。参数查询与选择查询的不同之处在于处理条件的方式是将条件中的常量改为变量，即参数。

参数的格式是：[变量名]

【例 5-16】 修改例 5-5 建立的选择姓李的查询，改为参数查询，要求先输入会员的姓或姓名，才能显示相应的数据。

操作步骤如下：

①打开设计视图，设置各个查询所需的选项。在"姓名"字段的"条件"栏中将原来选择查询的条件：Like "李 * "改为：Like [输入姓或姓名] & " * "，如图 5.30 所示。注意两者的区别，将常量"李"改为参数[输入姓或姓名]，使用连接运算符 & 与通配符 * 相连。

注意：好的参数名既是一个变量名，还起到提示语的作用。同时，参数名不能与字段名相同。

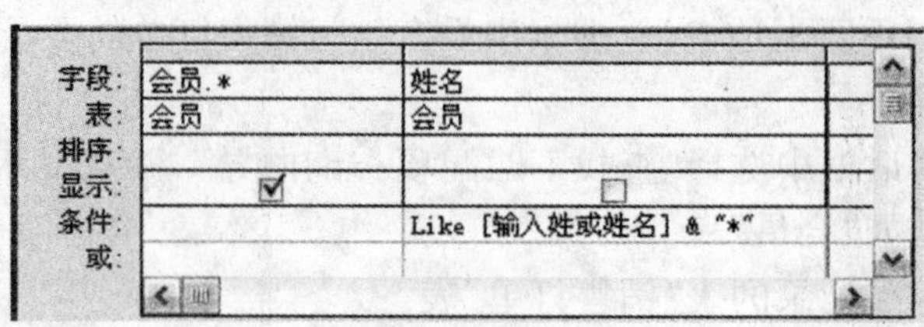

图 5.30 设置参数

②保存所作的设置,单击“执行”按钮,系统会弹出“参数输入值”对话框,如图 5.31 所示。系统会根据参数的值执行相应的查询,结果显示在数据表窗口中。例如,当输入“黄群”时,数据表视图中只会显示黄群的信息。

为了能够正确显示输入的文本信息,可以通过查询菜单中的“参数”命令,设置各个参数的数据类型,如图 5.32 所示。

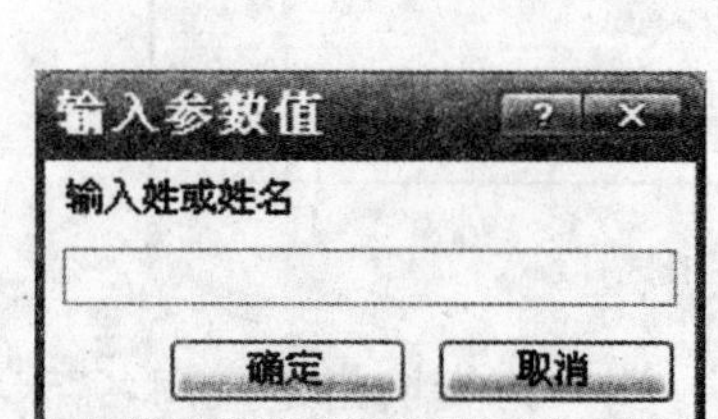

图5.31 “参数输入值”对话框

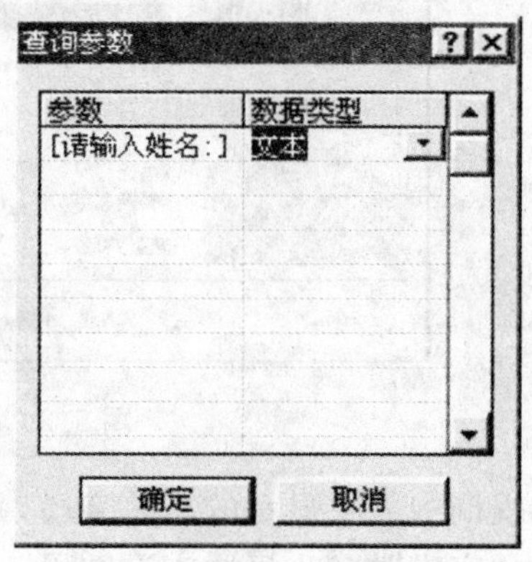

图5.32 “查询参数”对话框

利用多个参数查询,还可以通过输入多个条件来显示指定的记录。

【例 5-17】 建立参数查询,在查询会员年龄时,可要求输入起始日和截止日。

操作步骤如下:

①在“条件”栏中输入参数,如图 5.33 所示。

②“参数查询”对话框中,将“[起始日]”和“[截止日]”的数据类型设置为“日期/时间”。

③在打开这个参数查询时,就会陆续出现两个对话框,分别要求输入起始日和截止日,以显示两个日期之间的记录。

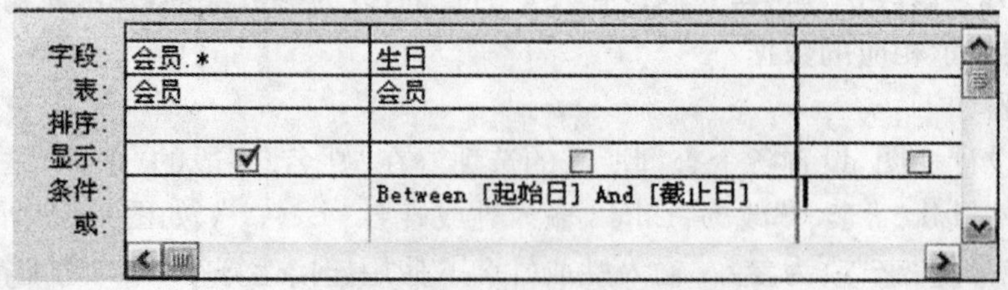

图 5.33 多重参数查询

练习 5.10

(1)建立参数查询,通过输入会员的姓或姓名,查找该会员的订货情况。

(2)建立参数查询,通过输入年份,查找该年份的订货情况。

5.5 操作查询

前面介绍的几种查询方法都是根据特定的查询准则,从数据源中产生符合条件的动态数据集,但是并没有改变表中原有的数据。操作查询不仅可以搜索、显示数据库,还可以对数据库进行动态的修改。根据功能不同,可将操作查询分为生成表查询、更新查询、追加查询、删除查询。

由于操作查询将改变数据表的内容,而且某些错误的查询操作可能会造成数据表中数据的丢失,因此用户在进行操作查询之前,应该先对数据库或表进行备份。

由于操作查询将改变数据表的内容,而且某些错误的查询操作可能会造成数据表中数据的丢失,因此用户在进行操作查询之前,应该先对数据库或表进行备份。

5.5.1 生成表查询

生成表查询可以利用表、查询中的数据创建一个新表,还可以将生成的表导出到数据库或窗体、报表中,实际上就是把查询生成的动态集以表的形式保存下来。生成的表可以作为数据备份,或者作为新的数据集。

【例 5-18】 创建生成表查询,创建一个“滚石唱片产品”表。

操作步骤如下:

①打开查询设计视图,添加“产品”表。

②选择查询类型按钮或查询菜单中的“生成表查询”命令,在“生成表”对话框中输入新表的名称“滚石唱片产品”,并选择保存在当前数据库还是另一个数据库中,如图 5.34 所示。

图 5.34 “生成表”对话框

③在设计视图网格中设置查询所需的各个选项,选择“产品”表的所有字段,在“供应商”字段的“条件”行网格中输入“滚石公司”。

④单击"保存"按钮,在"另存为"对话框输入查询名"生成查询 1"。

⑤单击"运行"按钮 ,系统会弹出创建新表提示框(图 5.35)。在选择了"是"按钮后,系统就创建了一个新表。也可以通过打开所保存的"生成查询 1"查询来生成表。

⑥切换到表对象窗口中,可以查看所生成的"滚石唱片产品"表。

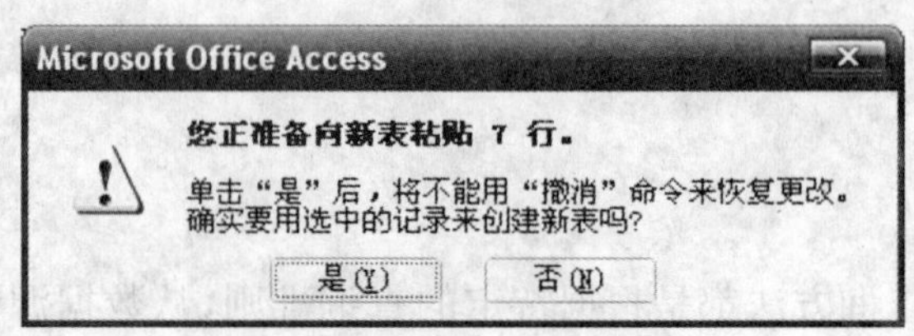

图 5.35　创建新表提示框

练习 5.11

创建一个只包含"学生会员"的表,所生成表的表名是"学生会员"。

5.5.2　更新查询

更新查询可以对一个或多个表中符合查询条件的数据作批量更改,如修改某类产品的价格。要设计一个更新查询,首先需要定义条件准则去获取目标记录,还要提供一个表达式去创建替换后的数据。

【例 5-19】 创建更新查询,将会员的电话局号为"6449"改为"6666"。保存设计为"电话更改"查询。

分析:

电话局号为电话号码左端的 4 位数,利用 left 函数来判断电话局号是否为"6449"。条件准则的表达式为:

```
left([电话], 4) = "6449"
```

更新电话号码的表达式可以利用 right 函数,将新的电话局号"6666"连接原来电话右端的 4 位数,更新电话表达式为:

```
"6666" & right([电话], 4)
```

操作步骤如下:

①打开查询设计视图,添加"会员"表。

②选择查询类型按钮或查询菜单中的"更新查询"命令,这时设计网格中新增"更新到"一项。

③设计相应的更新内容,如图 5.36 所示。

④保存所作的设置,单击"执行"按钮,系统会弹出更新提示框。选择"是"按钮后,即对表中的字段作了更新修改。

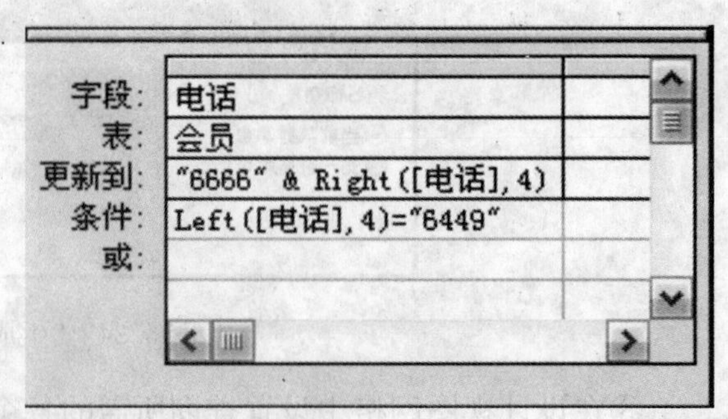

图 5.36　更新查询设计

⑤单击“保存”按钮,在“另存为”对话框输入查询名“更新电话”。

查看会员表的记录,发现电话局号“6449”改为电话局号“6666”。

练习 5.12

(1)设计一个更新查询,将 VCD 产品的单价下调 10%。

(2)修改上述查询,改为由用户指定产品类型和调价幅度,然后完成更新查询。

5.5.3 追加查询

利用追加查询可实现对原数据库表进行追加记录的操作,它提供了一个不用到表中就可以增加记录的方法。

【例 5-20】 现有“新产品”表,格式与“产品”表相同。利用追加查询将其追加到“产品”表中。

操作步骤如下:

①打开设计视图,在显示表对话框中选择“新产品”,将其添加到窗口中。

②选择数据类型或查询菜单中的“追加查询”命令,系统会弹出“追加”对话框,如图 5.37 所示。在表名称中输入要追加记录的表,如“产品”,单击“确定”按钮,设计网格中就会增加“追加到”一行。

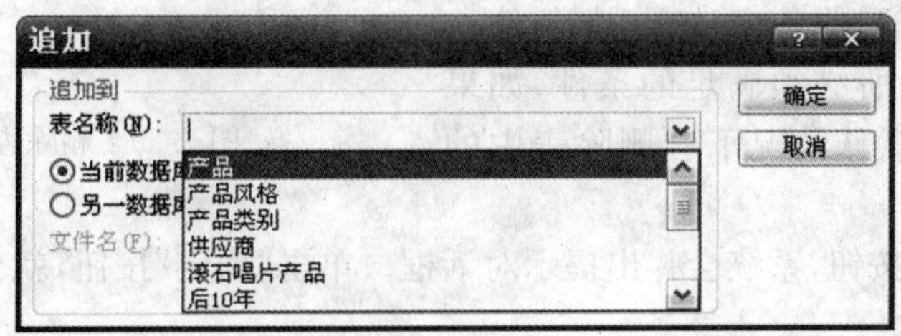

图 5.37 “追加”对话框

③在设计视图中设置需要追加到目标表的各个选项,在“追加到”一栏中选择表中对应的字段,如图 5.38 所示。

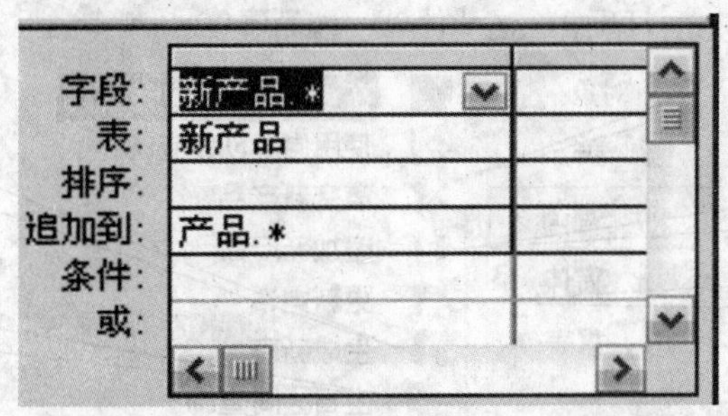

图 5.38 追加记录查询设计窗口

一般情况下,把追加表的字段拖动在字段行后,系统会自动在“追加到”行给出相对应的字段,也可以通过下拉选项对其进行变更。

④单击“视图”按钮，可以查看要追加表的原有记录。确认无误后，选择执行命令按钮，系统会弹出追加记录提示框，选择“是”按钮，则将选定的记录追加到目标表中。

⑤单击“保存”按钮，在“另存为”对话框输入查询名“追加新产品”。

5.5.4 删除查询

删除查询可以从已有表中删除符合指定条件的记录，且所作的删除操作是无法撤消的，就像在表中直接删除记录一样。因此用户在进行删除查询之前，应该先对数据库或表进行备份。另外，由于表之间建立了关系，因此如果出现破坏数据完整性的删除操作，系统会有相应的提示信息。

【例 5-21】 创建删除查询，删除“新产品”表的记录。

操作步骤如下：

①打开设计视图，添加“新产品”表到设计窗口。

②选择数据类型按钮或查询菜单中的“删除查询”命令，设计网格中的出现“删除”一行，如图 5.39 所示。

③设置删除查询的各个选项，在条件一栏中输入删除记录所必须满足的条件，如果不填写任何条件，默认情况下会删除表中的所有记录。

图 5.39 删除查询窗口

④选择“执行”按钮，系统会弹出提示对话框。单击“确定”按钮，就会将指定条件的记录从目标表中删除。

以上就是 4 种操作查询的介绍，此类查询的特点是都可以对数据表的多条记录进行更新、删除、追加等操作。在图 5.40 中可以看到 4 种操作查询的图标不同与选择查询的图标。

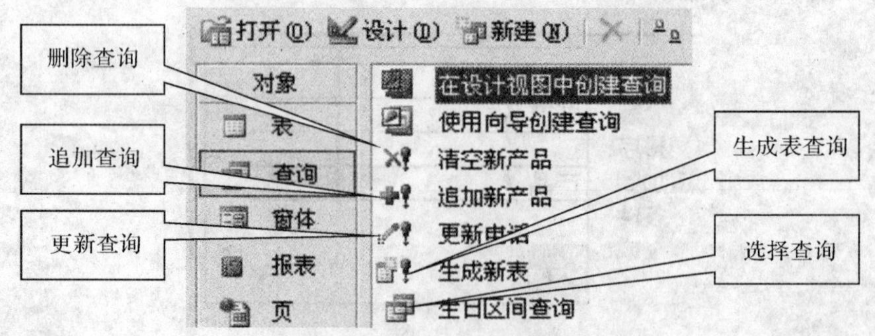

图 5.40 不同类型的查询

练习 5.13

设计一个删除查询，将练习 5.11 生成的“学生会员”表中性别为“男”的记录删除。

5.6　SQL 查询

结构化查询语言(Structured Query Language,SQL)是目前使用最广泛的关系数据库查询语言。作为工业标准化语言,SQL 语言于 1974 年由 Boyce 公司和 Chamberlin 公司提出,并在 IBM 公司的圣约瑟研究实验室研制的 System R 系统上得以实现。当前使用的标准 SQL 文本是 1992 年发布的 SQL-92。

关系数据库由模式、外模式和内模式组成,即关系数据库的基本对象是表、视图和索引。基本表是本身独立存在的表,在 SQL 中,一个关系对应一个表。一个基本表对应一个存储文件,一个表可以带若干索引,索引存放在存储文件中。视图是从基本表或其他视图中导出的表,它本身不独立存储在数据库中,也就是说数据库中只存放视图的定义而不存放视图对应的数据,这些数据仍存放在导出视图的基本表中,因此视图是一个虚表。从这个意义上讲,视图就像一个窗口,透过它可以看到数据库中自己感兴趣的数据及其变化。

5.6.1　SQL 语句

SQL 语言的功能包括了查询、操纵、定义和控制 4 个方面,也就是说集成了数据库定义语言(Data Defining Language,DDL)和数据库操作语言(Data Manufacturing Language,DML)的功能,是一种综合、通用、功能极强的关系数据库语言。SQL 语言既可以作为独立的语言供终端用户联机使用,也可以作为宿主型语言嵌入某种高级程序设计语言中使用。

由于设计巧妙,语言简洁,完成数据定义、数据查询、数据操纵、数据控制的核心功能只用了 9 个动词,如表 5.3 所示。

表 5.3　SQL 语言的动词

SQL 功能	动　词
数据定义	CREATE,DROP,ALTER
数据查询	SELECT
数据操纵	INSERT,UPDATE,DELETE
数据控制	GRANT,REVOTE

1. CREATE

CREATE 语句用于创建基本表、索引和视图。其中,定义表的一般格式为:

```
CREATE TABLE <表名> (<列名> <数据类型> [列级完整性约束条件]
                [,<列名> <数据类型> [列级完整性约束条件]]...
                [,<表级完整性约束条件>]);
```

其中,<表名>是所要定义的基本表的名字,它可以由一个或若干个属性(列)组成。建表的同时还可以定义与该表有关的完整性约束条件。

【例 5-22】 建立一个学生基本情况表,包含学号、姓名、性别、出生年月、班级等属性,其中学号属性不能为空,且其值是唯一的。

```
CREATE TABLE 学生
        (学号      CHAR(8) NOT NULL UNIQUE,
         姓名      CHAR(8),
         性别      CHAR(1),
         出生年月  DATE,
         班级      CHAR(20));
```

Access 支持的 SQL 语句中数据类型的名称和 Access 的并不完全一样。尽管如此,两者大部分的数据类型都能够互相对应。例如,CHAR 表示文本类型,DATE 为日期类型,MONEY 为货币类型,MEMO 为备注类型等。

建立索引使用 CREATE INDEX 语句,创建视图使用 CREATE VIEW 语句。

2. DROP

当某个基本表、索引或视图不再需要时,可以使用 DROP 语句将其删除,一般格式为:

```
DROP TABLE <表名>;
DROP INDEX <索引名>;
DROP VIEW <视图名>;
```

【例 5-23】 删除学生表的命令为:

```
DROP TABLE 学生
```

3. ALTER

ALTER TABLE 语句用于基本表的修改,其一般格式为:

```
ALTER TABLE <表名>
        [ADD <新列名> <数据类型> [完整性约束]]
        [DROP <完整性约束名>]
        [MODIFY <列名> <数据类型>];
```

其中,<表名>指定需要修改的基本表,ADD 子句用于增加新列和新的完整性约束条件,DROP 子句用于删除指定的完整性约束条件,MODIFY 子句用于修改原有的列定义。

【例 5-24】 删除学生表中关于学号必须取值唯一的约束限制。

```
ALTER TABLE 学生 DROP UNIQUE(学号);
```

4. SELECT

SELECT 语句用于对数据库进行查询,其一般格式为:

```
SELECT [ALL|DISTINCT] <目标列表达式> [,<目标列表达式>]...
       FROM <表名或视图名> [,<表名或视图名>]...
```

```
[WHERE <条件表达式>]
[GROUP BY <列名 1> [HAVING <条件表达式>]]
[ORDER BY <列名 2> [ASC|DESC]];
```

整个 SELECT 语句的含义是，根据 WHERE 子句的条件表达式，从 FROM 子句指定的基本表或视图中找出满足条件的元组，再按 SELECT 子句中的目标列表达式，选出元组中的属性值形成结果表。ALL 为默认值，表示所有满足条件的记录，DISTINCT 用于忽略重复数据的记录，即在基本表中重复的记录只出现一次。如果有 GROUP 子句，则将结果按<列名 1>的值进行分组，该属性列值相等的元组为一个组，每个组产生结果表中的一条记录。如果 GROUP 子句带 HAVING 短语，则只有满足指定条件的组才会输出。如果有 ORDER 子句，则结果表还要按<列表 2>的值升序或降序排序。

SELECT 语句既可以完成简单的单表查询，也可以完成复杂的联接查询和嵌套查询。为了完成各种查询，可以再建立一个基本表成绩，其包含的字段有学号、课程名、分数。

【例 5-25】 查询全体学生的姓名、学号、班级。

```
SELECT 姓名，学号，班级
FROM 会员；
```

查询成绩有不及格的会员的姓名、班级、课程名。本查询涉及学生与成绩两个表中的数据，这两个表之间的联系是通过两个表都具有的属性“学号”实现的。

```
SELECT DISTINCT 会员.姓名，会员.班级，成绩.课程名
FROM 学生，成绩
WHERE 会员.学号 = 成绩.学号 AND 成绩.分数 < 60;
```

将一个查询块嵌套在另一个查询块的 WHERE 子句或 HAVING 短语的条件中的查询，称为嵌套查询或子查询。例如，查询“张三”的同班同学的学号、姓名、班级。

```
SELECT 学号，姓名，班级
FROM 学生
WHERE 班级 IN
(SELECT 班级
 FROM 学生
WHERE 姓名 = '张三');
```

若要把多个 SELECT 语句的结果合并为一个结果，则需要用到集合操作。集合操作主要包括并操作 UNION、交操作 INTERSECT、差操作 MINUS。

5. INSERT

SQL 的数据插入语句 INSERT 通常有两种形式，一种是插入一个记录，另一种是插入子查询结果。

插入单个记录的 INSERT 语句的格式为：

```
INSERT
INTO <表名> [(<属性列 1> [,<属性列 2>...])]
VALUES (<常量 1> [,<常量 2>]...);
```

其功能是将新元组插入指定表中，新记录属性列 1 的值为常量 1，属性列 2 的值为常

量 2,……。如果某些属性列在 INTO 子句中没有出现,则新记录在相应列上取空值。

【例 5-26】 将一个新学生记录插入学生表:

```
INSERT
INTO 学生
VALUES ('20030012', '李四', '男');
```

若想将子查询的结果全部插入到指定表中,把 VALUES 子句换为子查询的名称即可。

6. UPDATE

修改操作又称更新操作,其语句的一般格式为:

```
UPDATE <表名>
SET <列名>=<表达式> [,<列名>=<表达式>]...
[WHERE <条件>];
```

其功能是修改指定表中满足 WHERE 子句条件的元组。SET 子句用于指定修改方法,即用<表达式>的值取代相应的属性列值,如果省略 WHERE 子句,则表示要修改表中所有元组。

【例 5-27】 将学生李四的姓名改变为赵五。

```
UPDATE 学生
SET 姓名 = '赵五'
WHERE 姓名 = '李四';
```

7. DELETE

DELETE 语句用于删除表中的数据,其一般格式为:

```
DELETE
FROM <表名>
[WHERE <条件>];
```

其功能是从指定表中删除满足 WHERE 子句条件的所有元组,如果省略 WHERE 子句,表示删除表中全部元组。

【例 5-28】 删除学号为 20020512 的学生记录。

```
DELETE
FROM 学生
WHERE 学号 = '20020512';
```

8. GRANT

GRANT 语句用于将指定操作对象的指定操作权限授予指定的用户,其格式为:

```
GRANT <权限> [,<权限>]...
[ON <对象类型> <对象名>]
TO <用户> [,<用户>]...
[WITH GRANT OPTION];
```

不同类型的操作对象有不同的操作权限,如表 5.4 所示。

表 5.4　不同对象类型允许的操作权限

对　象	对象类型	操　作　权　限
属性列	TABLE	SELECT,INSERT,UPDATE,DELETE,ALL PRIVILEGES
视图	TABLE	SELECT,INSERT,UPDATE,DELETE,ALL PRIVILEGES
基本表	TABLE	SELECT,INSERT,UPDATE,DELETE,ALTER,INDEX,ALL PRIVILEGES
数据库	DATABASE	CREATETAB

【例 5-29】　把对学生表的查询权限授予所有用户。

```
GRANT SELECT ON TABLE  学生  TO PUBLIC;
```

9. REVOKE

REVOKE 语句用于收回所授予的权限，其格式为：

```
REVOKE <权限> [,<权限>]...
[ON <对象类型> <对象名>]
FROM <用户> [,<用户>]...
```

【例 5-30】　收回所有用户对表学生的查询权限。

```
REVOKE SELECT ON TABLE  学生  FROM PUBLIC;
```

5.6.2　SQL 视图

在 Access 中，所有的查询都可以认为是一个 SQL 查询。在查询设计视图创建查询时，Access 便会自动形成相应的 SQL 代码，可以查看和编辑。

任何类型的查询都可以在 SQL 视图中打开，通过修改查询的 SQL 语句，就可以对现有的查询进行修改使之满足用户的需求。查看或编辑 SQL 代码，可以在进入查询的设计视图后，选择"视图"→"SQL 视图"菜单命令或单击工具栏上的"视图"按钮右边的向下箭头按钮，选择"SQL 视图"。

【例 5-31】　对比显示"生日区间查询"的设计视图和 SQL 视图。

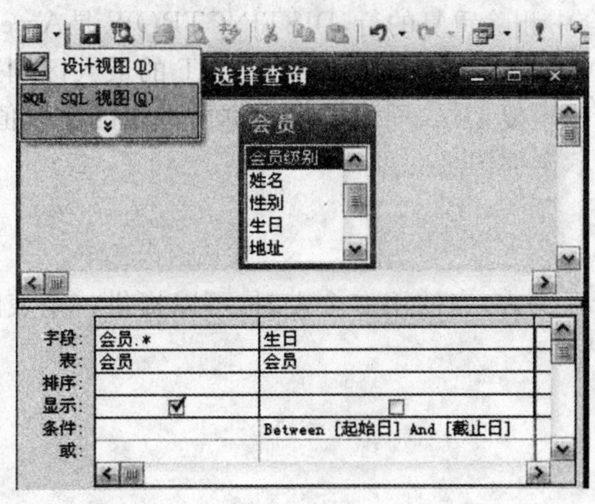

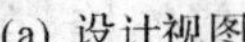
(a) 设计视图

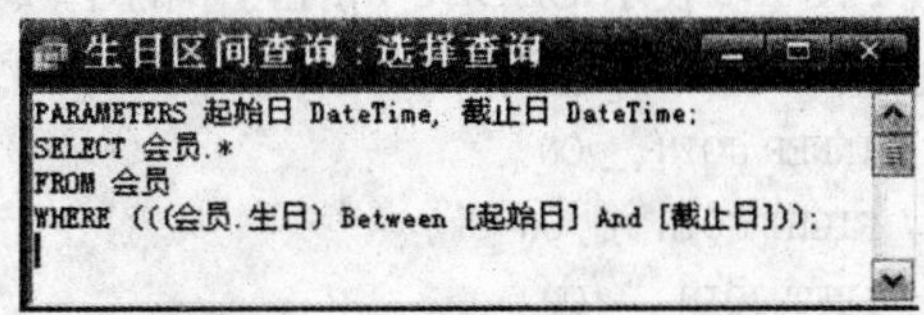

(b) SQL视图

图 5.41

操作步骤如下：

①打开"生日区间查询"的设计视图，如图 5.41(a)所示。

②单击工具栏上的"视图"按钮 右边的向下箭头按钮，选择"SQL 视图"，打开该查询的 SQL 视图，如图 5.41(b)所示。

练习 5.14

选择各类查询，通过设计视图和 SQL 视图理解 SELECT 语句。

在 Access 中使用的是 Transact-SQL 语言，其与标准的 SQL 语言相比，在功能上作了大量的扩充。标准 SQL 语言是作为查询和执行语言出现的，并非是功能全面的编程语言。Transact-SQL 语言为了扩展 SQL 语言的功能，方便用户直接完成程序的开发，在 SQL 语言里加入了程序流的控制结构、局部变量和其他一些功能。

Access 中使用的 SELECT 语句的格式与标准 SQL 语言中的 SELECT 语句基本一致，但也有所区别。为了应用方便，介绍一下 SELECT 的几个子句。

1. TOP

TOP 用于指定只返回前面一定数量的数据。当查询到的数据非常多，但又没有必要对所有数据进行浏览时，它可以大大减少查询时间。其格式为：

```
SELECT [TOP integer | TOP integer PERCENT] <目标列表达式> [,...]
FROM <表名>;
```

TOP integer 表示返回最前面的几行，用整数表示返回的行数；TOP integer PERCENT是用百分比表示返回的行数。

【例 5-31】 从产品表中返回价格最高的 10 行数据。

```
SELECT TOP 10 *
FROM 产品
ORDER by 单价 DESC;
```

2. DISTINCT 与 DISTINCTROW

DISTINCT 能够从返回的结果数据集合中删除重复的行，DISTINCTROW 是Access 独有的属性，其功能与 DISTINCT 相似。DISTINCTROW 与 DISTINCT 的最大区别是 DISTINCTROW 根据表中所有的字段来查找重复记录，而不仅仅根据所选定的字段值。只要有一个字段是不同的，在数据表中就显示全部记录。

3. FROM

FROM 表示 SELECT 语句中的字段所在的表，当使用多个表时，可以提供一个表的表达式。表的表达式可以是下面的三种形式之一：

```
INNER JOIN ... ON
RIGHT JOIN ... ON
LEFT JOIN ... ON
```

使用 INNER JOIN ... ON 可以指定 Access 为传统的等值连接，在 FROM 后面指定使用的主表名，INNER JOIN 部分指定要使用的第二个表，最后 ON 部分指定用于把两个表连接在一起的字段。如果两个表之间使用的是外部连接,则应使用 RIGHT JOIN 和 LEFT JOIN,两者的作用是完全相同的。

4. WHERE

WHERE 用来表示查询的条件。在 WHERE 子句中可以使用各种算术运算符、逻辑运算符,以及 BETWEEN、IN、LIKE 和各种合计函数。

在进行数据查询时,还可以对查询到的数据进行再次计算。计算列并不存在于表格所存储的数据中,它是通过对某些列的数据进行计算而得来的结果。

5.6.3　创建 SQL 查询

从形式上看,在 Access 中创建查询一般不必使用 SQL 语句,只要选择对话框选项就可通过向导、查询设计器构造所需的查询。但事实上,每一个 Access 查询后面都是 SQL 程序,而且在有些情况下,使用 SQL 会更方便。SQL 查询具有 3 种特定形式:联合、传递、数据定义。

1. 创建联合查询

联合查询就是将多个查询结果合并起来,形成一个完整的查询结果,对两个查询要求是:查询结果的字段名类型相同,字段排列的顺序一致。联合查询使用 UNION 关键词,连接两个 SELECT 语句,结果集是两个 SELECT 语句所选择记录的合集。

【例 5-32】　创建联合查询,将两个学期的选课表的记录进行联合查询。

操作步骤如下:

①在数据库窗口中打开查询设计器,并关闭显示表对话框。

②选择"查询"菜单或鼠标右键菜单的"SQL 特定查询"子菜单中的"联合"命令,打开联合查询设计窗口,实际上就是一个文本编辑器。

③在此窗口中,输入一个使用 UNION 关键词的 SQL 语句查询。例如,将两个学期的选课表(包含的字段有课程代码、课程名称、学分)的记录进行联合查询的 SQL 语句,如图 5.42 所示。

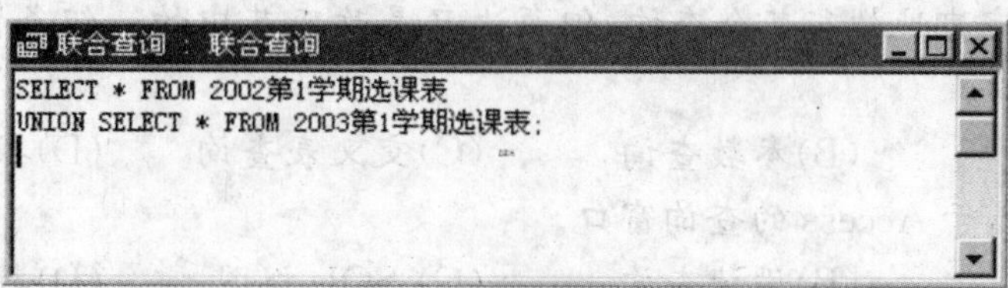

图 5.42　联合查询

④单击工具栏上的"视图"按钮,或单击工具栏上的"运行"按钮,运行查询,屏幕上将会显示联合查询的结果。

需要注意的是,参加 UNION 操作的各数据项数目必须相同,对应项的数据类型也必须相同。而且在将多个查询结果合并起来，形成一个完整的查询结果时，系统会自动去掉重复的记录。

2. 创建数据定义查询

数据定义查询可以创建、删除、更改表，也可以为表创建索引。

要创建数据定义查询，应首先打开查询设计器，并关闭显示对话框。然后选择查询菜单或鼠标右键菜单的“SQL 特定查询”子菜单中的“数据定义”命令，进入 SQL 数据定义查询文本编辑窗口。在窗口中输入 Trans-SQL 查询语句，每个数据定义查询只能由一个数据定义语句组成。

【例 5-33】 建立一个客户表。

```
CREATE TABLE 客户 (编号 CHAR(6),姓名 CHAR(8) NOT NULL,单位 CHAR(20));
```

单击执行命令，就会创建一个含有 3 个字段的客户表。

同样，也可以用同样的步骤创建更改、删除表，以及记录操纵的 SQL 查询：

```
'为客户表添加电话号码字段
ALTER TABLE 客户 ADD 电话号码 CHAR(15);
'删除客户表
DROP TABLE 客户;
'为客户表建立索引
CREATE INDEX 客户索引 ON 客户 (姓名);
'向客户表中添加记录
INSERT INTO 客户 (编号,姓名) VALUES ('1','张三');
'修改客户表中张三的电话号码
UPDATE 客户 SET 电话号码 ='87654321' WHERE 姓名 ='张三';
'删除客户表中姓名为张三的记录
Delete FROM 客户 WHERE 姓名 ='张三';
```

思考题和习题

一、选择题

1. 如果经常定期地执行某个查询，但每次只是改变其中的一组条件，那么就可以考虑使用(   )查询。

(A)选择查询　　(B)参数查询　　(C)交叉表查询　　(D)操作查询

2. (   )不属于 Access 的查询窗口。

(A)设计视图　　(B)设计查询　　(C) SQL 视图　　(D)数据表视图

3. 如果在数据库中已有同名的表，(   )查询将覆盖原有的表。

(A)删除　　(B)追加　　(C)生成表　　(D)更新

4. 如果想找出不属于某个集合的所有数据，可使用(   )操作符。

(A) and　　(B) or　　(C) Like　　(D) not

5. 下列(   )SELECT 关键字用于返回查询的非重复记录。

(A) TOP　　(B) GROUP　　(C) DISTINCT　　(D) ORDER

二、填空题

1. Access 2003 数据库系统支持 5 种查询，它们分别是：选择查询、________、________、________和 SQL 查询。

2. 无论有没有匹配记录，都选取一个表(查询)的全部记录时，则需要更改________类型。

3. 若想用一个或多个字段的值进行数值、日期和文本的计算，需要在查询设计网格中直接添加________字段。

4. SQL 语言的功能包括了________、________、________和控制 4 个方面，也就是说集成了数据库 DDL 语言和 DML 语言的功能。

5. 在 Access 2003 中，SQL 查询具有 4 种特定形式：________、________、________和数据定义。

三、思考题

1. 为什么要使用查询来处理数据？查询可以完成哪些功能？

2. 选择查询、交叉表查询和参数查询有什么区别？操作查询分为哪几种？

3. 简述创建子查询的操作步骤。

4. 什么是查询的三种视图，各有什么作用？

5. 能否在查询设计视图中修改表间的关系？如果能，应该如何修改？

6. 利用“会员”表，写出下列条件表达式：

(1)年龄在 18～22 岁之间的男生。

(2)1985 年以后出生的“学生会员”和“普通会员”。

(3)查找家住“朝阳”的会员。

7. 在条件表达式中如何引用数据库中的字段？

8. 如何为一个查询添加计算字段？

9. 如何使用查询把罗斯文示例数据库的“产品”表中的“单价”统一降低 10%？

10. SQL 语言有何特点，在 Access 的查询中如何使用 SQL 语句？

11. 熟悉 SELECT 语句的用法，并以实例的方式写出 Access 的各种查询 SQL 语句。

12. 如果在姓名字段的条件栏中输入：李，能否查找到姓“李”的会员？为什么？

实验

练习目的

学习查询的使用方法。

练习内容

1. 完成本章的练习。

2. 打开“罗斯文示例数据库”，了解“订单查询”、“各类产品”、“订单小计”等查询是如何设计的。

3. 利用第 3 章习题和第 4 章习题建立的“图书借阅”数据库完成以下操作。

(1)利用参数查询，按书号查找借书人。

(2)利用参数查询，按借书证号查找借书情况。

(3)建立交叉表查询，了解每本书被借阅的次数。

(4)利用“查找重复项查询”查找同名的书目。

(5)利用“查找不匹配项查询”查找从来没被借出的图书。

第 6 章

窗　体

窗体是数据库的用户与 Access 应用程序之间的主要接口，窗体提供了简单自然的输入、修改、查询数据的友好界面，使用界面一目了然、赏心悦目、操作方便。

【本章要点】

- 创建窗体的方法
- 设计工具箱的使用
- 应用对象和窗体属性
- 通过 Access 窗体进行数据管理的方法

6.1　了解窗体

对于每一个使用数据库的用户来说，都希望有一个轻松输入和修改信息的友好界面，但是对于数据库系统的开发人员来说，不希望数据库的用户能够直接对数据库的结构和内容进行浏览和编辑，因为这样做很容易破坏或损失数据。

数据库系统的开发人员利用 Access 的窗体设计友好的操作界面，使用户通过窗体来操作数据表，避免直接操作数据库。

为了方便使用数据库，还可以在窗体中设计一些辅助工具，如按钮等。图 6.1 显示了一个简单的窗体，窗体显示的信息比数据库表的显示更加直观实用。

6.1.1　窗体的作用

窗体主要用于在数据库中输入和显示数据的数据库对象，还可以将窗体用作切换面板来打开数据库中的其他窗体和报表，或者用作自定义对话框来接受用户的输入及根据输入执行操作。

窗体可与数据库中的一个或多个表和查询绑定，实现从窗体输入或修改数据库的内容，还可以把窗体设置成一个对话框，例如密码输入和检查的对话框，窗体还可以作为说明的显示窗口。

窗口的作用很多，需要读者慢慢体验和总结。

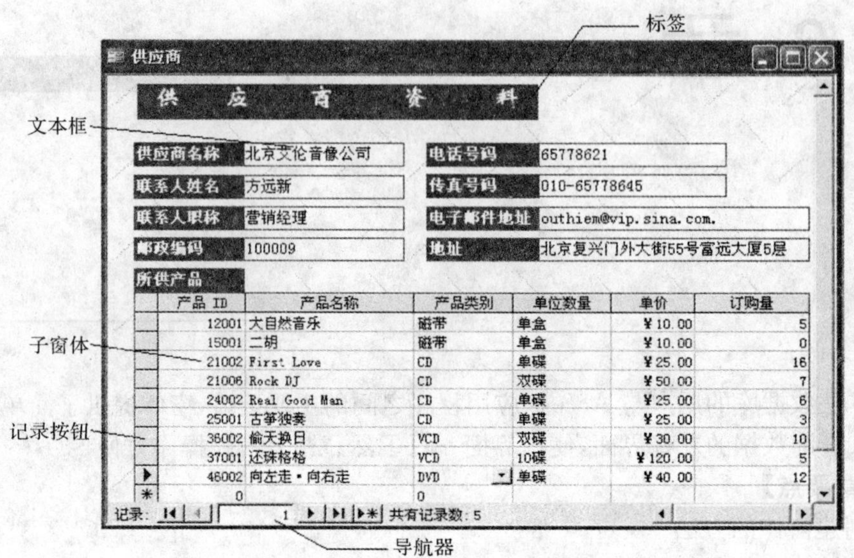

图 6.1 窗体的一个示例

6.1.2 窗体的类型

窗体多种多样,使用窗体向导创建窗体时,有几种主要的显示类型:纵栏式、表格式、数据表、数据透视表和数据透视图,主要是窗体呈现数据的方式不同。

1. 纵栏式窗体

纵栏式窗体是最常见的窗体类型,图 6.2 所示窗体就是纵栏式窗体。纵栏式窗体最主要的特点就是一次显示一条记录,也称单一窗体。可以通过窗体底部的记录浏览按钮,对其他记录进行翻阅。

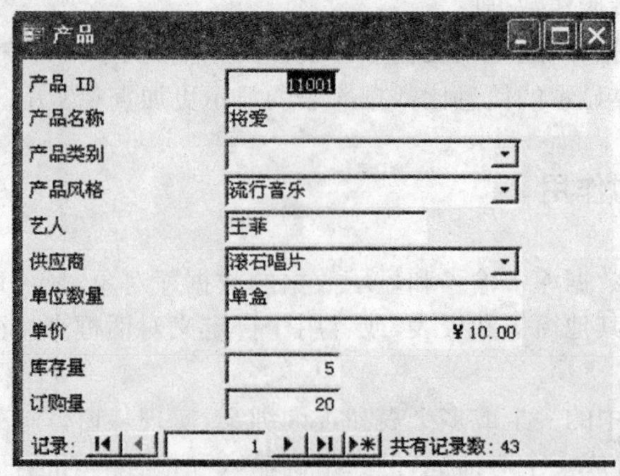

图 6.2 纵栏式窗体

2. 表格式窗体

表格式窗体是一种连续窗体，即一次显示多条记录信息，图 6.3 所示窗体就是表格式窗体。表格式窗体显示数据时，通常一条记录占一行，从左到右横向排列，因此创建此种窗体的数据源不宜记录过长，否则操作数据时，常需要左右移动，不太方便。

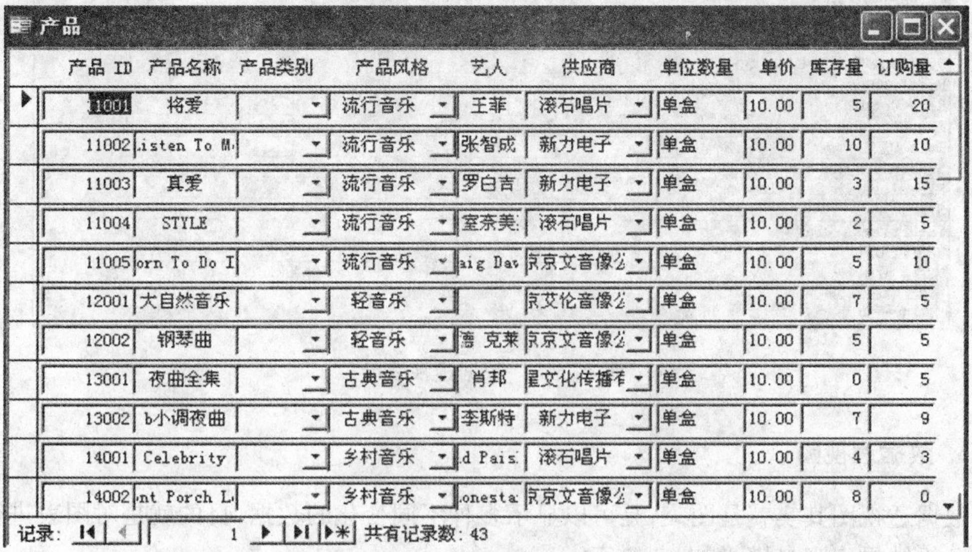

产品

产品 ID	产品名称	产品类别	产品风格	艺人	供应商	单位数量	单价	库存量	订购量
11001	将爱		流行音乐	王菲	滚石唱片	单盒	10.00	5	20
11002	.isten To M		流行音乐	张智成	新力电子	单盒	10.00	10	10
11003	真爱		流行音乐	罗白吉	新力电子	单盒	10.00	3	15
11004	STYLE		流行音乐	室奈美	滚石唱片	单盒	10.00	2	5
11005	orn To Do I		流行音乐	aig Dav	京京文音像公	单盒	10.00	5	10
12001	大自然音乐		轻音乐		京艾伦音像公	单盒	10.00	7	5
12002	钢琴曲		轻音乐	德 克莱	京京文音像公	单盒	10.00	5	5
13001	夜曲全集		古典音乐	肖邦	星文化传播有	单盒	10.00	0	5
13002	b小调夜曲		古典音乐	李斯特	新力电子	单盒	10.00	7	9
14001	Celebrity		乡村音乐	d Pais	滚石唱片	单盒	10.00	4	3
14002	nt Porch L		乡村音乐	onesta	京京文音像公	单盒	10.00	8	0

记录: 1 共有记录数: 43

图 6.3　表格式窗体

3. 数据表窗体

此种类型的窗体在执行后，就如同打开数据表，不显示窗体页眉及窗体页脚，此类型窗体通常作为子窗体使用，图 6.4 所示窗体就是数据表窗体。

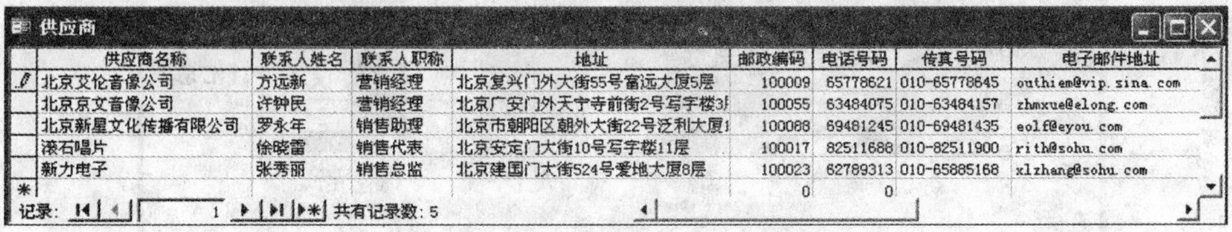

供应商

供应商名称	联系人姓名	联系人职称	地址	邮政编码	电话号码	传真号码	电子邮件地址
北京艾伦音像公司	方远新	营销经理	北京复兴门外大街55号富远大厦5层	100009	65778621	010-65778645	outhiem@vip.sina.com
北京京文音像公司	许钟民	营销经理	北京广安门外天宁寺前街2号写字楼3	100055	63484075	010-63484157	zhmxue@elong.com
北京新星文化传播有限公司	罗永年	销售助理	北京市朝阳区朝外大街22号泛利大厦1	100088	69481245	010-69481435	eolf@eyou.com
滚石唱片	徐晓雷	销售代表	北京安定门大街10号写字楼11层	100017	82511688	010-82511900	rith@sohu.com
新力电子	张秀丽	销售总监	北京建国门大街524号爱地大厦8层	100023	62789313	010-65885168	xlzhang@sohu.com
				0	0		

记录: 1 共有记录数: 5

图 6.4　数据表窗体

4. 数据透视表

数据透视表，类似 Excel 的数据透视表，主要用于数据分析。“分析”即对多条记录进行各种角度的“数据透视”。数据透视表将分析结果显示为易读、易懂的表，一目了然。图 6.5 中的数据透视表可以根据不同需要，分析不同风格的产品的库存量。

产品-数据透视表

将筛选字段拖至此处

产品名称	电影 库存量	古典音乐 库存量	连续剧 库存量	流行音乐 库存量	民族音乐 库存量	轻音乐 库存量	乡村音乐 库存量	总计 无汇总信息
Barbie girl				4				
Born To Do It				5				
b小调夜曲		7						
Celebrity							4	
First Love				7				
Listen To Me				10				
My Front Porch Looking							8	
Pretty boy				5				
Real Good Man							6	
Red Dirt Road							4	
Rock DJ				3				
Season in the sun				3				
Sleepless In Seattle	2							
STYLE				2				
The Pricess Diary	7							
爱在西元前				3				
大自然音乐						7		
第9交响曲		7						
东京爱情故事								

图 6.5 数据透视表

5. 数据透视图

数据透视图其实就是图表，是可以显示多种不同变化的数据，目的就是对图表进行分析。分析结果直观易懂，如图 6.6 所示。

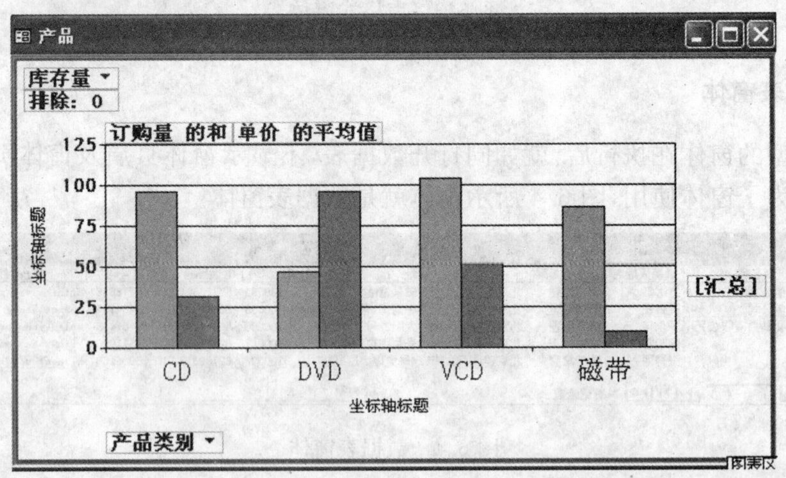

图 6.6 数据透视图

窗体从功能上分，主要分为数据交互式窗体和命令选择型窗体两种形式。

1. 数据交互式窗体

图 6.1～6.6 中显示的都是数据交互式窗体，主要用于显示信息和输入数据。

在图 6.1 中，窗体上半部显示一个供应商的基本信息，窗体的下半部是一个子窗体，显示供应商所供应的产品信息。

2. 命令选择型窗体

图 6.7 是一个命令选择型窗体，主要用于信息系统控制界面设计。例如，可以在窗体中设置一些命令按钮，当单击按钮时，可以调用其他功能，图 6.7 中显示了系统的 5 个主要功能，分别是产品信息查询、销售记录、供应商信息、会员信息以及报表的打印。

图 6.7　命令选择型窗体

6.1.3　窗体的组成

在设计视图中，窗体的工作区主要包括窗体页眉、页面页眉、主体、页面页脚、窗体页脚五部分(图 6.8)。

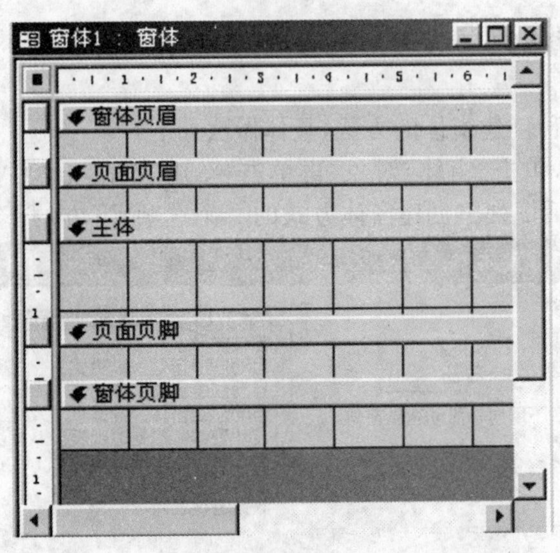

图 6.8　窗体的组成

(1)窗体页眉显示对每条记录都一样的信息，如窗体的标题。窗体页眉出现在“窗体”视图中屏幕的顶部，如果打印窗体，出现在打印首页的顶部。

(2)页面页眉在每个打印页的顶部显示标题或列标题等信息。页面页眉只出现在打印窗体中。

(3)页面页脚在每个打印页的底部显示诸如日期或页码等信息。页面页脚只出现在打印窗体中。

(4)窗体页脚显示那些对每条记录都一样的信息,例如命令按钮或有关使用窗体的指导。打印时,窗体页脚出现在"窗体"视图中屏幕的底部,或者在最后一个打印页的最后。

(5)主体是放置文本框、命令按钮等控件的区域,是设计 Access 窗体的核心部分,一般在主体中放置表的记录,例如产品、会员、供应商等数据。

在开始设计 Access 窗体时,设计视图中只有窗体的主体,可以根据需要添加页眉和页脚,方法是:单击"视图"→"窗体页眉/页脚"或者"页面页眉/页脚"。

在窗体的工作区中还有网格和标尺,利用它们能够准确放置各种控件,还可以拖动鼠标改变窗体和各工作区的大小。

6.2 使用窗体向导创建窗体

与数据库的表、查询建立过程一样,创建窗体既可以采用手工方式在设计视图中进行,也可以利用系统提供的各种向导快速创建。即使用户已经具有许多创建窗体的经验,仍然需要使用窗体向导来加快布局的速度。通常创建窗体的做法是先使用向导创建窗体,然后切换到设计视图中修改窗体的设计。

6.2.1 创建窗体的方法

Access 提供了多种创建窗体的方法,具体做法如下:

在数据库窗口中,单击"窗体"对象,再单击"新建"按钮,出现"新建窗体"对话框(图 6.9)。"新建窗体"对话框列出创建窗体方式的 9 个选项,下方的下拉列表框中列出可以

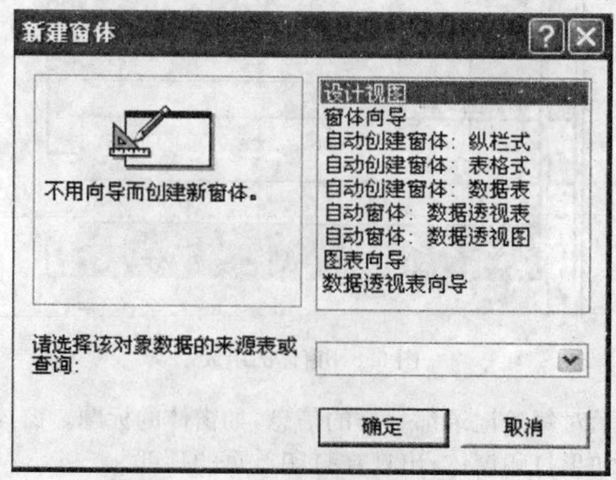

图 6.9 "新建窗体"对话框

作为窗体数据源的表或查询。

创建窗体的选项，分别是：

(1)设计视图。使用窗体“设计视图”建立窗体，将在 6.3 节详细讲解。

(2)窗体向导。使用基本的“窗体向导”建立窗体。

(3)自动创建窗体，纵栏式。窗体将表中的所有字段显示在一列中，把字段的标题属性放置在相应字段的左边(图 6.2)。

(4)自动创建窗体：表格式。窗体将表中每条记录的所有字段都水平地显示在同一行中(图 6.3)。

(5)自动创建窗体：数据表。窗体“数据表”视图下的表或查询类似(图 6.4)。

(6)自动窗体：数据透视表。

(7)自动窗体：数据透视图。

(8)图表向导。窗体显示来源于表中数据的图表。

(9)数据透视表向导。创建一个包含透视表的窗体，与图 6.5 相同，作用是在使用数据透视表查看信息时，可以实现某些类型的数据分析。

这些类型窗体的根本差别在于窗体中信息的版面布局，窗体用途及其实现方法不存在实质性区别。使用方法如下：

①单击其中一个选项。

②单击下拉列表框的右侧下拉按钮，弹出一个列表，选择数据源，例如选择“产品”表。

6.2.2　创建简单的窗体

“窗体向导”是创建窗体的最简单办法之一，可以使用向导创建一个简单的数据交互式窗体，向导可以使创建窗体的操作简单化。

【例 6-1】　以“产品”表为数据源，创建一个“产品”窗体。

操作步骤如下：

①在“新建窗体”对话框中，单击“窗体向导”选项，选择数据来源(已存在的表或查询)，单击“产品”表作为数据源，单击“确定”按钮(图 6.9)。

②在出现的对话框(图 6.10)左下方列出了数据源中可用的各个字段，选择需要使用在窗体中的字段。

③单击“>”将选择的字段移入“选定的字段”列表框中。

④单击“下一步”按钮，Access 将显示如图 6.11 所示的对话框。

⑤单击布局格式，所选择的不同形式会显示在左侧。这些形式在 6.1.2 小节介绍过，不再赘述。

⑥单击“纵栏表”，单击“下一步”按钮，在对话框(图 6.12)中出现 10 个窗体风格的选项，提供不同的数据表现形式。单击“混合”风格，单击“下一步”按钮。

⑦为创建的窗体加入标题，也可以使用默认的名字，系统提供了与数据表相同的标题或自行命名，比如“所有产品”，这个名字也是窗体对象的名称。

⑧单击“完成”按钮，结果如图 6.13 所示。

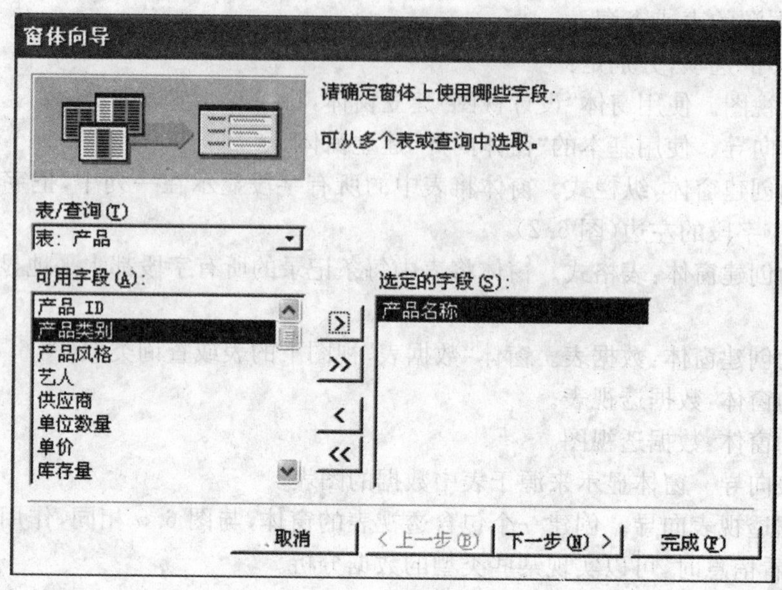

图 6.10 选定字段

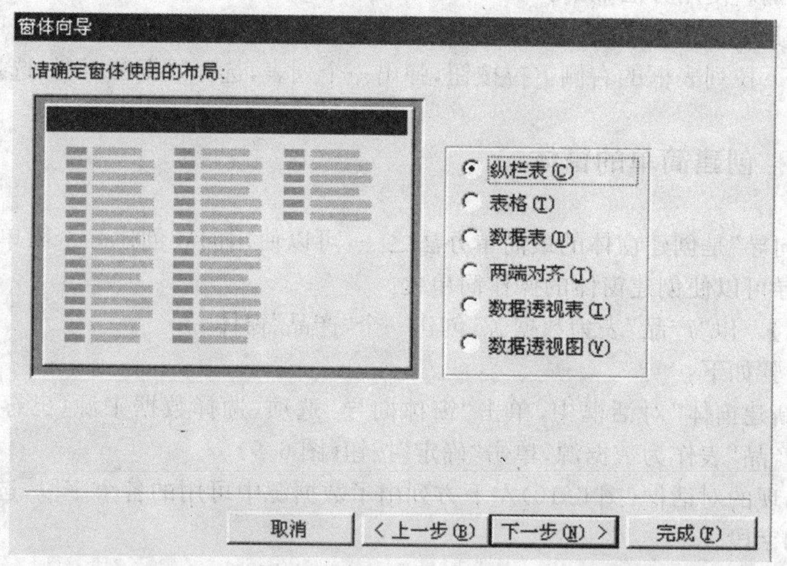

图 6.11 窗体布局

在窗体标题栏中显示了所指定的标题"产品",单击窗体底端的记录导航器 ▶ 按钮逐条查看表中的记录,单击 ▶| 按钮直接跳到末尾记录。

注意:这个窗体还有很多需要完善的部分,会在以后小节中讲解。

练习 6.1

使用向导方法,以"会员"表为数据源,创建一个表格形式的窗体。

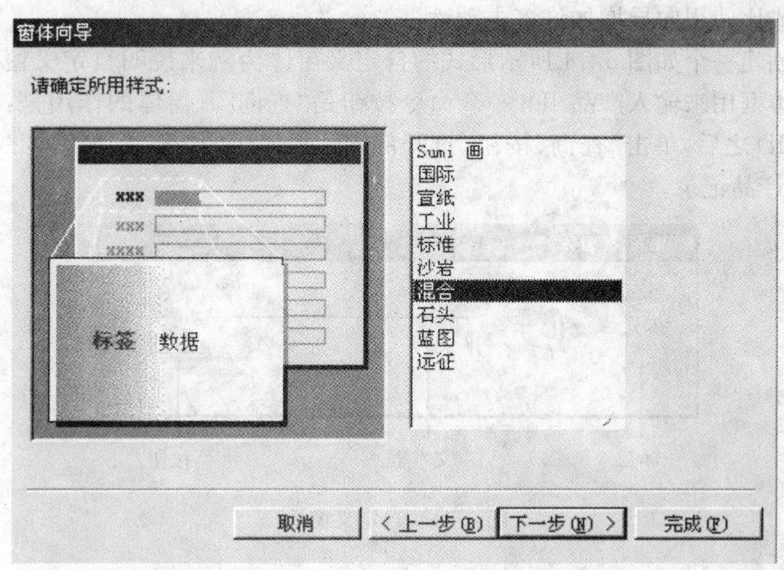

图 6.12　选择窗体风格

图 6.13　显示窗体

6.3　自定义窗体

利用窗体向导方法很难自己把握窗体布局和内容，所以不能很好地满足个性化窗体的需要。Access 还提供了自定义窗体的方法，可以让用户自行设计自己喜欢的风格的窗体。

使用窗体设计窗口不仅可以创建有特色的窗体，还可以编辑已建立的窗体。使用自定义窗体方式比使用向导增加许多主动性。

本节以创建一个如图 6.14 所示形式的自定义窗体为例来说明自定义窗体的创建过程。一个文本框用来输入产品 ID,一个命令按钮是“查询”。窗体的作用是:当在文本框中输入产品 ID之后,单击“查询”按钮,打开例 6-1 所创建的“产品”窗体,并查询出产品 ID 所对应的产品记录。

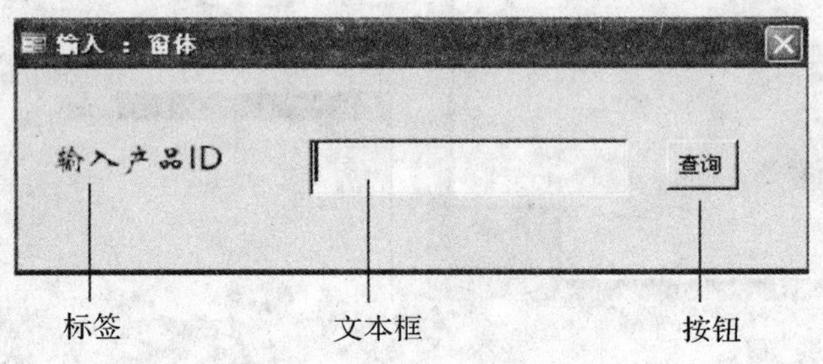

图 6.14 自定义窗体

6.3.1 创建窗体过程

在设计视图中创建一个窗体步骤包括:创建一个空白窗体,为窗体设定数据源,添加用于数据显示和维护的控件,设定窗体和控件的属性等。

【例 6-2】 创建一个如图 6.14 所示的自定义窗体。

操作步骤如下:

①在数据库窗口中,单击“窗体”选项。

②双击“使用设计视图建立窗体”选项,得到一个如图 6.15 所示的窗体设计窗口。

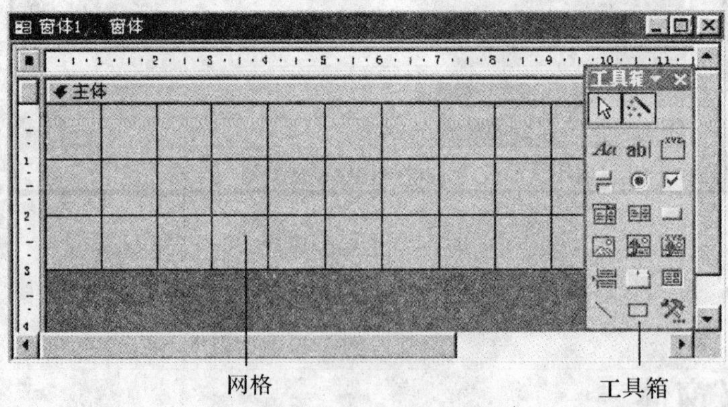

图 6.15 窗体的“设计”窗口

③默认的设计窗口是窗体的主体,可以单击“视图”→“页面页眉/页脚”→“窗体页眉/页脚”选项,显示窗体的页眉和页脚。

④调整网格区域,窗体网格的区域默认大小是 2 英寸高、5 英寸宽,可以将鼠标指针放到网格的外边框上,将边框拖动到新的位置,释放鼠标。

⑤关闭窗体设计视图并保存，命名为“查找产品窗体”。

6.3.2　使用工具箱

控件就是位于工具箱中显示的各种工具，如标签、文本框等，用来决定数据在窗体中的显示方式。窗体的设计，就是在窗体上画出各种需要的控件，并设置其显示的数据。

在图 6.15 窗口中出现了一个窗体设计工具箱，通过它可以在网格上设置各种对象，例如文本框、标签、命令按钮或其他控件等，可以在窗体上使用的这些控件，称为控件对象。

【例 6-3】 工具箱的使用。

本节继续 6.3.1 小节的例 6-2。

通过单击工具栏上的工具箱按钮，或者单击“视图”→“工具箱”，可以显示或隐藏控件工具箱。

表 6.1 中列出了 20 种不同工具。

表 6.1　工具箱选项

工　具	图标	说　　明
选择对象		形似箭头，用来选择窗体上已有的控件
控件向导		当选中时，Access 使用向导帮助用户在窗体上创建控件
标签		在窗体上显示文本，例如标题等
文本框		用来输入或显示某个已有的值，例如字段内容
选项组		将切换按钮、选项按钮和复选框放置到一个组中
切换按钮		一个开关按钮，选中时被当作真值
选项按钮		单项选择按钮，呈环形，选中时环形内被填充
复选框		多项选择，选中时方框内出现一个小对勾
组合框		由一个列表框和一个文本框组成（文本框在上面）
列表框		包含一系列用户可选值的框
命令按钮		用来运行宏或者 Access VBA 模块
图象		在窗体中插入图象
未绑定对象框		链接并显示图片、图表或其他 OLE 对象（但并不保存在数据表或查询中）
绑定对象框		与未绑定对象框类似，但这类对象保存在数据表或查询中
分页符		将一个窗体分作两屏显示
选项卡控件		用来在表中增加选项卡
子窗体/子报表		在现有的窗体或报表中增加新的窗体或报表
直线		在窗体上画一条直线
矩形		在窗体上增加一个矩形或方框
其他控件		允许用户在工具箱中加入另外的控件

在图 6.14 所示的窗体中，有一个文本框用来输入产品 ID，另一个命令按钮用于实现查询。

1. 添加文本框

①单击工具箱的文本框abl图标，并在网格上单击，确定文本框的位置。

②如果单击“控件向导”，会出现文本框向导对话框（图 6.16），可以设置字体、字号、特殊效果等；否则会在窗体上直接出现一个文本框和一个标签（图 6.17）。

③单击“下一步”按钮，设置输入法选项。

④单击“下一步”按钮，输入文本框的名字，输入 txtInput，作为文本框的名字。

⑤单击“完成”按钮，在窗体上出现一个文本框和一个标签（图 6.17）。

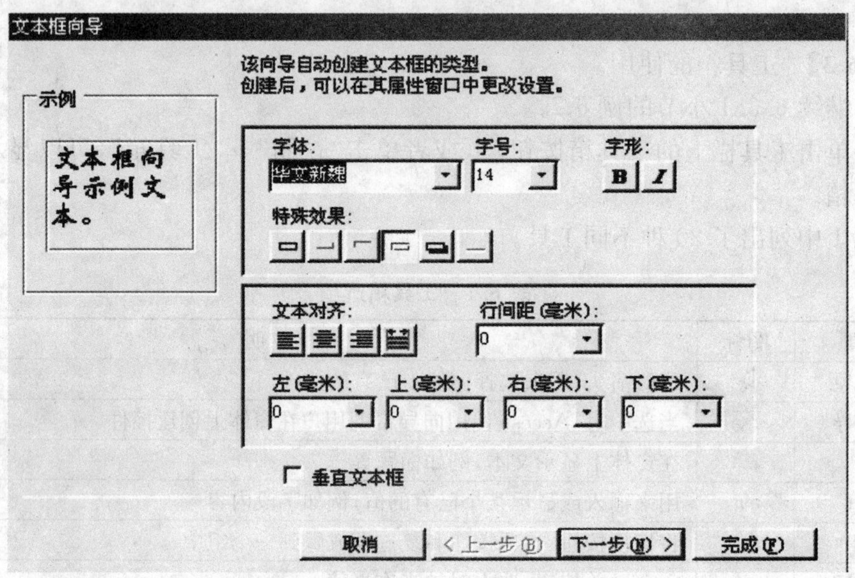

图 6.16 文本框设计向导

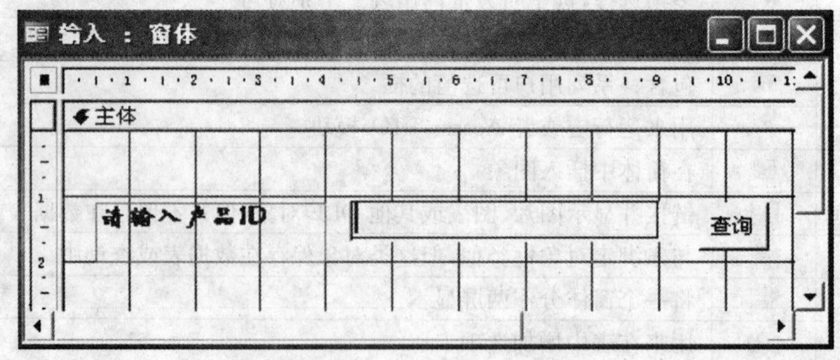

图 6.17 文本框设计示例

⑥单击标签，输入“请输入产品 ID”。

利用工具栏设置字体、颜色、大小等格式。

2. 加入命令按钮

①单击工具箱的控件向导，再单击命令按钮，如果使用默认大小的按钮，在网格上单击。

②按住鼠标左键拖动鼠标，可以控制按钮的大小，达到满意的大小时，释放鼠标，出现图6.18所示对话框。

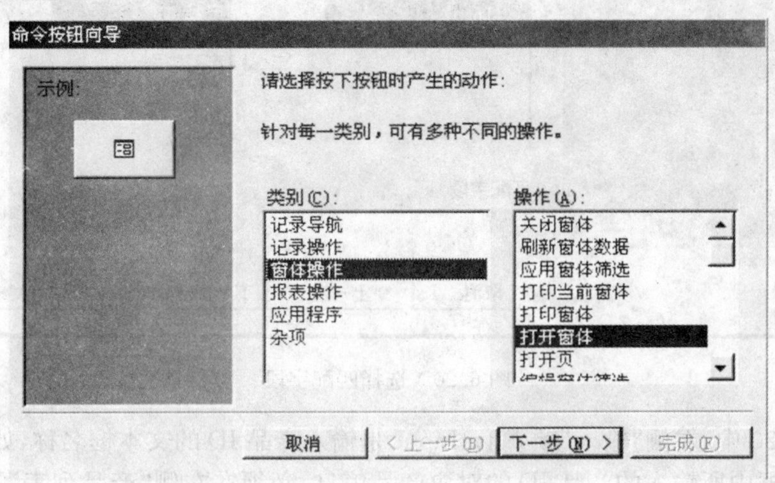

图6.18　命令按钮设计示例

③设置按钮要实现的动作，本例希望打开一个窗体"产品列表"，单击"类别"项中的"窗体操作"，单击"操作"项中的"打开窗体"，单击"下一步"按钮。

④在出现的对话框中，选择要打开窗体的名称，例如，选择"所有产品"窗体，单击"下一步"按钮。

⑤选择第一项(图6.19)。如果单击第一项，可以显示要查找的特定产品，如果单击第二项，则显示所有产品记录。

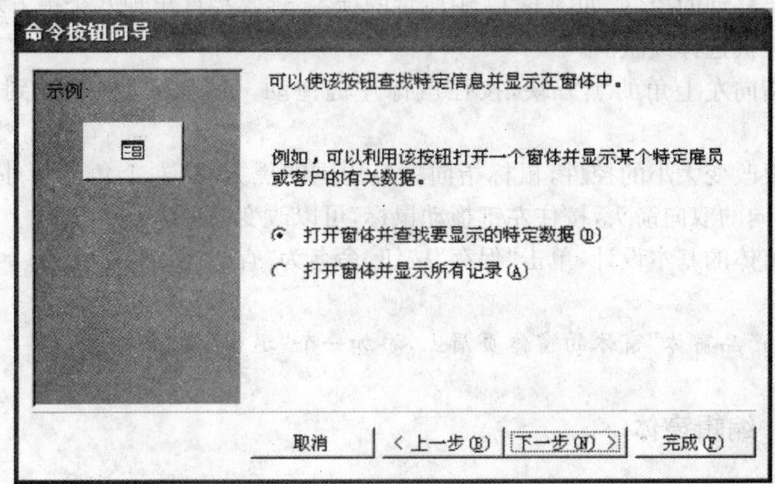

图6.19　选择特定的数据

⑥单击“下一步”按钮，出现图 6.20 所示对话框。

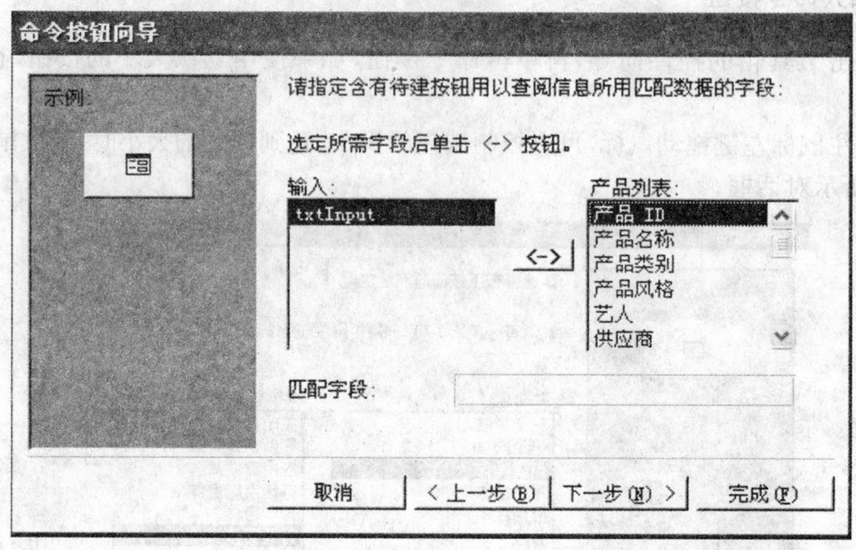

图 6.20 选择匹配字段

在图 6.20 中，左侧“输入”项下 txtInput 是输入产品 ID 的文本框名称，如果想查找到在这个文本框中所输入的产品 ID 的对应产品信息，必须在右侧“产品列表”下选择“产品 ID”，以匹配条件。

⑦在窗体左侧，单击“txtInput”，在右侧，单击“产品 ID”，并单击“<->”按钮，单击“下一步”按钮。

⑧选择按钮显示的形式，选择文本，单击“下一步”按钮。

⑨修改按钮的名称，如输入 cmdSearch，单击“完成”按钮。

3. 移动或改变控件大小

①单击要移动的控件，如图 6.17 中所示的标签，标签控件出现八个黑方块（被称为句柄），表示已经被选择或激活。

②鼠标指向左上角的黑方块，按住鼠标左键拖动，可以将标签移动到窗体的其他位置。

③单击要改变大小的控件，鼠标指向标签周围的黑方块（左上角的除外），会出现水平、垂直或斜向的双向箭头，按住左键拖动鼠标，可以改变控件大小。

④完成窗体的基本设计，单击“保存”按钮，命名为“查找产品窗体”。

练习 6.2

在“查找产品窗体”窗体的窗体页眉上，添加一个“退出”按钮。

6.3.3 编辑窗体

设计过程中，经常遇到的问题是窗体和控件需要调整，调整的过程就是对窗体的编辑。常见的调整是窗体的属性，如读写控制、显示模式等。对控件的编辑基本也定位于属性上，如对显示、事件等的编辑。

【例 6-4】 修改窗体以及控件的属性。

继续例 6-2，编辑修改窗体以及控件。进入设计视图方法是：在数据库窗口，单击该窗体名称，再单击“设计”按钮。

1. 设置窗体的属性

Access 用属性描述对象的外观、数据来源等，也通过属性设置描述如何对对象进行操作。

(1)数据源属性

数据源是窗体信息的来源，通常在创建窗体时要指定数据来源，可以利用属性更改或添加数据源。操作步骤如下：

①在设计视图中，右击窗体的标题栏，在弹出的快捷菜单中，单击“属性”选项，或者双击窗体水平标尺左边的灰色小方框，弹出窗体属性对话框(图 6.21)。

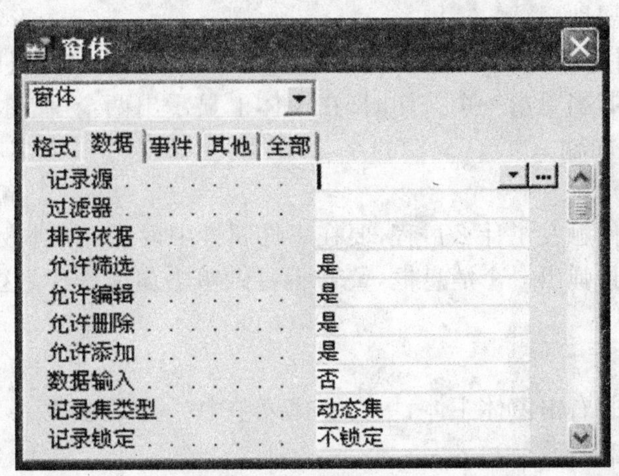

图 6.21 窗体的“属性”框

②单击“数据”选项卡或“全部”选项卡。查看“记录源”选项，如果属性框中不为空，表示创建的窗体已经有了数据源，可以跳过这一步。

③如果更改或添加数据源，单击“记录源”列表框右侧下拉按钮，在出现的列表中包括数据库现有的数据表和查询。在本例中，窗体不需要数据源，所以不用选择。

(2)数据输入属性

数据输入属性取值“是”或“否”。如果窗体的数据源是表，而且文本框控件是与表绑定的，若选择“是”，在窗体打开后，显示空记录；若选择“否”，打开窗体后，显示已有的记录。设置方法与数据源设置类似，不再写出步骤。

(3)数据集类型属性

数据集类型共有三个取值。

- 动态集。只允许编辑单个数据表或者一对一关系的多个表的组合控件。

● 动态集(不一致地更新)。基于所有类型关系表中字段的组合控件,允许编辑。

● 快照。不允许编辑所绑定的表以及结合到其他字段的控件。

(4)记录锁定属性

这个属性可以保证表的数据记录安全、完整,不被随意修改。例如,对于一个查询窗体,应当设定为在查看记录时不能修改记录。记录锁定也是三个取值。

● 不锁定。允许在本窗体编辑记录的同时,其他使用者也可以编辑或读取这个记录,是开放式的设置,对记录不加锁。

● 所有记录。在打开窗体后,窗体所使用的表以及查询一律被加锁,只能读取记录,不能修改,这样做避免了其他使用者随意修改表的严重后果。

● 已编辑的记录。不允许当前窗体中编辑的记录被其他用户编辑修改。

(5)允许添加、允许编辑、允许删除属性

● 如果要阻止向表(数据源)添加新记录,就将属性"允许添加"设置为"否"。

● 如果要阻止编辑,就将"允许编辑"属性设置为"否"。

● 如果要阻止删除记录,就将"允许删除"属性设置为"否"。

(6)有关事件的属性

事件是指当控件被单击、双击或者内容发生变化等动作,一个事件可以触发一系列的其他动作过程。例如,当单击一个按钮时,在窗体上显示出两个字"你好";当一个文本框中的内容被修改后,如输入了一个新的字符串,则会触发另一个文本框的内容也发生变化。

单击、双击等事件触发了什么过程,要在事件属性中设置。在本例中,设置一个事件:在单击窗体的主体时,弹出一个消息框,警告不要做单击窗体操作,这个单击窗体操作是触发事件。

操作步骤如下:

切换到设计视图,右击窗体主体,单击快捷菜单中"属性"选项。

①单击"事件"选项卡。

②单击"单击"属性右侧…按钮,单击"宏生成器",单击"是"按钮。

③进入宏的设计,保存宏,命名为 TEST。

④在操作列的第一行中,单击列表框右侧下拉按钮,在出现的列表中,单击MsgBox。

⑤在宏窗口操作参数中,在"消息"项右侧写入"请不要单击窗体空白处!"

提示:在"类型"项中,选择"警告!";在"标题"项中写入宏的标题。

⑥单击宏的"关闭"按钮。

⑦单击"关闭"按钮,关闭"属性"对话框。

注意:关于宏的内容将在第 8 章详细介绍。对于其他窗体控件,事件属性的设置方法是相同的。

(7)窗体的其他属性

在属性中,还可以设置窗体在显示时是否使用滚动条、记录选择器、最大化、最小化等。在编辑窗体时,Access 自动设置其中的某些属性。

本例中,改变窗体的其他属性,更改窗体显示属性的步骤如下:

①切换到设计视图。

②双击窗体窗口顶端水平标尺左边的灰色小方框，弹出“属性”对话框。

③单击“格式”选项卡，选择“记录选择器”为“否”；选择“导航按钮”为“否”。

④关闭“属性”对话框。

说明：注意属性对话框的标题栏显示，以免对象错误。

2. 设置窗体中控件的属性

最常见的属性是控件的高度、宽度、位置、颜色和字体等。不同控件的属性是不一样的，属性的数目并不重要，关键在于如何使用属性。

本例中，以文本框为例，说明如何设置控件的属性。

(1)切换到设计视图。

(2)右击文本框 txtInput，单击快捷菜单的“属性”项。

(3)单击“数据”选项卡(图 6.22)。

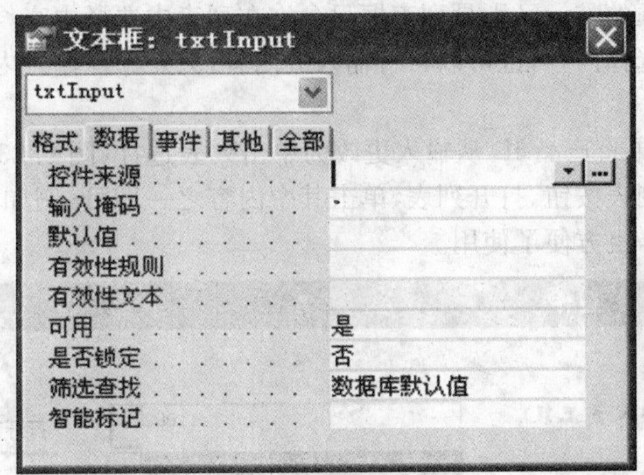

图 6.22 数据属性

- 设置数据源(来自窗体数据源一个字段)，单击“控件来源”右侧的下拉列表按钮，单击选择数据源。(例中没有选择窗体的数据源，所以在此没有字段可选)
- 如果是日期、文本类型，需要设置输入的掩码，例如电话的掩码可以设置为0000.0000。
- 设置有效性规则，例如，设置>=1000，这样就限制了在文本框中输入的内容。
- 有效性文本是在输入过程中违背了规则时系统给出的提示，可以不写，使用系统默认的提示。
- 设置是否锁定，如果选择“是”，那么文本框在窗体运行时不接受输入的内容。

(4)设置格式属性

单击“格式”选项卡，可以设置文本框的边线形式、颜色、字体、文字大小等。

(5)事件属性

事件属性的设置与窗体事件的设置相同，最重要的是要准确设置触发事件的动作。

操作步骤如下：

①单击“事件”选项卡，设置事件属性。

②关闭“属性”对话框。

说明：控件的其他属性与窗体的很相似，不再赘述。

6.3.4 其他基本类型对象

在创建和修改窗体时，都需要使用各种控件，控件操作也是后面程序设计的一个重点。在工具箱中，除了最基本的文本框(Text Box)、标签(Label)外，还有许多用于控制、显示数据的控件，如列表框、命令按钮、单选项与复选框等。

1. 列表框和组合框

在窗体中，使用组合框和列表框可以使输入数据更容易、更方便、更准确。

列表框和组合框的唯一区别是列表框只允许在列表中选择内容，不允许键盘输入；组合框允许从列表中选择内容，也可以自行输入的内容，只要保证输入内容是下拉列表中的内容即可。

在例 6-2 中，如果将产品 ID 从输入更改为单击列表选择(图 6.23)，使用时只要单击组合框右侧的下拉列表按钮，打开列表，单击其中内容之一即可，例如 11002，不必自行输入，减少了输入错误，也方便了使用。

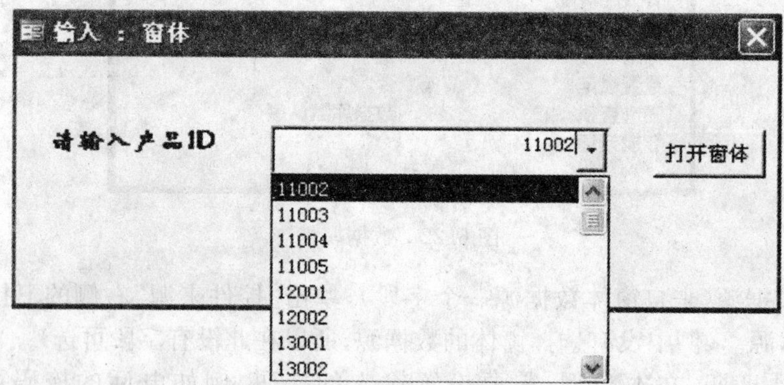

图 6.23 使用组合框/文本框的窗体

【例 6-5】 使用组合框。

(1)建立“产品 ID”组合框的方法

①单击“设计”按钮，将窗体切换到设计视图。

②单击工具栏中的组合框按钮，在窗体网格上合适位置上单击，出现组合框向导窗口(图 6.24)。

注意：图 6.24 中第一选项为在已存在的表或查询结果中读取数据到列表中。第二选项为自行输入列表中的值，例如“男”和“女”，这个选择适用于内容较少的列表。

③单击第一选项，单击“下一步”按钮。

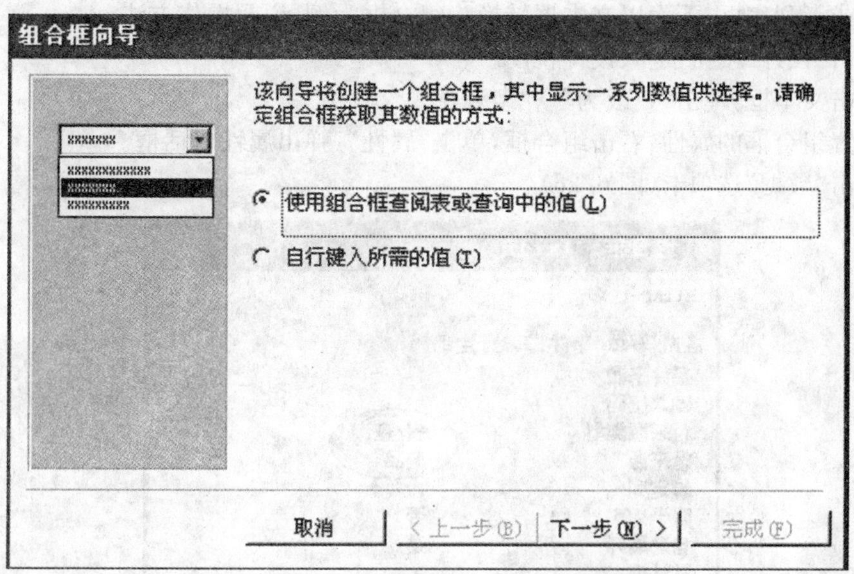

图 6.24　组合框/文本框的向导

④选择“产品”表，单击“下一步”按钮。

⑤单击可用字段“产品 ID”，单击“>”按钮，单击“下一步”按钮。

⑥列表中出现“产品”表中产品 ID 字段的所有内容(图 6.25)，单击“完成”按钮。

⑦关闭“属性”对话框，切换到窗体视图就可观察到效果。

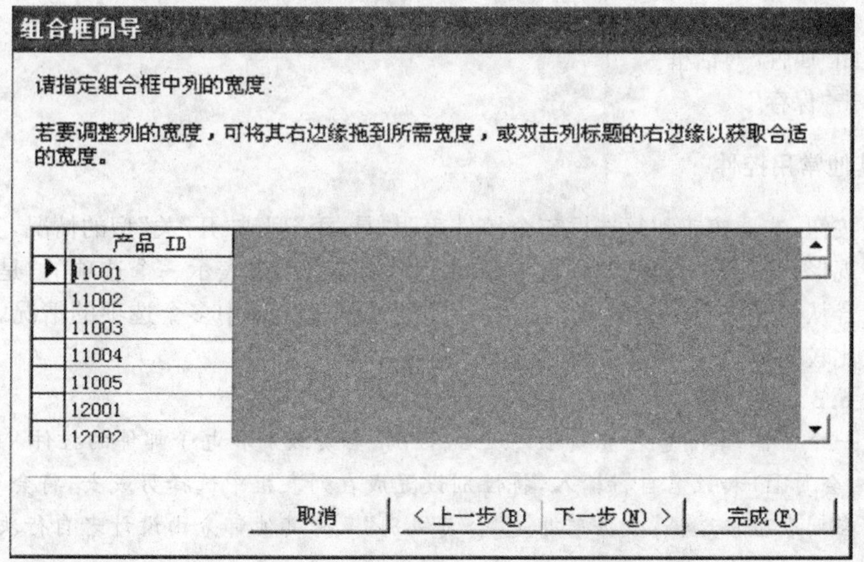

图 6.25　组合框(产品 ID 列表)向导

如果不使用向导，可以在步骤②中单击“完成”按钮，自行设计组合框。

(2)将文本框转化为组合框

Access 软件还提供了将现有控件转化为其他类型控件的功能，例如可将文本框转换为组合框或者列表框，下面以文本框转换为组合框为例，说明操作方法。

①单击“设计”按钮，进入设计视图。

②右击文本框，单击“更改为”→“组合框”。

③设置组合框的属性，右击组合框，单击“属性”，弹出属性对话框。

④单击“数据”选项卡(图 6.26)。

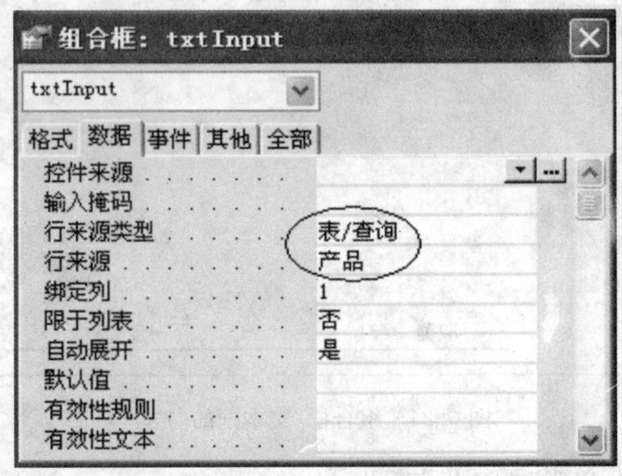

图 6.26 设置组合框的属性

⑤单击“行来源类型”右侧输入框，选择“表/查询”。

⑥单击“行来源”右侧输入框，在出现的列表框中选择“产品”表，注意被椭圆圈住的部分。

⑦关闭“属性”对话框。

⑧单击“保存”。

2. 其他常用控件

开关按钮、选项按钮和复选框三个控件表明“是/否”型或“开/关”型的情况，实际差别在于其表现形式不同，作用的效果也不相同。开关按钮用来表示一个选项的“是/否”，选项按钮适合从多个选项中选中一个的情况，而复选框适合选中多个选项的情况。这三个控件相对比较简单，不再做详细表述。

练习 6.3

设计一个窗体，其中包括会员 ID、姓名、性别、会员级别和电子邮件的控件。

要求：会员 ID 和姓名自行输入，将性别设置成在列表框中选择男或女，将会员级别输入设置为在列表框中选择，数据来源是“会员级别”表。其他部分由设计者自行决定。

6.3.5 保存窗体

建立或修改窗体后，需要保存窗体，窗体是数据库的一个部分。如果使用向导建立窗体，在关闭窗体设计窗口时，Access 会自动提示进行窗体保存和命名。如果使用设计视图建立窗体，在关闭窗体时，Access 将询问是否保存所做的修改，单击"是"按钮。如果本次是编辑操作，Access 将以原来窗体的名称保存修改过的窗体，如果是新建窗体，则需要写入窗体名，单击"确定"按钮或者按回车键。

注意：窗体是数据库的一部分，不被单独保存在另一个文件中，但是可以将窗体中的数据导出到一个文件中。通过在"数据库"窗口中单击"窗体"对象可以查看数据库中的所有窗体。

6.3.6　自定义窗体举例

为了进一步掌握自定义窗体的方法，再举一例，说明命令交互式窗体的建立方法。

【例 6-6】　以图 6.7 为参考，建立示例数据库的启动窗体或切换面板。

分析：

第一，启动这个窗体后，单击不同的按钮实现不同的功能，分别打开窗体"产品"、"销售汇总"、"供应商"和"会员"，另外还有"打印报表"按钮和"关闭窗体"按钮。原来创建的窗体都是一个个独立的窗体，需要将这些窗体集成在一个主窗体中供用户选择和切换，这个主窗体就被称为切换窗体。切换面板可以用来管理现有的窗体，使各窗体组成一个应用系统。

第二，这个窗体没有数据源。

第三，需要一张图。

第四，需要美化窗体。

总之，把图放在合适位置，并将每个按钮与具体的功能连接起来，再美化一下窗体，就完成任务了。

操作步骤如下：

①双击"在设计视图中创建窗体"，进入设计视图。

②将网格区域放大，添加"窗体页眉和页脚"，调整页眉高度，将页脚隐藏(图6.27)。

③单击工具箱中的 Aa，在窗体页眉中，按住左键拖动，添加一个标签，输入内容"BOBO音像店管理系统"，修改字体和字号以及颜色(图 6.28)。

④单击工具箱中的，在窗体的主体中，按住左键拖动一个矩形框，在出现的对话框中选择图片，调整图片大小、增加外框线(图 6.29)。

⑤单击工具箱中的，在窗体的主体中，按住左键拖动一个矩形框，在出现的对话框中选择类别"窗体操作"，选择操作"打开窗体"，单击"下一步"，选择"产品"，单击"下一步"(图 6.30)。

⑥单击"文本"，输入"产品"，单击"完成"(图 6.31)。

⑦右击"产品"按钮，单击"属性"，调整字体和大小(图 6.32)。

"销售汇总"、"供应商"和"会员"的按钮与"产品"按钮的做法雷同，不同点是打开的窗体不同，只要选择正确即可。

⑧以相同方法完成其余 3 个按钮的设计(图 6.33)。

⑨单击工具箱中的，在窗体的主体中，按住左键拖动一个矩形框，在出现的对话框

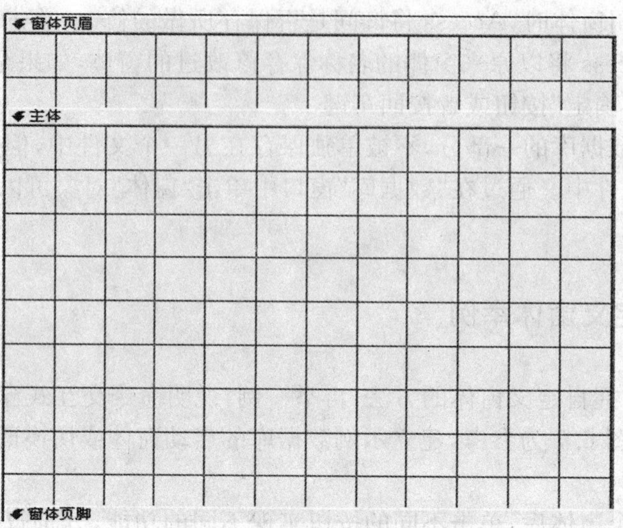

图 6.27 设计视图网格

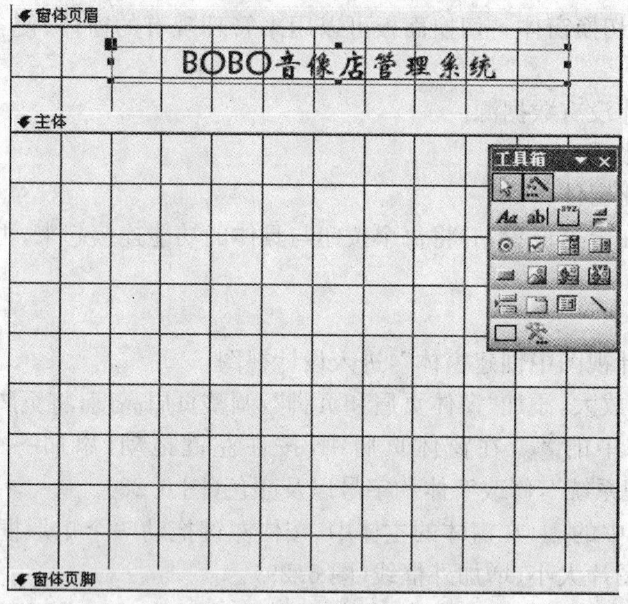

图 6.28 窗体标题

框中选择类别“窗体操作”，选择操作“打开窗体”，单击“下一步”，选择“打印报表”，单击“下一步”，调整按钮的属性。

⑩单击工具箱中的▬，在窗体的主体中，按住左键拖动一个矩形框，在出现的对话框中选择类别“窗体操作”，选择操作“关闭窗体”，不再叙述其他步骤。

⑪调整窗体属性，将“记录选择器”、“导航按钮”设置为“否”，将滚动条隐藏，效果见图 6.34。

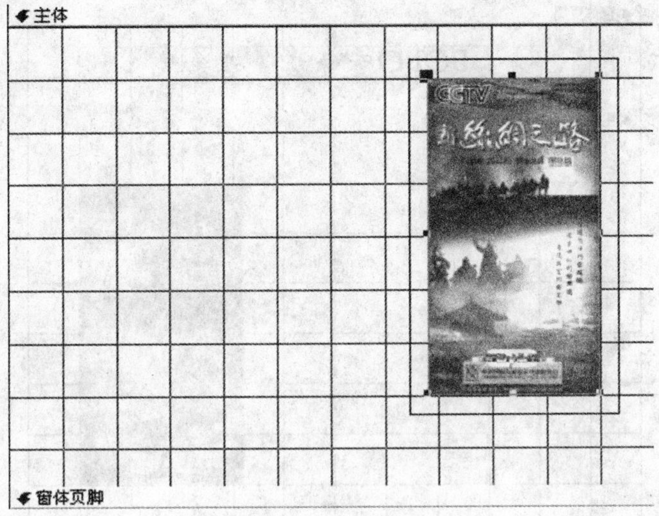

图 6.29　增加图片

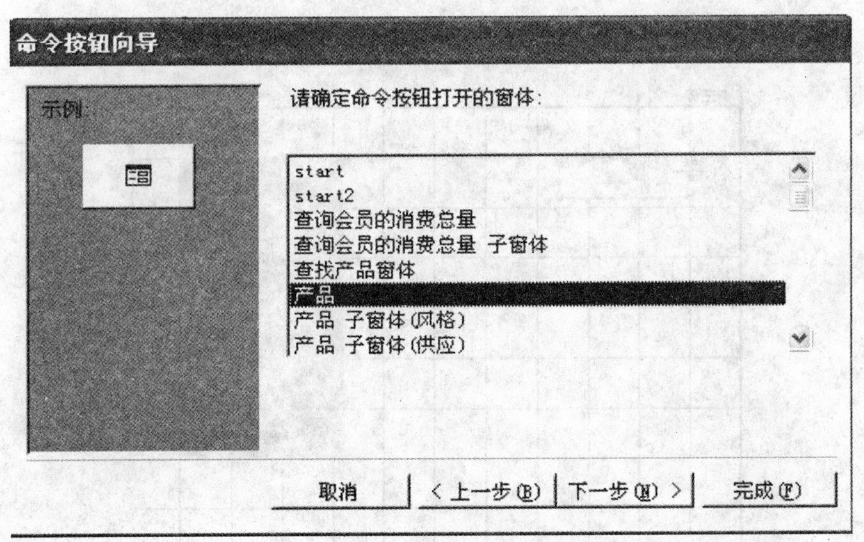

图 6.30　添加按钮——打开窗体

练习 6.4

建立供应商信息录入的窗体,命名为“供应商信息输入”。

6.4　子窗体

在一个窗体中同时显示供应商的基本信息和产品信息是一个很实际的问题。

供应商表与产品表之间是一对多的关系,所以将供应商表和产品表的信息简单地放

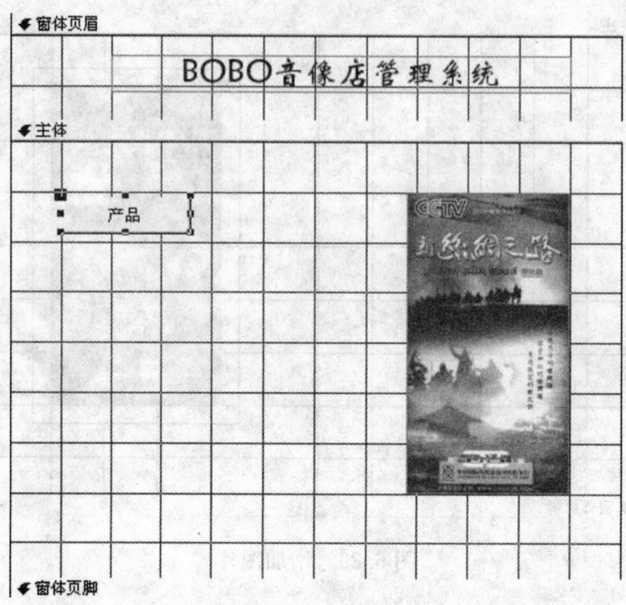

图 6.31　设计视图——按钮

图 6.32　设置按钮的属性

置在一个窗体中是不可行的，但是可以在主窗体中建立子窗体，放置相关的信息。在图 6.35 中，主窗体显示供应商的信息，子窗体中显示产品 ID、名称和单价等信息，注意观察子窗体的内容。

注意：在建立子窗体前，检查表之间的正确关系是否已经建立，图 6.36 显示了表之间的关系，没有合理的关系，建立相关信息的子窗体是不可能的。

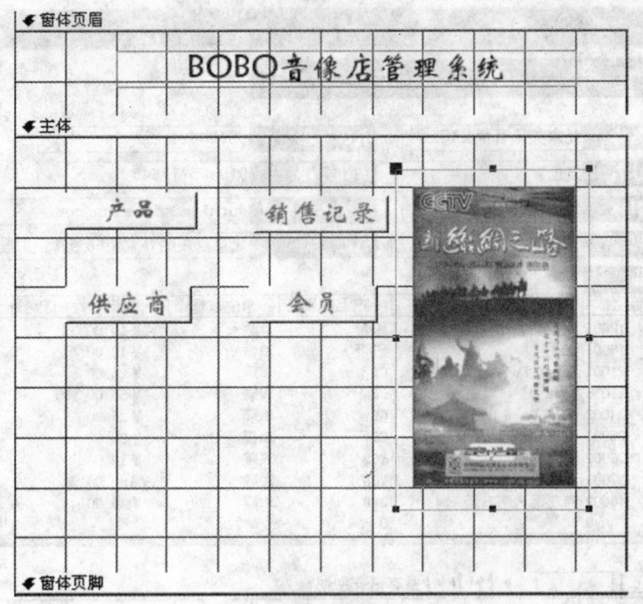

图 6.33　完成四个按钮的设计

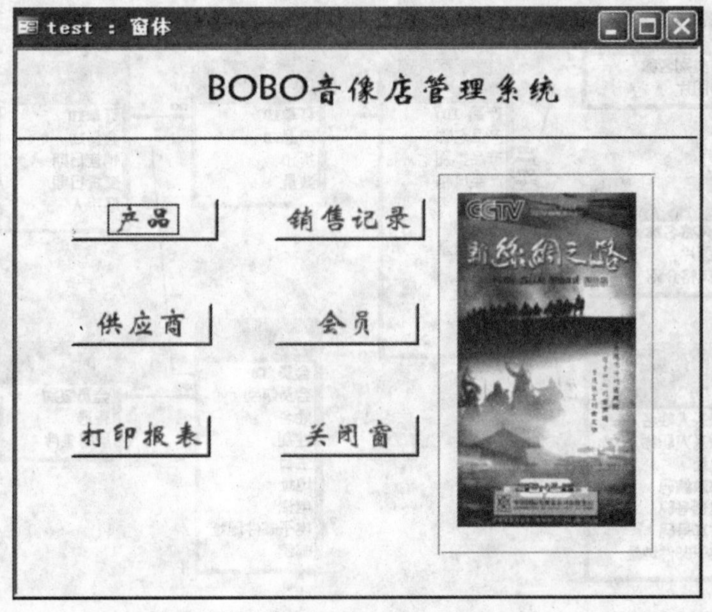

图 6.34　设计效果——切换面板窗体

6.4.1　利用向导建立子窗体

利用向导可以很方便地建立带子窗体的窗体，但需要注意的是要选择多数据源，分别对应主窗体和子窗体。其他的操作按向导提示操作即可。

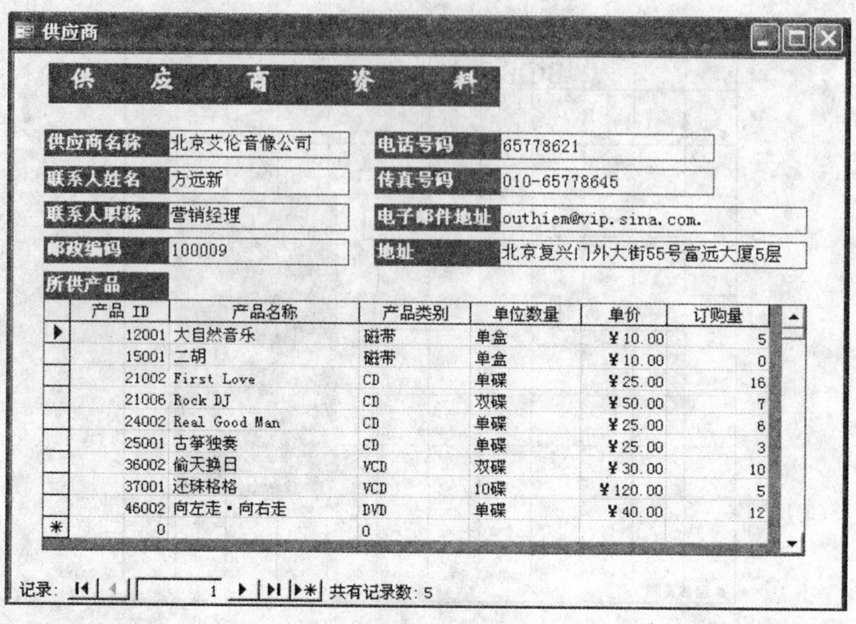

图 6.35　包含子窗体的窗体

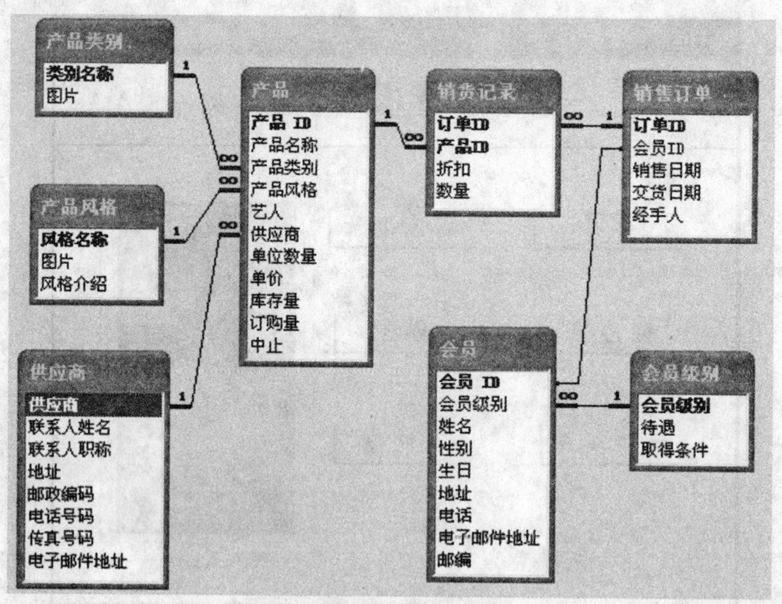

图 6.36　关系图

【例 6-7】 以图 6.35 为例，建立带有子窗体的窗体。

操作步骤如下：

①双击进入窗体向导，单击“表/查询”项下的下拉列表按钮，选择“供应商”表，单击“>>”按钮，也可以选择其中的字段，不再重复方法。

②选择“产品”表，选择某些字段或全部字段，本次选择全部字段，单击“>>”，单击“下

一步"按钮(图6.37)。

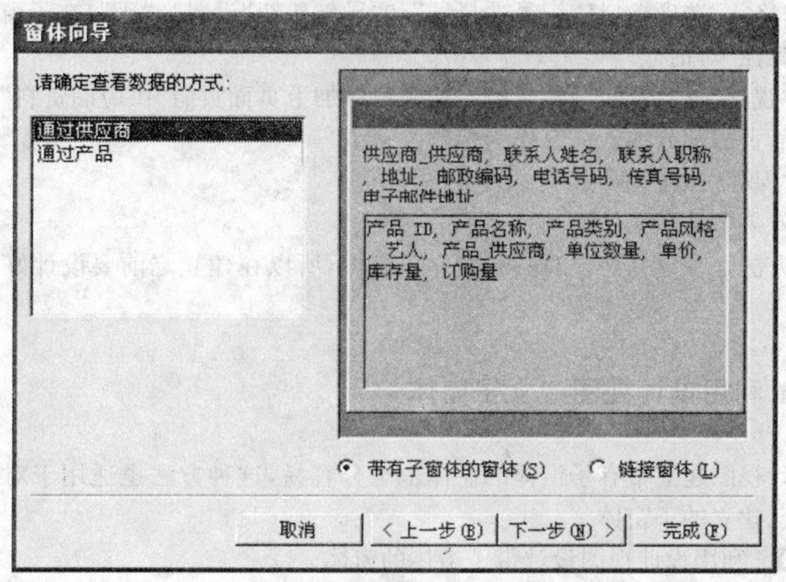

图6.37 窗体向导

③选择"通过供应商",表示主窗体显示"供应商"表的内容,子窗体显示"产品"表内容,单击"带有子窗体的窗体",表示在子窗体中显示该供应商的产品。如果选择"通过产品",表示主窗体显示"产品"表内容,单击"带有子窗体的窗体",在子窗体显示该产品的供应商。

④单击"下一步"按钮,选择子窗体布局形式,默认设置是数据表,单击"下一步"按钮。

⑤单击样式,单击"下一步"按钮。

⑥单击"完成"按钮(图6.38)。这个窗体还不够完美,需要做进一步调整。

图6.38 带子窗体的窗体

⑦切换到设计视图。

⑧右击子窗体，单击“属性”。

⑨单击“格式”选项卡，将“记录选择器”和“导航按钮”设置为“否”，在子窗体中不需要它们，关闭“属性”对话框。

⑩单击“视图”→“页面页眉/页脚”，给主窗体加上页面页眉“供应商资料”。

⑪在页面页眉部分加入标签作为标题。

⑫单击“保存”按钮。

最后的效果参见图 6.35。

向导的方法是在建立窗体时一并建立子窗体，所以在建立之前要设计好使用的表和窗体布局。

6.4.2 利用设计视图建立子窗体

使用设计视图建立带有子窗体的窗体也十分容易，这种方法也适用于对窗体增加子窗体或修改已建立的子窗体。

【例 6-8】 利用设计视图设计带子窗体的窗体。

首先建立主窗体，其中包含供应商的基本信息，再利用设计视图增加子窗体，以显示产品信息。

操作步骤如下：

①切换到窗体的设计视图模式下，显示工具箱。

②单击“子窗体”按钮，鼠标移动到设计网格，按住左键拖动，释放鼠标，出现 6.39 所示对话框。

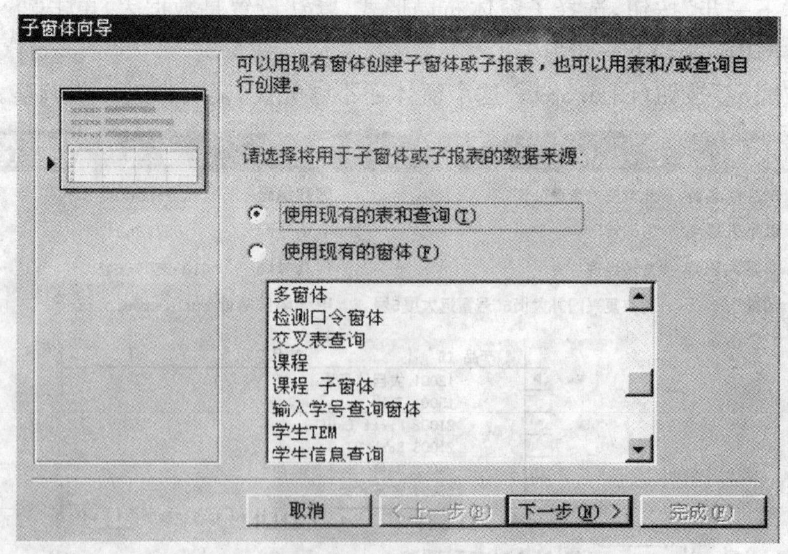

图 6.39 子窗体向导

③选择“使用现有的表或查询”，选择表或已建立的查询的信息作为子窗体的信息来源，也可以选择“使用现有窗体”，选择已存在的窗体将被作为子窗体的来源。

④单击“下一步”按钮。在本例中选择“产品”作为记录源，出现“子窗体向导”对话框（图6.40）。

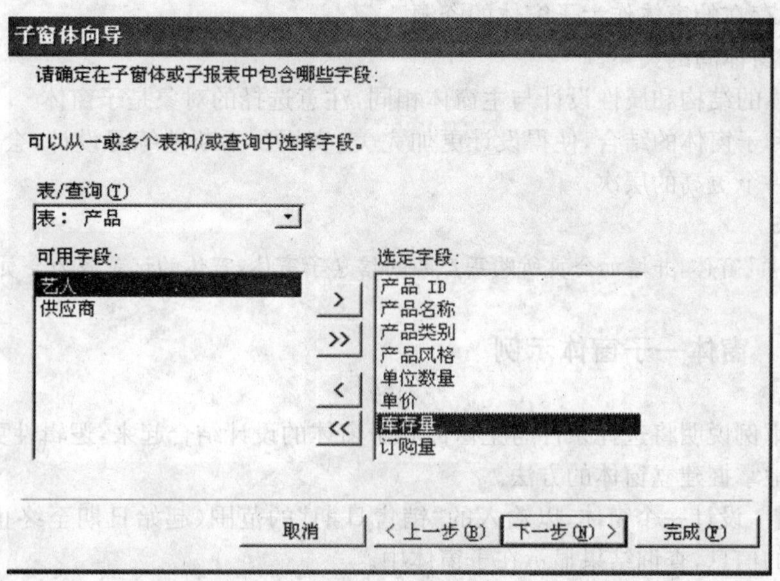

图6.40　选择表/查询

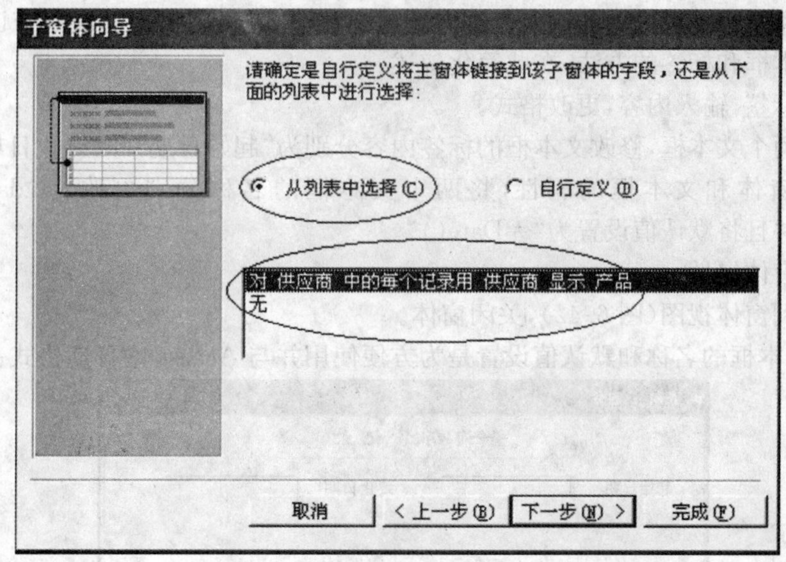

图6.41　子窗体向导

⑤选择字段，单击“>”，单击“下一步”按钮（图6.41），注意被圈住的部分，表示主窗体和子窗体是使用“供应商”连接的，形成了一对多的关系。

⑥单击“下一步”按钮，命名子窗体，例如，输入“供应商产品信息”，单击“下一步”按钮。

⑦单击“完成”按钮。

注意：

①利用设计视图建立子窗体，其要点是使用工具栏中的“子窗体”来生成子窗体，利用表、查询或已存在的窗体作为子窗体的资源。

②主/子窗体间的关系。

③子窗体的结构和属性设计与主窗体相同，注意选择的对象是子窗体。

④窗体和子窗体的结合，使得设计更加完美、实用。不断地练习设计，会将设计水平和技巧推向一个更高的层次。

练习 6.5

建立“会员”窗体，并增加会员所购买产品的信息子窗体，窗体的记录源为会员、销售记录。

6.4.3 窗体—子窗体示例

本小节举例说明将选择条件与主窗体和子窗体的设计结合起来，逻辑性更强，希望读者能更系统地掌握建立窗体的方法。

【例 6-9】 设计一个窗体，以输入的“销售日期”的范围（起始日期至终止日期）来查询销售产品的信息，查询结果显示在子窗体中。

1. 设计主窗体

将标题和销售日期范围的输入文本框放置在窗体页眉，因为在前面小节已经详细讲解了建立文本框和标签的方法，在此简化叙述。

①建立标签，输入内容，更改格式。

②建立两个文本框，修改文本框的标签内容分别为“起始日期”和“终止日期”。

③修改窗体和文本框的属性，将两个文本框的名称分别更改为“dateStart”和“dateEnd”，并且将默认值设置为“＝Date()”。

④修改窗体属性。

⑤切换到窗体视图（图 6.42），关闭窗体。

注意：文本框的名称和默认值设置是为方便使用并与 Access 的日期格式一致。

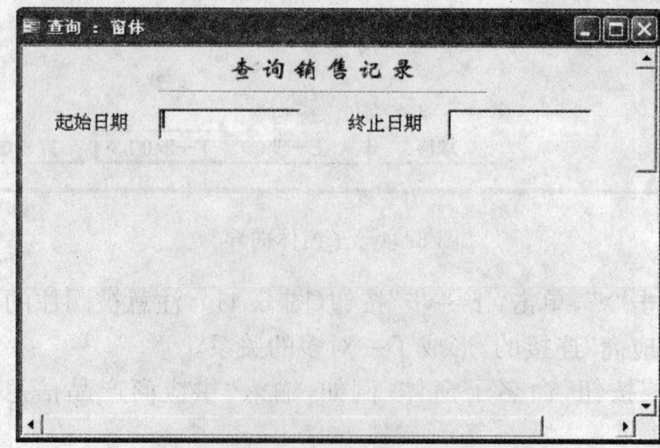

图 6.42 窗体示例

2. 设置子窗体

在窗体主体中设置一个子窗体，子窗体显示按输入起始日期和终止日期查询到的销货记录。

(1)建立按“销售日期”为条件的查询

①在数据库窗口单击“查询”，双击“使用向导创建查询”，在“表/查询”项下选择“销货记录”表，选择字段“产品 ID”，单击“>”。使用相同方法加入“会员 ID”、“单价”、“数量”、“销售日期”，单击“完成”按钮。

②将查询切换到设计视图，通过生成器将“销售日期”的条件设置为“<=[Forms]![查询]![dateEnd] And >=[Forms]![查询]![dateStart]”，单击“保存”按钮，将查询命名为“销售记录查询”，关闭查询。

(2)设计子窗体

①单击窗体名称，单击“设计”按钮。

②单击工具箱中“控件向导”按钮，再单击子窗体按钮，在主体网格中拖动鼠标。

③在出现的对话框中，单击“使用现有的表/查询”，单击“下一步”按钮。

④选择查询，单击“销售记录查询”，单击“下一步”按钮。

⑤命名子窗体，单击“完成”按钮。

⑥调整子窗体大小，设置子窗体属性，不使用记录按钮、导航器，使用水平滚动条，不允许编辑、修改、删除、录入。

⑦保存窗体。

切换到窗体视图，请参见图 6.43 所示的窗体。

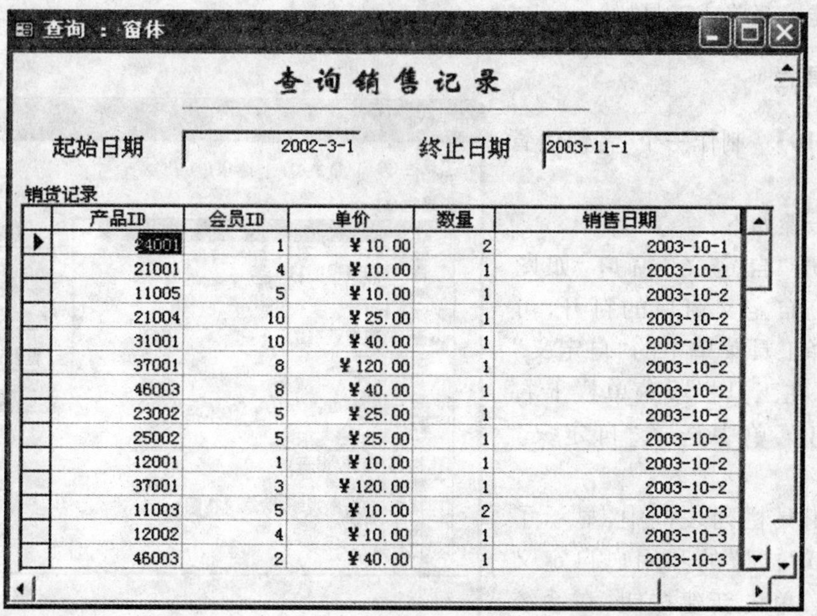

产品ID	会员ID	单价	数量	销售日期
24001	1	¥10.00	2	2003-10-1
21001	4	¥10.00	1	2003-10-1
11005	5	¥10.00	1	2003-10-2
21004	10	¥25.00	1	2003-10-2
31001	10	¥40.00	1	2003-10-2
37001	8	¥120.00	1	2003-10-2
46003	8	¥40.00	1	2003-10-2
23002	5	¥25.00	1	2003-10-2
25002	5	¥25.00	1	2003-10-2
12001	1	¥10.00	1	2003-10-2
37001	3	¥120.00	1	2003-10-2
11003	5	¥10.00	2	2003-10-3
12002	4	¥10.00	1	2003-10-3
46003	2	¥40.00	1	2003-10-3

图 6.43　窗体示例

注意：

①本例还有一个问题要在 VBA 部分解决，就是当输入的日期变化后，子窗体的内容要自动刷新。本章不作介绍。

②还可以在窗体页脚中加入计算和显示的内容。

使用窗体，使得数据库使用界面的设计多样、实用，可以根据自己的实际需求，设计具有不同作用的窗体。

6.5 定制用户界面

用户界面不仅需要从视觉上看起来美观，而且要求方便用户的操作。为了使创建的窗体更具有实用性，应用系统具有类似 Windows 的特性，还需对窗体作进一步的修饰，以及功能的扩充，如增加菜单、工具栏等。

6.5.1 菜单与工具栏

为了使设计的数据库更接近一个应用程序，还应在窗体中添加个性化的菜单、工具栏。不论使用菜单栏、弹出式菜单选择，还是使用工具栏中的按钮，它们都代表了一个操作命令，而这些命令既可以是 Access 内置命令，也可以是用户自定义的宏或程序代码。

设计一个菜单或工具栏需要三方面的内容：生成宏、函数或过程，制作菜单或工具栏，在窗体中挂接菜单或工具栏。

1. 工具栏

【例 6-10】 制作一个"音像店管理"工具栏。

操作步骤如下：

①打开"自定义"窗口，如图 6.44所示。自定义窗口的打开，可以通过选择工具菜单中的"自定义"命令，也可在工具栏或菜单栏上右击，从弹出菜单中选择"自定义"选项。

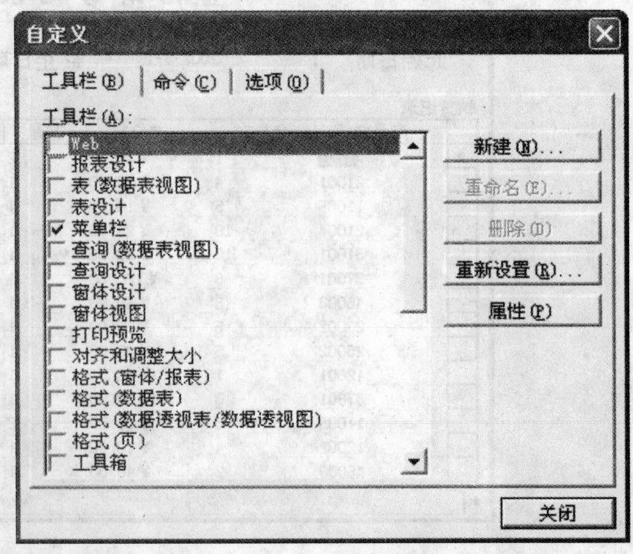

图 6.44 自定义对话框

②在工具栏列表框中，显示了 Access 2003 内置的和用户自定义的工具栏。单击新建按钮，在系统弹出的"新建工具栏"对话框中，输入所要创建的工具栏名称——音像

店管理。

③选中工具栏列表中新建的“音像店管理”，单击“属性”按钮，打开“工具栏属性”窗口，设置属性如图 6.45 所示。

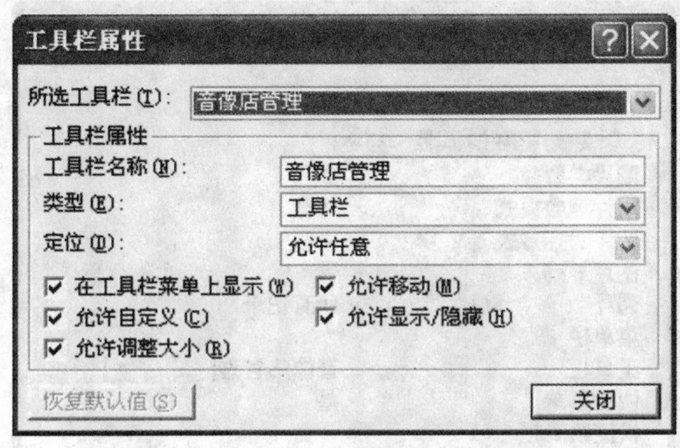

图 6.45　“工具栏属性”窗口

说明：

● 类型。用于指定工具栏、菜单栏、弹出式。

● 定位。允许任意、不能更改、无垂直和无水平，后两种表示工具栏只能放在视窗上下两边或左右两侧。

● 在工具栏菜单上显示。表示该工具栏是否显示在视图菜单的“工具栏”子菜单中。

④在自定义对话框(图 6.44)中，选择“命令”选项卡，在类别列表框中选择要加入到工具栏的项目，在命令列表中选择相应的命令，如图 6.46 所示。并把选中命令拖到所创建的工具栏中即可。制作好的工具栏，还需挂接到相应的窗体中。

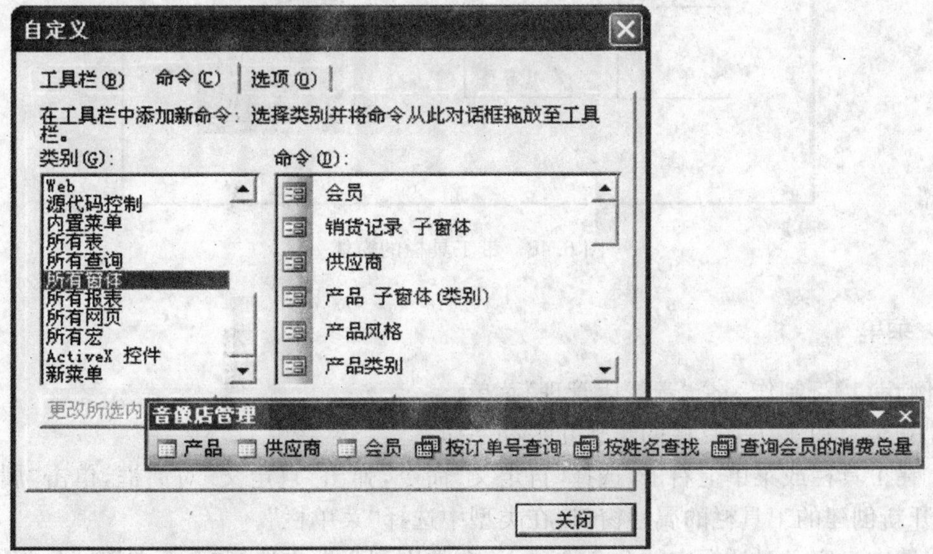

图 6.46　添加工具栏命令

⑤在设计视图中打开要挂接工具栏的窗体，并打开窗体属性窗口，在“全部”项的“工具栏”框中指定所要挂接工具栏(图 6.47)。重新打开窗体后，该窗体上就连接了添加的工具栏(图 6.48)。

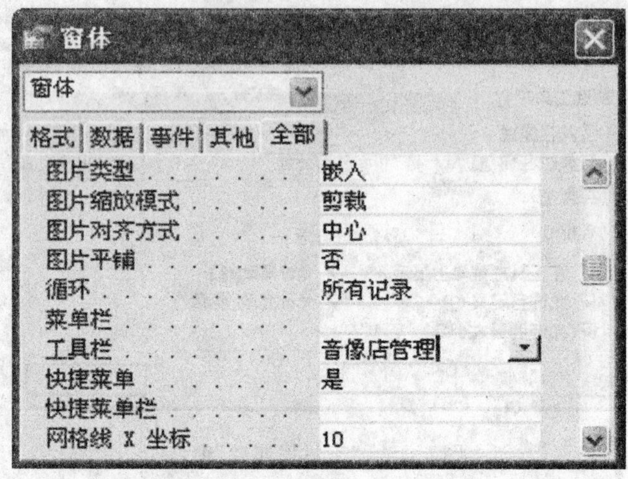

图 6.47 给窗体添加工具栏

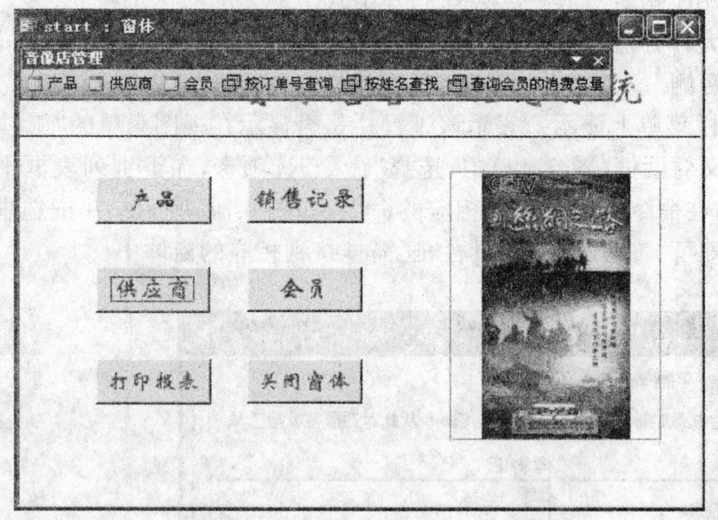

图 6.48 带工具栏的窗体

2. 菜单

【例 6-11】 制作一个“音像店管理”菜单。

建立菜单和建立工具栏的步骤几乎都一样。

①在工具栏或菜单上右击，选择“自定义”命令，弹出“自定义”对话框，单击“属性”按钮，打开新创建的工具栏的属性窗口，在类型中选择“菜单栏”。

②选中自定义对话框中的命令选项卡，在类别列表框中选择“新菜单”项目，将命令列

表的“新菜单”拖到所创建的菜单栏中，右击“新菜单”，将菜单名称更改为“窗体”。如图 6.49 所示。

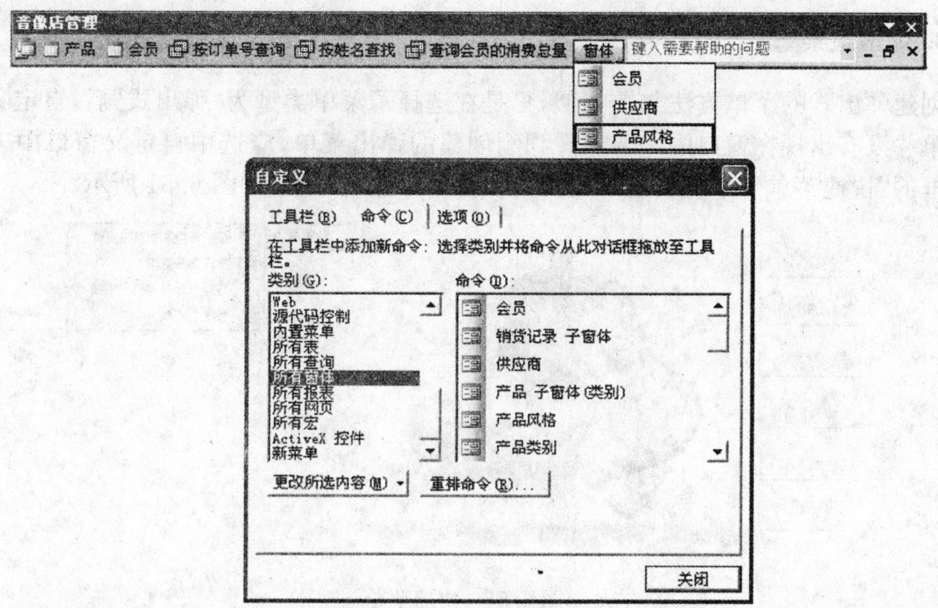

图 6.49　创建菜单栏

③要为子菜单加入命令，将自定义对话框中的相应命令拖到子菜单即可。如果需要将子菜单中的命令分成几个部分，可选中鼠标右键菜单中的“开始一组”，在相应子菜单命令前加一分隔线。如图 6.50 所示。

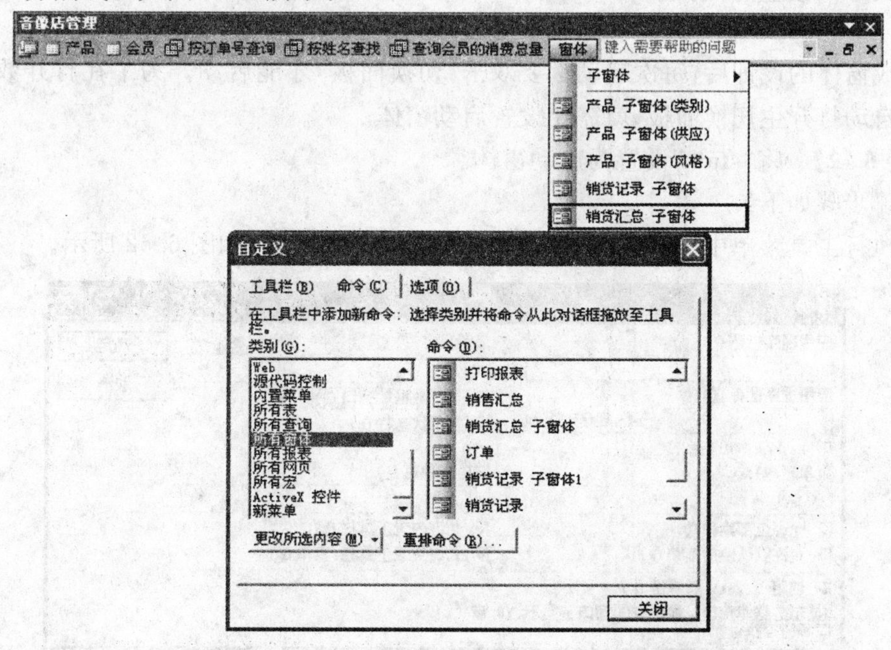

图 6.50　菜单

④把设置好的菜单栏连接到窗体上，即在窗体属性窗口中，把“菜单栏”的值设为自己创建的菜单栏，方法同工具栏。

3. 弹出式菜单

创建弹出式的菜单方法与前相似，只是在选择了菜单类型为“弹出式”后，自定义的弹出菜单并没有出现在窗口中。要想看到刚创建的弹出菜单，应选中自定义窗口中工具栏列表框的“快捷菜单”，系统会显示所有的快捷菜单选项，效果如图 6.51 所示。

图 6.51 快捷菜单

依照为菜单栏添加命令的方法，设置弹出式菜单的命令。若要在窗体上挂接弹出式菜单，应把窗体的“快捷菜单”属性设置为“是”，并在“快捷菜单栏”属性中指定所弹出的菜单。

6.5.2 设置启动窗体

完成窗体的设计后，每次启动都要双击“切换面板”才能启动。为了在打开数据库的时候能自动打开主切换面板，就需要设置启动窗体。

【例 6-12】 将“start”设置为启动窗体。

操作步骤如下：

①执行工具菜单中的“启动”命令，打开启动设置对话框，如图 6.52 所示。

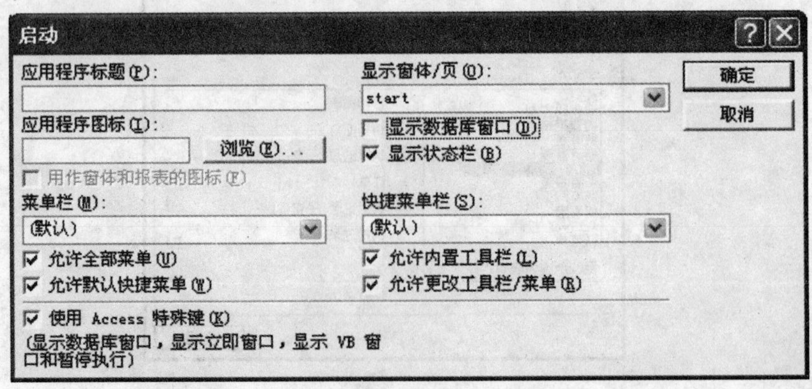

图 6.52 设置启动选项

②如果不想让他人看到数据库窗口，可以将“显示数据库窗口”的复选框取消，这样用户就只能看到切换面板。

③在启动设置对话框中，选择 start 为启动窗体，还可以设置应用程序标题和图标、菜单栏、快捷菜单栏等(图 6.52)。

思考题和习题

一、选择题

1. 窗体的数据源包括(　　)。

(A)报表　(B)数据库　(C)表　(D)宏

2. 有效性规则主要限制(　　)。

(A)数据的类型　(B)数据的格式

(C)数据库数据范围　(D)数据取值范围

3. 数据表式的窗体不显示(　　)。

(A)窗体页眉/页脚　(B)文本框内容

(C)列表框内容　(D)标签内容

4. 组合框的内容可以(　　)方式获取。

(A)值列表　(B)从外部导入　(C)自行键入　(D)都不正确

5. 只可显示数据，无法编辑数据的控件是(　　)。

(A)文本框　(B)标签　(C)组合框　(D)选项组

6. 工具箱中的▦按钮，用于创建(　　)控件。

(A)组合框　B)文本框　(C)列表框　(D)复选框

二、填空题

1. 窗体类型主要包括________、________、________和________。

2. 列举几个重要的窗体控件：________、________和________。

3. 窗体属性主要有________、________和________选项。

三、思考题

1. 窗体有几种类型?

2. 子窗体与主窗体的关系。

3. 窗体属性与窗体控件属性的关系。

实验

练习目的

学习窗体的设计方法。

练习内容

1. 打开“罗斯文示例数据库”，了解“产品”、“订单”和“供应商”等窗体的设计方法。

2. 为“图书借阅”数据库建立以下窗体。

(1)建立一个新书录入窗体。

(2)建立一个借书证发放窗体。

(3)建立一个窗体,可以按书号查找借书人。

(4)建立一个窗体,可以按借书证号查找借书情况。

(5)建立一个窗体,通过窗体上的按钮可以预览和打印第 3、4 章习题建立的报表。

(6)建立一个"图书借阅"数据库的主窗体,通过窗体上的按钮可以打开上述各个窗体,并且设置成自动启动方式。

(7)为"图书借阅"数据库的主窗体建立一个菜单,内容包括:发放借书证,新书录入,图书借阅和图书查询等条目。

第 7 章

制作报表

通过 Access 2003 所提供的报表对象，可以实现打印格式数据的功能。报表是专门为打印而设计的特殊表单，Access 将数据库中的表、查询的数据进行组合，形成报表，不但可以打印报表，并且还可以在报表中添加多级汇总、统计比较、图片和图表，使报表的应用更加广泛和深入。

建立报表和建立窗体的过程基本一样，都是输出的方法。区别之一是，窗体的方法是将结果显示在屏幕上，而报表是打印在纸上；区别之二是窗体可以与用户交互信息，而报表没有交互功能；区别之三是报表可以多级汇总，而窗体不具备此功能。

报表的数据来自基础表、查询或 SQL 查询语句中的字段。

【本章要点】

- 利用向导设计报表
- 修改和调整报表
- 在设计视图中建立报表
- 预览和打印报表
- 报表举例

7.1 利用向导创建报表

在使用报表对象之前，首先要检查所使用的系统是否设置了打印机，如果没有，将无法使用报表对象，可以通过控制面板添加一台打印机。

Access 为用户提供了 3 种创建报表的方法：自动创建报表、报表向导和报表设计视图。通常情况下，可以利用前两种方法建立简单报表，由于版面格式不太好，所以可以再利用“报表设计视图”进行修改，形成更加令人满意的报表。

7.1.1 使用“报表向导”创建报表

使用“报表向导”创建报表时，首先要选择报表的数据来源、包含的字段、定义报表的布局和样式以及汇总要求等。

【例 7-1】 建立关于十种最畅销的产品的报表(图 7.1),要求报表包含商品的多种信息,还可以计算小计和计算畅销商品的金额等,数据源来自查询"十种最畅销的产品查询"和"产品"表。

十种最畅销产品查询

总销量	产品 ID	产品名称	艺人	供应商	单价	余量
10	31001	黑色柳丁	陶喆	北京京文音像公司	¥15.00	3
9	36003	忘不了	张柏芝	北京京文音像公司	¥30.00	9
8	11003	真爱	罗白吉	新力电子	¥10.00	3
8	21001	爱在西元前	周杰伦	北京京文音像公司	¥25.00	3
7	12001	大自然音乐		北京艾伦音像公司	¥10.00	7
6	13001	夜曲全集	肖邦	北京新星文化传播有限公	¥10.00	0
6	46003	Sleepless In Sea	梅格瑞	北京京文音像公司	¥40.00	2
5	31002	最美	羽泉	北京新星文化传播有限公	¥15.00	3
5	31003	风筝	孙燕姿	北京京文音像公司	¥15.00	5
4	31004	如果云知道	许如芸	滚石唱片	¥15.00	6
4	11002	Listen To Me	张智成	新力电子	¥10.00	10
4	23002	第9交响曲	贝多芬	新力电子	¥25.00	7
4	24001	Red Dirt Road	Brooks	滚石唱片	¥25.00	4
4	15001	二胡		北京艾伦音像公司	¥10.00	10
4	22001	四季歌		北京京文音像公司	¥25.00	7

图 7.1 报表举例

使用"报表向导"创建报表的步骤如下:

①在数据库窗口中选择"报表"对象。(在本章中,如果没有特别说明,均是指在数据库窗口选择"报表"对象)

②单击数据库窗口的"新建"按钮,弹出"新建报表"窗口(图 7.2),在列表框中选择"报表向导",并选择报表所需的表或查询(本例在下一步选择),单击"确定"按钮。

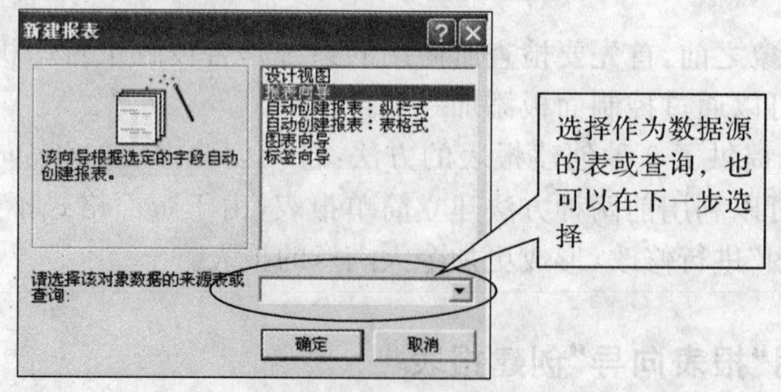

图 7.2 "新建报表"窗口

③在弹出的"报表向导"窗口中的"表/查询"的下拉列表中选择报表所需的表或查询,

本例选择“十种最畅销的产品查询”。

④在“可用字段”列表框中选择字段，本例选择“十种最畅销的产品查询”的全部字段。

⑤再次选择数据源“产品”，本例所选择的字段请参见图 7.3。

⑥下一个窗口中，确定是否对数据分组，本例不需要分组(图 7.3)。

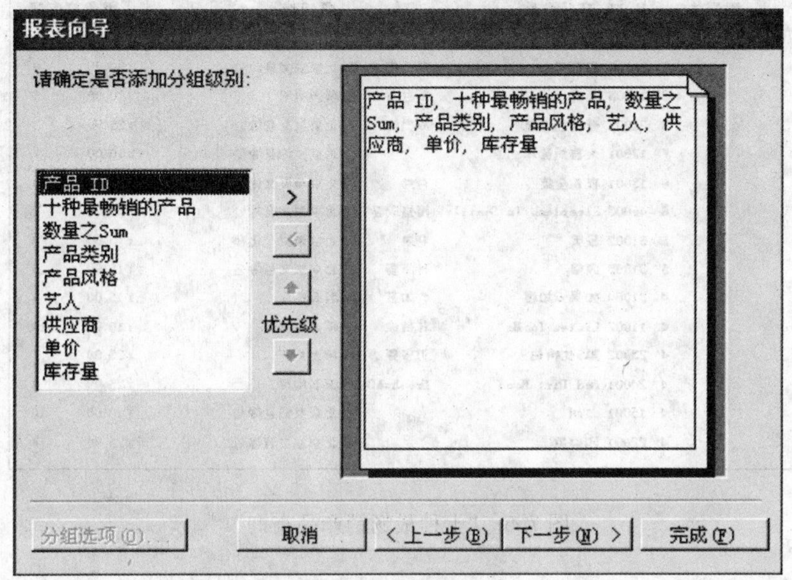

图 7.3　数据分组方式

⑦在下一个窗口中，确定按“数量之 Sum”降序排序。

⑧在下一个窗口中，选择表格布局方式，本例选择“表格”方式(图 7.4)。

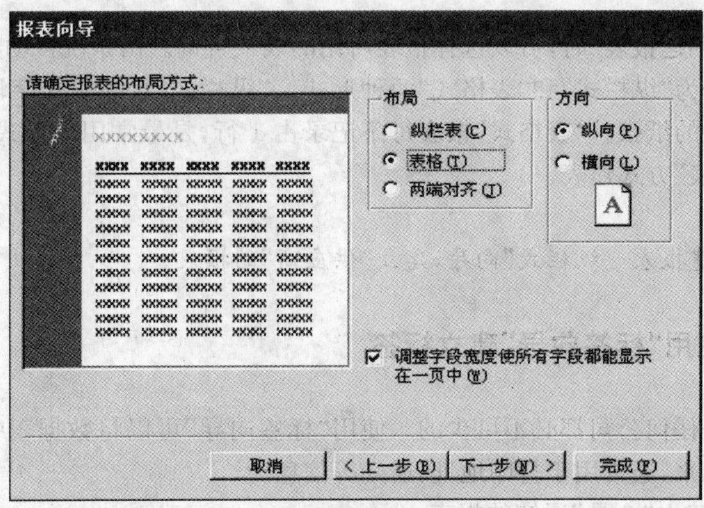

图 7.4　报表布局

⑨最后在对话窗口添加报表标题，标题同时作为报表名。本例的标题为“十种最畅销产品查询”。

⑩单击"完成"按钮,显示报表如图 7.5 所示。这个报表与图 7.1 还存在差距,在 7.2 节中再做完善。

十种最畅销产品查询

数量之Sum	品 ID	产品名称	艺人	供应商	单价	库存量
10	31001	黑色柳丁	陶喆	北京京文音像公	￥15.00	3
9	36003	忘不了	张柏芝 刘青	北京京文音像公	￥30.00	9
8	11003	真爱	罗白吉	新力电子	￥10.00	3
8	21001	爱在西元前	周杰伦	北京京文音像公	￥25.00	3
7	12001	大自然音乐		北京文伦音像公	￥10.00	7
6	13001	夜曲全集	肖邦	北京新星文化传	￥10.00	0
6	46003	Sleepless In Seattle	梅格瑞恩	北京京文音像公	￥40.00	2
5	31002	最美	羽泉	北京新星文化传	￥15.00	3
5	31003	风筝	孙燕姿	北京京文音像公	￥15.00	5
4	31004	如果云知道	许如芸	滚石唱片	￥15.00	6
4	11002	Listen To Me	张智成	新力电子	￥10.00	10
4	23002	第9交响曲	贝多芬	新力电子	￥25.00	7
4	24001	Red Dirt Road	Brooks&Dun	滚石唱片	￥25.00	4
4	15001	二胡		北京文伦音像公	￥10.00	10
4	22001	四季歌		北京京文音像公	￥25.00	7

图 7.5 "十种最畅销产品查询"

练习 7.1

第 5 章创建的查询"销售记录金额"为数据源,建立一个报表。

7.1.2 使用"自动创建报表"创建报表

使用"自动创建报表"时,可以选择报表所用的表或查询。由系统自动建立报表。

自动报表分为"纵栏式"和"表格式"两种形式。"纵栏式"报表每个字段占 1 行,这类报表将耗费大量的纸张。"表格式"报表每条记录占 1 行,是最常用的形式。请读者尝试用"自动创建报表"方式建表。

练习 7.2

用"自动创建报表—纵栏式"向导,建立"供应商"的报表。

7.1.3 使用"标签向导"建立标签

邮件标签是任何公司都必不可少的。使用"标签向导"可以将数据表中的信息,以标签的形式打印出来,通常用于打印地址、通知等信息。

【例 7-2】 建立"会员"通知的报表。

操作步骤如下:

①建立"会员查询"(在此不赘述,请参见查询一章的内容)。

②单击数据库窗口的"新建"按钮,在"新建报表"窗口(图 7.2)中选择"标签向导",选

择标签报表的数据源“会员查询”。

③指定标签尺寸和列数(图 7.6),或者自己定义标签尺寸,本例指定型号“C2166”,即每个标签尺寸为 52mm×70mm,每页 2 列。

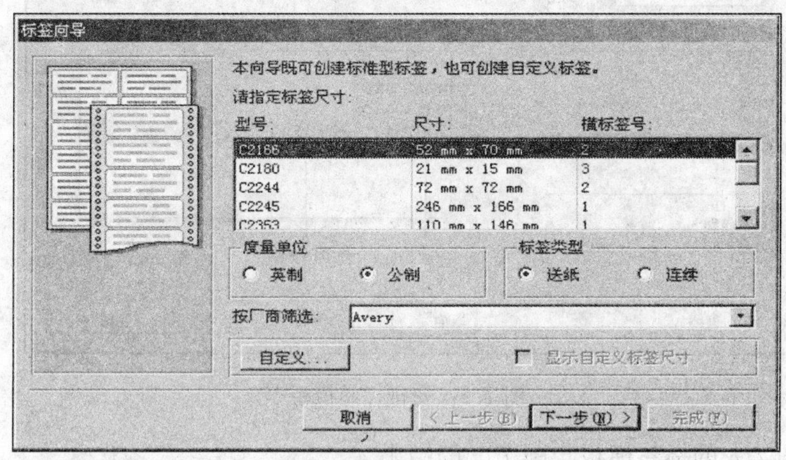

图 7.6　指定标签尺寸

④在下一个“标签向导”窗口中,指定文字的字体、字号和颜色等(图 7.7)。

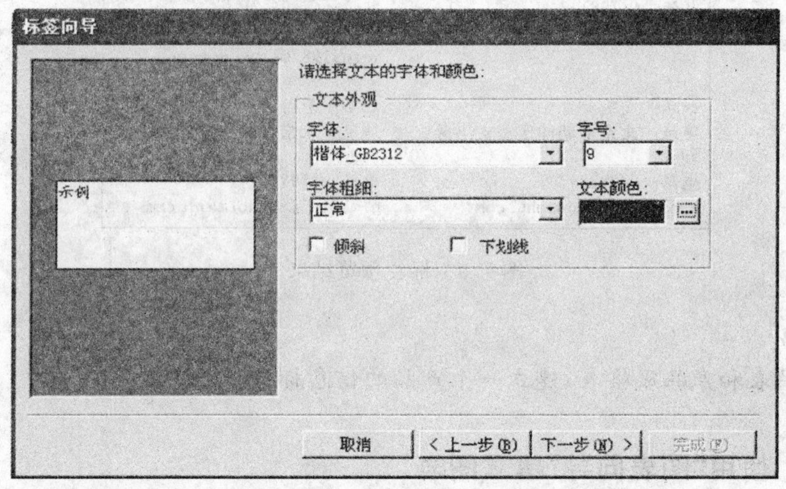

图 7.7　标签字体和颜色

⑤在下一个“标签向导”窗口(图 7.8)中,安排标签的内容和格式,在该对话框左边的“可用字段”列表框中列出指定的表或查询中的字段,双击所选的字段,还可以在“原形标签”框中自行输入相关文字,例如姓名、电话等。选择需要的字段,与自行输入的文本配合使用,形成标签模板。

⑥在下一个“标签向导”窗口中,指定排序字段,如“会员 ID”字段。

⑦添加报表名称。

⑧单击“完成”按钮,命名标签为“会员标签”,预览结果如图 7.9 所示。

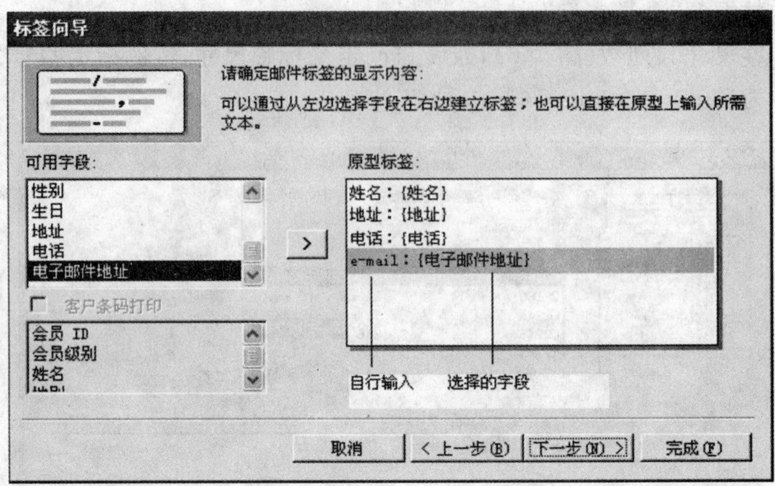

图 7.8 安排标签模板

请比较图 7.8 的标签模板与图 7.9 的结果。

姓名：蒋琴琴 地址：北京市朝阳区樱花西街罗马花园5号 电话：64998237 e-mail：jqq1987@263.com	姓名：施乐 地址：对外经济贸易大学汇贤公寓118室 电话：64491426 e-mail：xerox1982@sina.com.cn
姓名：艾雯 地址：北京市朝阳区望京小区59号 电话：87982245 e-mail：allen@sohu.com	姓名：李丽 地址：北京市朝阳区望京小区59号 电话：87981577 e-mail：mzm@hotmail.com

图 7.9 标签预览结果

练习 7.3

利用产品表和产品风格表，建立一个产品的信息标签。

7.1.4 使用“图表向导”建立图表

图表可以更加直观地表示数据。Access 的图表包括柱形图、条形图、面积图、折线图、散点图、饼图、气泡图和环形图等 20 多种形式。我们可以利用图表向导创建出多种实用的图表。图表的数据源可以是表或查询。

【例 7-3】 建立按风格产品划分的平均单价图表(图 7.10)，数据来源为“产品”表，报表名称为“产品平均单价”。

操作步骤如下：

①单击数据库窗口的“新建”按钮，在“新建报表”窗口(图 7.2)中选择“图表向导”，选择图表的数据源为“产品”表。

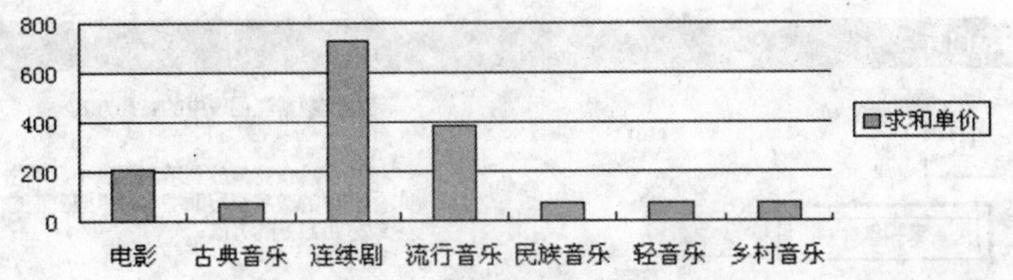

图 7.10　按风格产品划分的平均单价图表

②单击“下一步”,选择图表可用字段为“产品风格”和“单价”(图 7.11)。

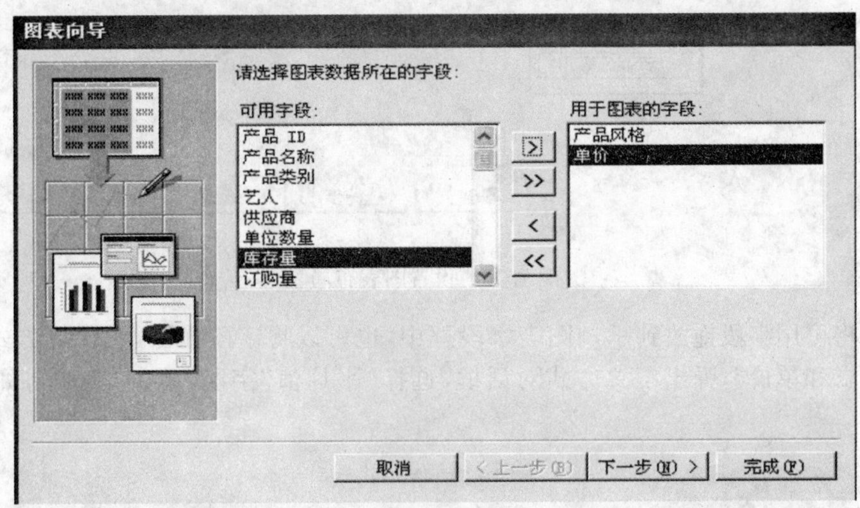

图 7.11　选择图表可用字段

③单击“下一步”,选择图表类型,本次选择三维柱形图(图 7.12)。

④单击“下一步”指定图表布局方式(图 7.13)。

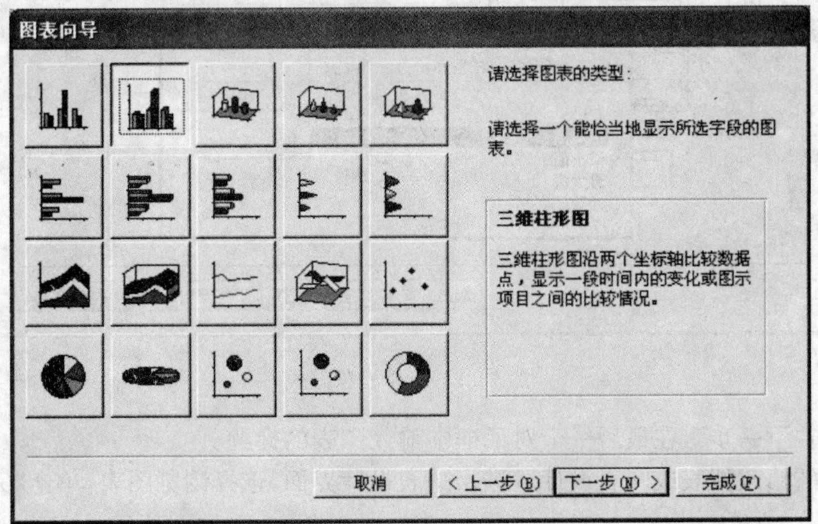

图 7.12　选择图表类型

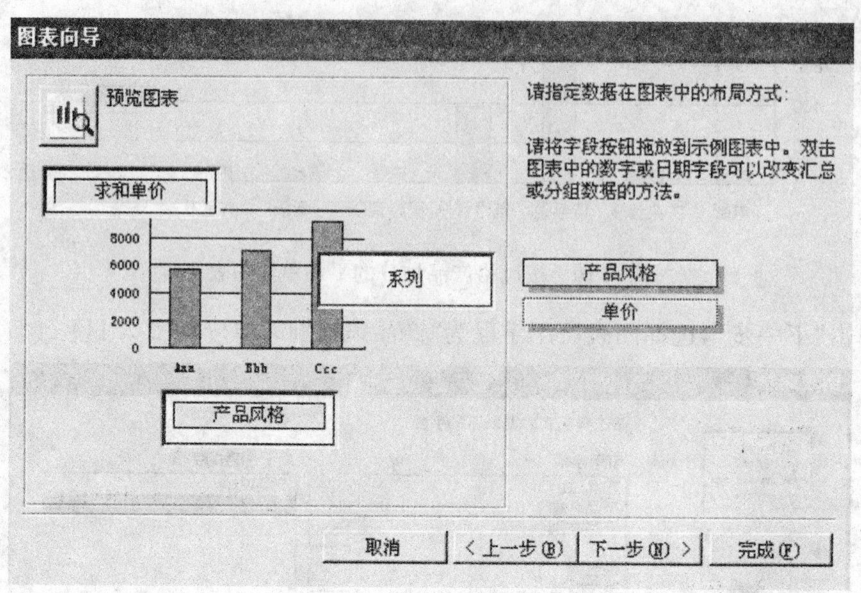

图 7.13 设置图表布局

可以将可用字段拖放到示例图表字段框中,也可以将字段拖出,对计算方式进行修改,双击"求和单价",弹出汇总方式对话框,选择"平均值"字段,单击"完成",如图 7.14 所示。

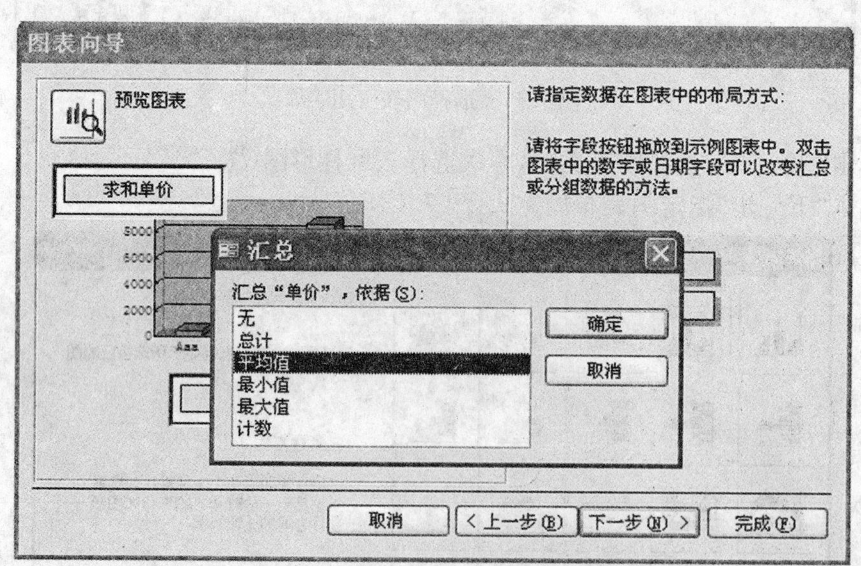

图 7.14 选择汇总方式

⑤单击"下一步",在最后一个对话框中输入图表的标题。

⑥选择"修改报表或图表设计",进入图表设计界面,选择浏览图表,单击"完成"按钮。

练习 7.4

利用“产品”表，建立一个按供应商汇总的产品销售量和库存量的柱型图表。

7.2 报表设计视图

使用“报表向导”和“自动创建报表”可以很方便地创建报表，但是报表的形式不够尽善尽美，例如显示的内容、字体格式等还需进一步改善。可以通过“报表设计视图”对以上所提到的内容和格式作进一步的改进。另外，也可以通过“报表设计视图”创建报表。

本书通过举例说明使用设计视图建立和修改报表的方法(图 7.15)。

会员消费报表

销售日期	订单ID	产品ID	折扣	数量	
会员 ID: 12	姓名：张福		普通会员		
2003-10-4	30	15002	10%	1	
2003-10-4	20	31004	3%	1	
2003-10-4	20	23001	10%	1	
2003-10-4	30	25002	0%	1	
	数量之和: 4		总计金额		￥71.05
会员 ID: 11	姓名：白洛光		普通会员		
2003-10-5	60	12001	0%	1	
2003-10-5	60	14002	10%	1	
2003-10-4	26	15001	10%	3	
	数量之和: 5		总计金额		￥46.00
会员 ID: 10	姓名：宋敏		学生会员		
2003-10-4	22	47002	20%	1	
2003-10-2	4	21004	20%	1	
2003-10-2	4	15001	0%	1	
2003-10-2	5	31001	20%	1	
2003-10-2	5	36003	10%	1	
2003-10-4	22	24001	0%	1	
2003-10-4	29	11003	20%	1	
2003-10-2	5	21001	0%	1	
	数量之和: 8		总计金额		￥291.00
会员 ID: 9	姓名：徐蔷		学生会员		
2003-10-4	38	31001	20%	1	

报告日期:　2007-1-2　　　　总共5页　第1页

图 7.15　会员消费情况

7.2.1　使用报表设计视图创建报表

使用报表设计视图创建报表，需要设置者自己选择数据源(可以不需要数据源)，自行设计报表的布局，自行选择控件等，所以设计前做一个概要的设计，可以提高设计的水平和效率。

【例 7-4】　建立报表，以“查询会员的消费总量”、“销售订单”表和“销货记录”表为数据源。

操作步骤如下：

①单击数据库窗口的“新建”按钮，在“新建报表”窗口中单击“设计视图”。

②选择报表所需的查询“查询会员的消费总量”、“订单”表和“销货记录”表，操作如下：

● 右击设计视图，单击“属性”，选择目标“报表”(图 7.16)。

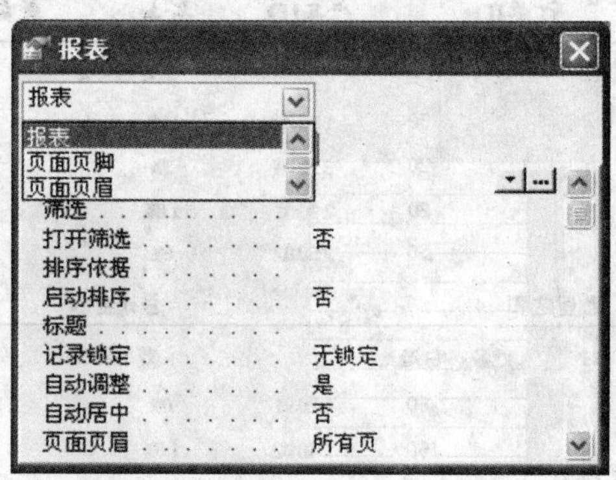

图 7.16　设置报表记录源之一

● 单击“记录源”，单击 ··· 按钮，进入“查询生成器”。

● 选择报表“订单”、“销货记录”和查询“查询会员的消费总量”，将“查询会员的消费总量”中的“会员 ID”字段拖入“订单”表，建立查询与订单数据源的关系，选择合适字段(参见图 7.17)。

会员 ID	姓名	会员级别	订单I	销售日期	产品ID	折扣	数量之Sum	总计金额
查询会员的消费总量	查询会员的消费总量	查询会员的消费总量	订单	订单	销货记录	销货记录	查询会员的消费总量	查询会员的消费总量
☑	☑	☑	☑	☑	☑	☑	☑	☑

图 7.17　设置报表记录源之二

● 关闭查询设计器，单击“是”，关闭报表属性。

③进入设计视图(图 7.18)。

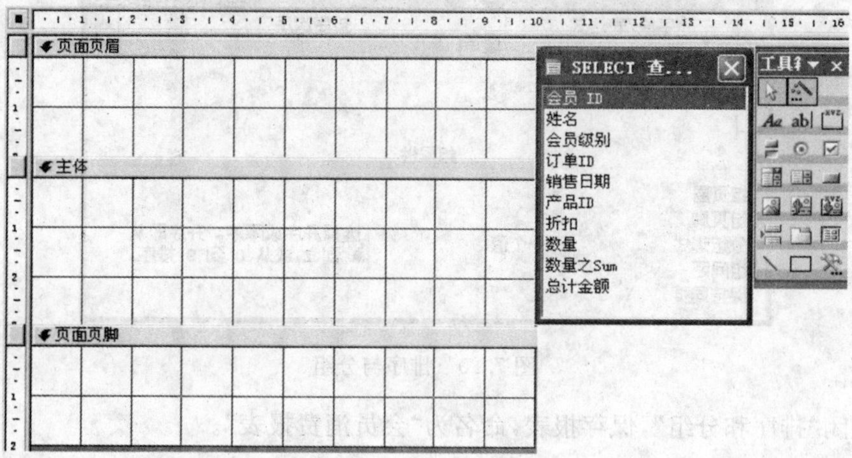

图 7.18　设计视图

从图 7.18 中可以看出,报表的设计视图主要由页面页眉、主体和页面页脚组成,还包括数据源窗口和工具箱。

④单击“视图”菜单→“页面页眉/页脚”,在报表中添加报表页眉和页脚(图 7.19)。

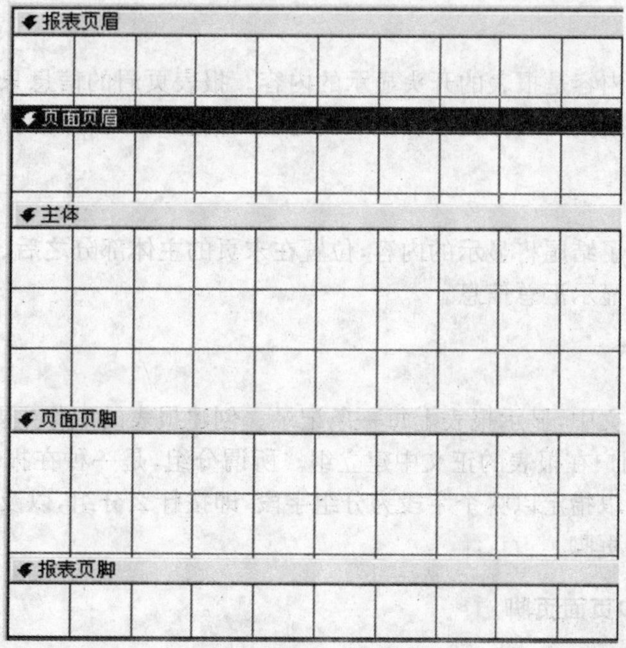

图 7.19　报表设计视图窗口

⑤单击“视图”,单击“分组与排序”,增加分组和排序(图 7.20)。

⑥单击选择字段,选择是否显示组的页眉,目的是将报表的数据显示按选择的字段排序显示,本例按“会员 ID”降序,在“组属性”中设置组的页眉和组页脚为“是”。

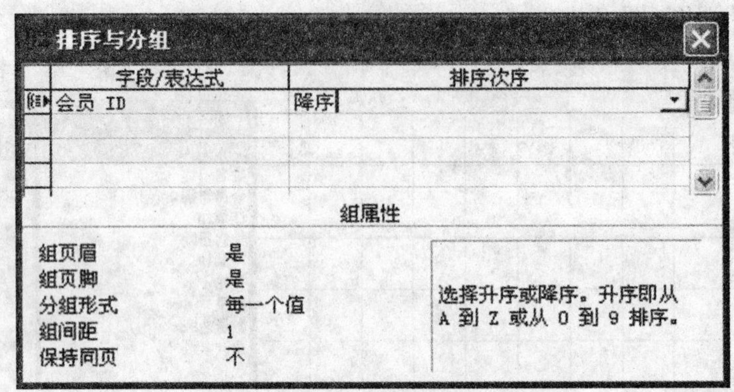

图 7.20 排序与分组

⑦关闭“排序和分组”，保存报表，命名为“会员消费报表”。

7.2.2 对报表组成的说明

在“报表设计视图”窗口（图 7.19）中可以看到，Access 报表是由报表页眉、报表页脚、主体、页面页眉、页面页脚、组页面和组页脚组成，下面对各个部分做详细的说明。

1. 报表页眉

报表页眉中的内容是报表的开头显示的内容。报表页眉的信息只显示在报表的第 1 页。通常情况是包括报表的标题以及报表创建者的信息，如“会员消费报表”。

2. 报表页脚

报表页脚定义了结尾将显示的内容，位置在末页的主体部分之后、页面页脚之前。报表页脚一般被用来显示汇总信息。

3. 主体

主体在报表正文中，显示报表上每一条记录。创建报表的工作主要集中在主体部分。

Access 允许用户在报表的正文中建立组。所谓分组，是一种在报表中进行筛选和计算小计的方法。可以指定以哪个字段为分组字段，即按什么分组，以及是否需要在分组中包括分组的页眉和页脚。

4. 页面页眉和页面页脚

报表的每一页都有页眉和页脚信息。页面页眉和页脚包含了在每一页的顶端和底部显示的信息，但第 1 页的页面页眉位于报表页眉之下。

通常页面页眉区域显示表格的标题，而页面页脚中一般都是报表的页数与总页数，或者是报表的输出日期等信息。

5. 组页眉和组页脚

组页眉可以输出分组的信息，一般用来设计分组的标题或提示信息。组页脚也是用来设计分组信息，比如放置分组的小计信息。

7.2.3　使用报表设计视图

在 7.2.1 小节的基础上，利用报表设计视图继续报表的设计(已经选择了数据源，并已经在设计界面中)，完善报表。本节主要的内容是关于页眉和页脚的设置。

【例 7-5】 设置报表的页眉和页脚。

操作步骤如下：

①在“报表页眉”中，添加一个标签。单击工具箱中标签，在报表页眉中拖动鼠标建立一个标签，输入“会员消费报表”，设置标签的格式(颜色、大小、字体等)。

②在“页面页眉”中建立 5 个标签，按从左到右顺序，将内容分别修改为“销售日期”、“订单 ID”、“产品 ID”、“折扣”和“数量”。

③单击设计界面左侧纵向标尺，选择以上标签，打开“格式”，设置对齐；设置颜色、字体和字体大小。

④将数据源中的“会员 ID”、“姓名”和“会员级别”，拖入分组页眉“会员 ID 页眉”中，调整位置，设置字体和颜色。

注意：被拖入的字段由两个部分组成，左侧部分为标签，右侧部分为字段，单击后同时选择了两个部分。鼠标变成时表示选择了一个部分，如果变成表示同时选择了两个部分，不同的标识在进行删除和设置时，对象不同。

⑤将数据源中的“销售日期”、“订单 ID”、“产品 ID”、“折扣”和“数量”拖入“主体”中，调整位置，设置字体和颜色。

⑥将数据源中的“数量之 Sum”和“总计金额”拖入分组页脚“会员 ID 页脚”中，将两个文本框的标签内容分别修改为“数量之和”、“总计金额”，调整位置，设置字体和颜色。这个设置的目的是给每位会员计算购买的数量和总金额。

⑦在页面页脚中，建立两个文本框。将两个文本框的内容分别设置为“＝Date()”和“＝"总共" & [Pages] & "页" & "第" & [Page] & "页"”，调整标签的内容、设置字体和颜色，调整位置(图 7.21)。

⑧单击“预览”按钮，打开“消费报表”报表，查看不满意的部分，再进入设计界面，修改、完善即可。

⑨保存报表。

在进一步的设计中，可以再增加字段、汇总数据等内容，具体方法在 7.3 节中讲解。

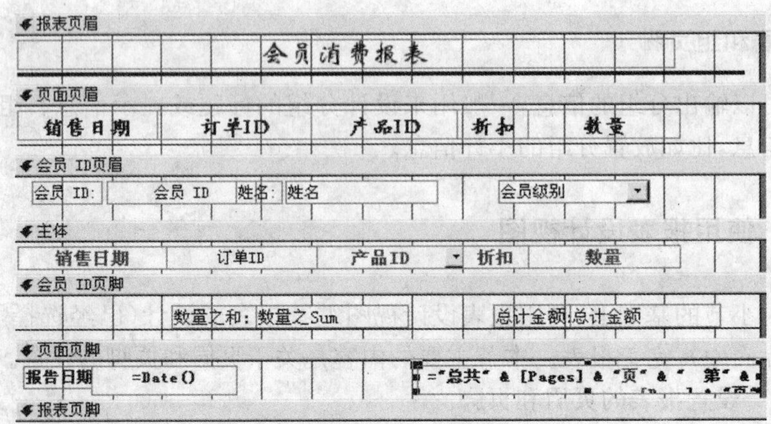

图 7.21 “会员消费报表”的设计视图

7.3 报表的进一步设计

在报表设计视图中,用户可以对报表的设计作进一步的修改,使得报表能够更符合要求。在设计过程中,可以随时单击工具栏左上方的“打印预览”图标,浏览结果。单击左上方的“设计视图”图标,将“报表”由“打印预览”切换到“设计视图”中。

本节将继续完善报表,分别介绍如何增加字段、公式以及如何使用子报表。

7.3.1 添加数据源字段

设计中间往往想再给报表增加一些内容,最常见的是增加数据源字段,如原来没有包括订单的订购日期,现在想增加这个字段,等等。

【例 7-6】 给报表增加“产品风格”和“产品名称”两个字段。

操作步骤如下:

①利用“设计视图”打开报表,打开报表“属性”,单击“记录源”的按钮,进入“查询生成器”。

②右击增加“产品”表,将“产品”表中的“产品风格”、“产品名称”字段拖入设计网格字段中。

③关闭查询设计器,单击“是”,关闭报表属性(图 7.22)。

注意:不但可以通过报表的“属性”增加数据源、字段,还可以更改数据源、删除字段,建立新的表达式字段。方法与查询的建立方法雷同,不再多述。

练习 7.5

(1)选择“产品”表的“产品名称”、“产品风格”、“库存”、“单价”字段,并增加一个新的字段,名称为“库存金额”,利用表达式计算字段数值,将这些字段作为报表的数据来源。

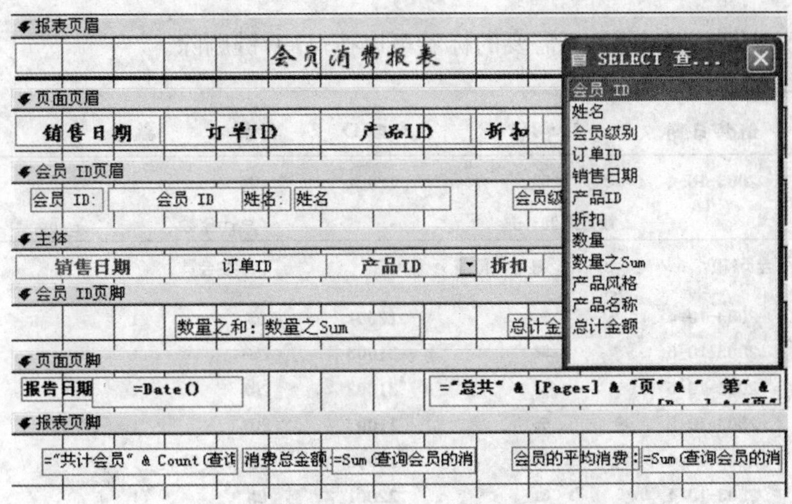

图 7.22　增加数据源字段后的设计视图

(2)用报表设计视图建立一个"产品库存情况简表",完成主体部分和页面页眉的设计。

7.3.2　在报表中添加文字和公式

在报表设计视图中,我们经常使用工具箱,在前面的小节中已经使用了标签、文本框等,如果工具箱隐藏,单击图标显示工具箱。

(1)标签(Label)控件。可以用来放置内容不变的信息,比如标题之类的信息。不再赘述。

(2)文本框(TextBox)。常用于放置可变的信息,比如字段、计算公式之类的信息。

【例 7-7】　在报表页脚增加会员总的数目、平均会员消费、总的消费等。

操作步骤如下:

①在工具箱上,单击文本框图标,在报表页脚处,按住左键拖动鼠标,当屏幕上出现的矩形虚线框的大小比较合适的时候放开左键。

②按照以上方法,增加两个文本框。

③从左至右,分别在三个文本框内输入公式:

="共计会员" & Count([查询会员的消费总量]![会员 ID]) & "名"

=Sum([查询会员的消费总量]![总计金额])

=Sum(查询会员的消费总量!总计金额)/Count(查询会员的消费总量![会员 ID])

说明:

- 如果输入不方便,可以右击文本框,单击"属性",单击"控件来源",进入"表达式生成器"建立表达式。
- "查询会员的消费总量!"和"[查询会员的消费总量]!"均表示查询名称,两种方法均可使用。

④修改文本框标签内容，不需要的标签可以按〈Del〉键删除。

⑤浏览结果如图 7.23。

销售日期	订单ID	产品ID	折扣	数量
2003-10-4	55	12001	10%	1
	数量之和: 5		总计金额	￥186.00
会员 ID: 2	姓名: 陈康		学生会员	
2003-10-4	31	12001	0%	1
2003-10-5	58	31003	20%	1
2003-10-5	57	31002	20%	1
2003-10-5	56	11003	20%	1
2003-10-4	31	13002	20%	1
2003-10-4	31	22001	0%	1
2003-10-3	14	13001	0%	1
2003-10-3	14	46003	20%	1
2003-10-5	58	11004	10%	1
	数量之和: 9		总计金额	￥126.00
报表页脚 共计会员87名	消费总金额 23920.3		会员的平均消费 274.945977011494	

图 7.23 “报表页脚”内容

注意：被圈住的内容就是上面三个文本框中表达式的运算结果。注意标签和文本框的使用方法，后者更擅长实现表达式的运算。

7.3.3 修改报表的布局

报表的布局要求美观、清晰，显示的信息有逻辑性，所以以下的布局调整是必要的。

1. 改变控件的位置和大小

①先选中需要处理的控件。当该控件的四周出现 8 个黑点，表示该控件被选中。

②移动鼠标指向该控件的左上角，会出现黑色的小手标志，按住左键，就可以拖动该控件。

③移动鼠标指向该控件除左上角之外的其余边角，会出现黑色的双向箭头标志，按住左键，就可以改变该控件的大小。

2. 在报表中添加边框及样式

①先选中需要添加边框及样式的控件。

②然后在窗口的工具栏上单击“线条/边框宽度”右面的向下按钮，单击需要的边框式样。

③单击左上方的“视图”按钮，浏览结果。

3. 调整报表中字段的显示对齐方式

①先选中需要对齐的控件。

②单击“格式”菜单→“对齐”，可以根据需要选择靠上、靠下、靠左和靠右等对齐方式。

③单击左上方的“视图”按钮，浏览结果。

练习 7.6

用报表设计视图建立一个“缺货报表”，数据源为查询“产品缺货查询”，完成并完善报表的设计。

7.3.4　子报表

在数据库中，数据源(表等)之间具有某种相关性，所以，我们可以建立多个报表的组合，形成一种新形式的报表，即主报表和子报表的结合。子报表是指包含在另一个报表中的报表。主报表和子报表的关系可以是结合型的或非结合型的。

结合型的报表由于其数据源来自两个以上的表，而这些表之间存在一对多的关系，主报表的数据来自关系处在“一”方的表，子报表的数据来自关系处在“多”方的表。例如，在“音像店管理”数据库中，“会员”表和“订单”表的关系为一对多的关系，说明一位会员可以下多个订单，那么由“会员”表和“订单”表的数据源生成的报表将是一个结合型的报表。

非结合型的报表中的报表可以相互独立，只是根据需要把两个报表放在一起。

【例 7-8】 建立以“会员”表和“订单”表为数据源的结合型报表(图 7.24)，主表为会员数据，子表为会员的订单数据。

本例的设计采用设计视图的方法。操作步骤如下：

①在“报表”对象中，双击“在设计视图中创建报表”，打开“属性”，单击“记录源”，打开列表，选择“会员”，关闭属性。

②为了清楚起见，我们添加分组，以“会员 ID”为分组字段，并显示组页眉。

③选择并将字段列表中字段拖入报表组页眉，例如选择“会员 ID”、“姓名”等字段(图 7.24)。

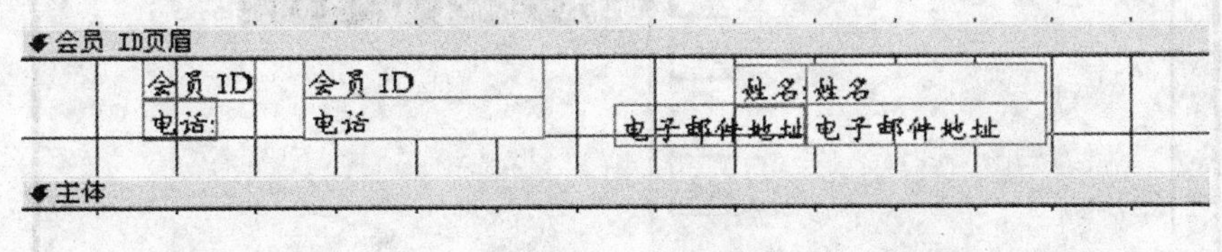

图 7.24　会员数据

④单击工具栏中的子报表控件图标，在报表主体中，按住左键，拖动鼠标，当屏幕上出现的矩形虚线框的大小比较合适的时候放开左键，此时在报表视图上出现一个子报表控件，并弹出“子报表向导”对话框(图 7.25)。

⑤选择“使用现有的表和查询”，单击“下一步”。

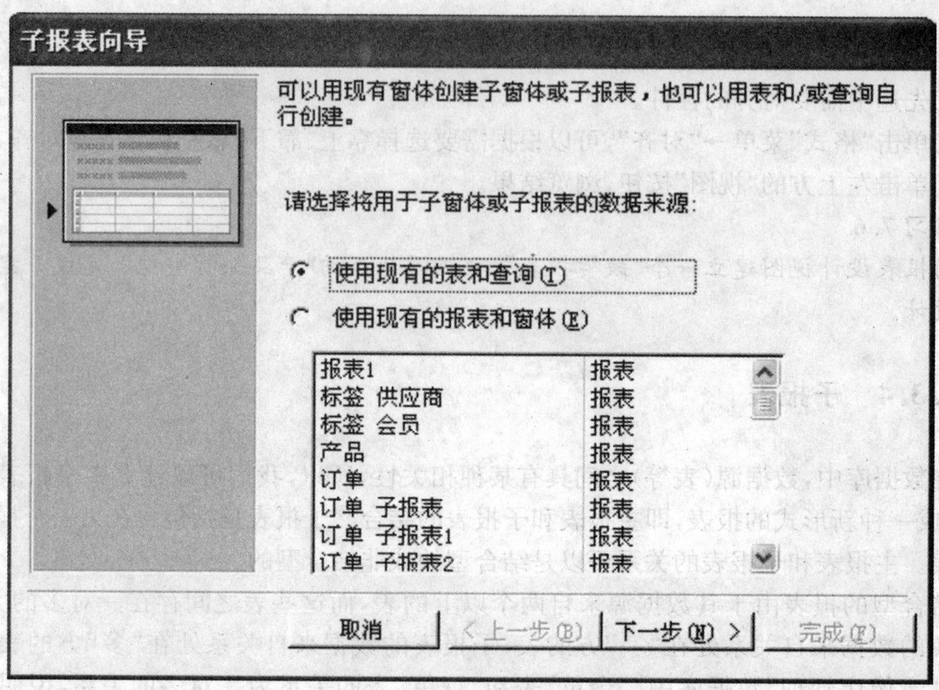

图 7.25 “子报表向导”对话框

⑥在出现的对话框中，选择“表:订单”，选择合适字段(图 7.26)。

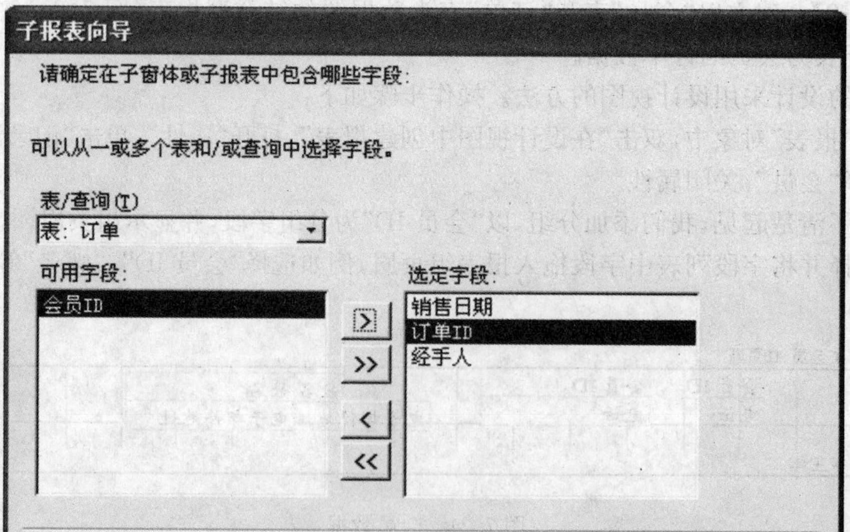

图 7.26 “子报表向导”数据源

⑦单击“下一步”,选择两个表的链接字段,通常选取默认的链接字段,单击“下一步”(图 7.27)。

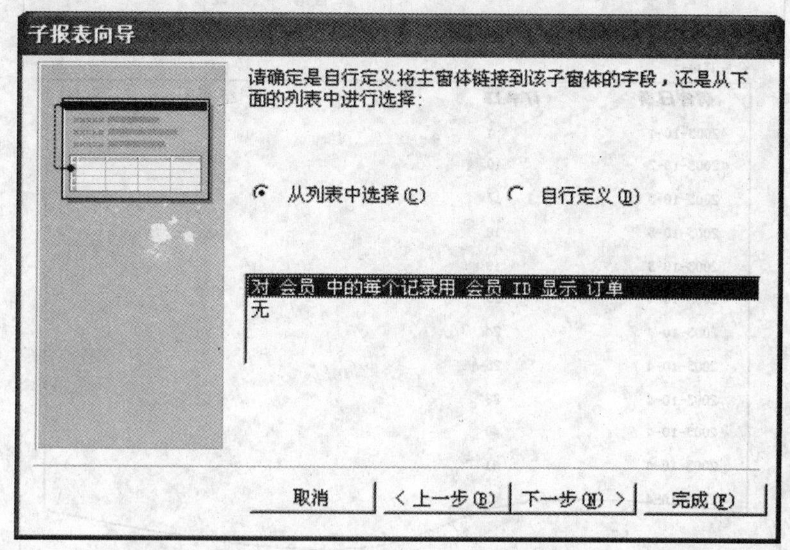

图 7.27　选择主—子表的链接字段

⑧单击“完成”按钮,出现带子报表的设计视图(图 7.28)。

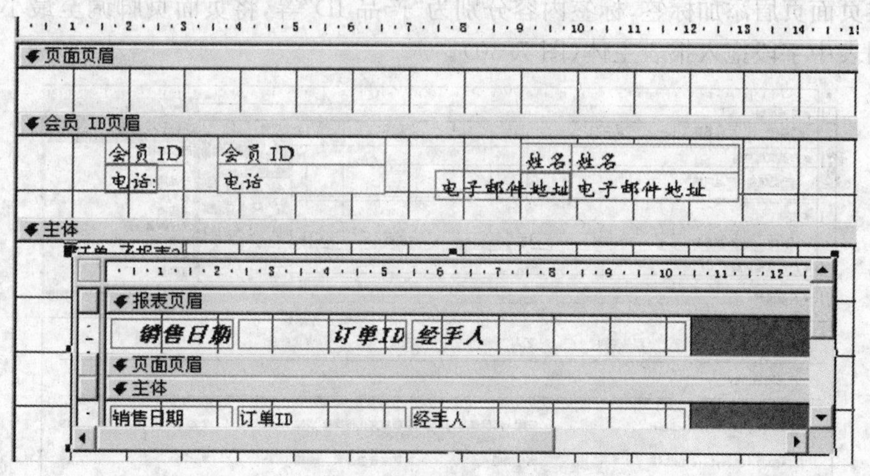

图 7.28　加了子报表的报表设计视图

⑨调整字体、位置、颜色。单击“预览”按钮,效果如图 7.29 所示。

【例 7-9】　建立带子报表的产品报表,主报表显示所有产品的信息,在报表页脚,显示产品的销售和库存图表(练习 7.4 所建立的图表)。

操作步骤如下:

①在“报表”对象中,双击“在设计视图中创建报表”,打开“属性”,单击“记录源”,打开列表选择“产品”,关闭“属性”。

②添加分组字段“产品风格”,显示分组页眉和分组页脚。

会员与订单报表　　报告日期:　2007-1-5 12:07:15

会员 ID:　1　　姓名:　顾客

电话:　　电子邮件地址:

会员订单:

销售日期	订单ID	经手人
2003-10-1	1	
2003-10-2	10	
2003-10-3	17	
2003-10-3	18	
2003-10-3	19	
2003-10-4	23	
2003-10-4	24	
2003-10-4	25	
2003-10-4	28	
2003-10-4	40	
2003-10-4	41	
2003-10-4	42	

图 7.29　加了子报表的报表效果

③在页面页眉添加标签,标签内容分别为"产品 ID"等,将页面页脚调至最小,选择并将字段列表中字段拖入报表主体(图 7.30)。

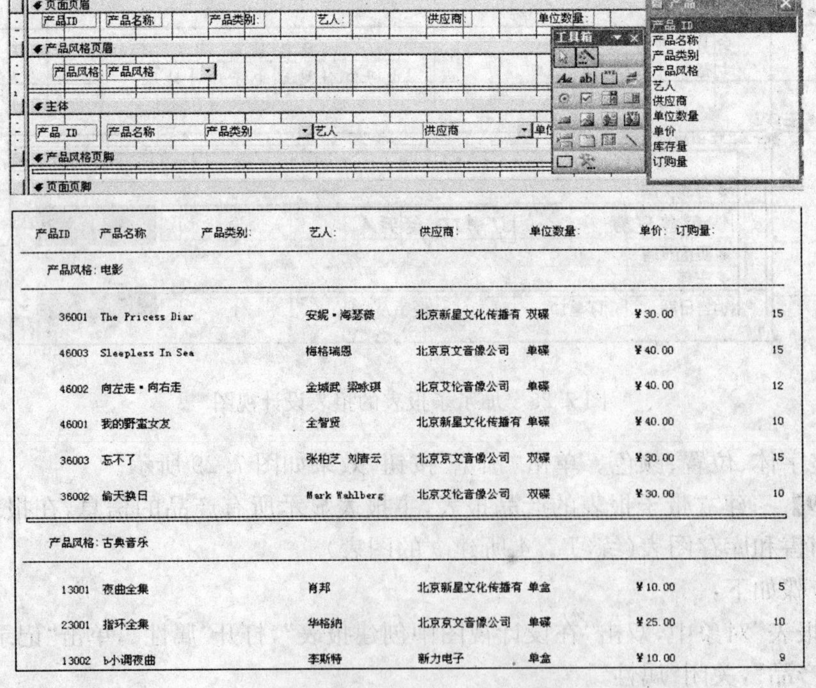

图 7.30　产品报表设计视图和效果

④增加报表页面页眉和页脚，单击工具栏中的子报表控件图标，在报表页脚中，按住左键，拖动鼠标，当屏幕上出现的矩形虚线框的大小比较合适的时候放开左键，此时在报表视图上出现一个子报表控件，并弹出“子报表向导”对话框。

⑤选择“使用现有的报表和窗体”，单击“下一步”(图 7.31)。

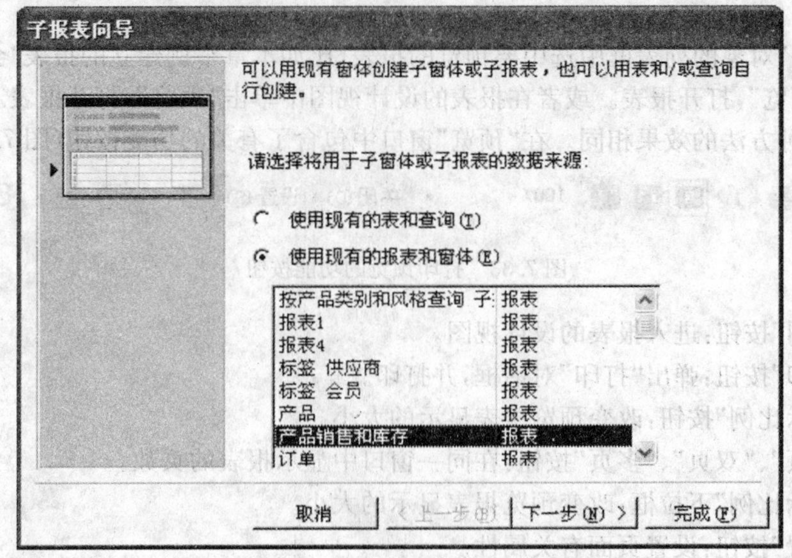

图 7.31　“子报表向导”对话框

⑥在出现的对话框中，选择“产品销售和库存”报表。

⑦单击“完成”按钮，单击“预览”按钮，效果如图 7.32 所示(报表的最后一页)。

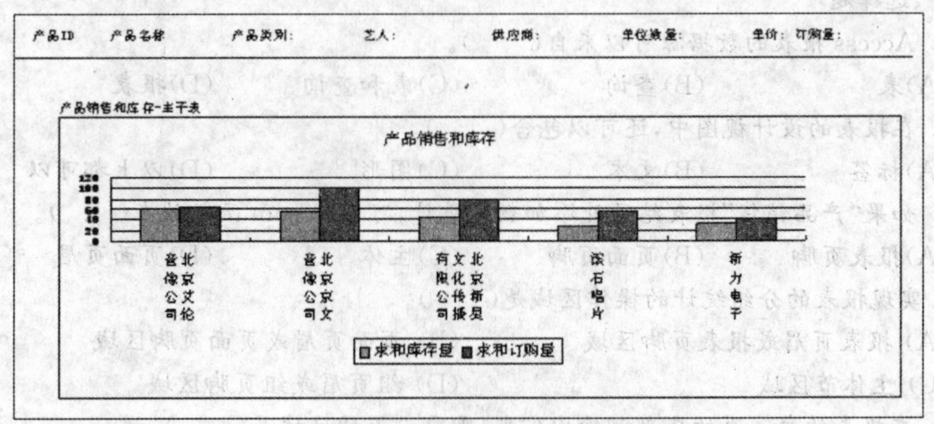

图 7.32　带子报表的报表举例

练习 7.7

建立一个主报表是供应商，比如供应商名称、电话等，子报表对应的是供应商产品的报表。

7.4 报表的预览和打印

在“报表”对象的列表框中选中要预览的报表，比如本章举例建立的报表“会员消费报表”，单击“预览”，打开报表。或者在报表的设计视图中单击“预览”，打开报表。

以上两种方法的效果相同。在“预览”窗口中包含了有关的功能按钮(图 7.33)。

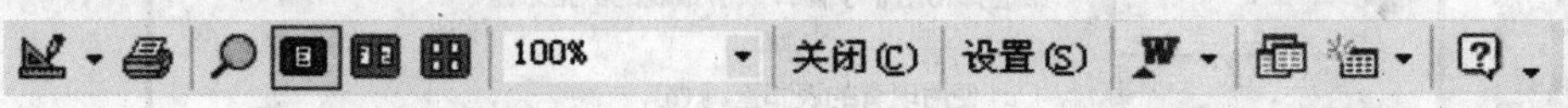

图 7.33 打印预览的功能按钮

- “视图”按钮：进入报表的设计视图。
- “打印”按钮：弹出“打印”对话框，并打印。
- “显示比例”按钮：改变预览报表显示的大小。
- “单页”、“双页”、“多页”按钮：在同一窗口中显示报表的页数。
- “显示比例”下拉框：改变预览报表显示的大小。
- “设置”按钮：设置页面有关属性。

思考题和习题

一、选择题

1. Access 报表的数据源可以来自(　　)。

(A)表　　(B)查询　　(C)表和查询　　(D)报表

2. 在报表的设计视图中，还可以包含(　　)。

(A)标签　　(B)文本　　(C)图形　　(D)以上都可以

3. 如果“产品销售”报表结尾处添加数量总计，可以将 sum 函数放在(　　)。

(A)报表页脚　　(B)页面页脚　　(C)主体　　(D)页面页眉

4. 实现报表的分组统计的操作区域是(　　)。

(A) 报表页眉或报表页脚区域　　(B) 页面页眉或页面页脚区域

(C) 主体节区域　　(D) 组页眉或组页脚区域

5. 在报表的每一页的底部都输出信息，需要设置的区域是(　　)。

(A) 报表页眉　　(B) 报表页脚　　(C) 页面页眉　　(D) 页面页脚

6. 要计算报表中所有产品的的平均价格，在报表页脚添加一个文本框计算控件，设置其控件来源属性为(　　)：

(A) Avg([价格])　　(B) = Avg([价格])

(C) Average ([价格])　　(D) = Average([价格])

二、填空题

1. 如果在报表中用图表方式显示男女学生人数比例，可以采用________图表，如果在报表中加页数和页号，可以在报表的________部分使用________和________函数。

2. Access 2003 的报表由________、________、________、________、________等部分组成。

三、思考题

1. 简述 Access 报表的类型和设计方法。

2. 报表由哪几部分组成？每部分的作用是什么？

3. 说明查询和报表的异同处。

4. 简述报表的数据源，报表能否设置参数？

实验

练习目的

学习报表的使用方法。

练习内容

1. 完成本章的实习内容。

2. 打开“罗斯文示例数据库”，了解“发货单”、“各类产品”、“各类销售额”等报表是如何设计的。

3. 以“图书借阅”数据库建立以下报表。

(1)每个出版社的图书情况表。

(2)使用“标签向导”，建立图书的标签。

(3)利用第 5 章实验建立的查询，建立图书借阅次数的统计报表。

(4)建立报表，反映每位读者的借阅情况。

(5)建立图表，利用饼图方式，显示各出版社图书的份额。

第 8 章

宏

Access 中的宏是指一个或多个操作命令的集合，其中每个操作实现特定的功能。在数据库打开后，宏可以自动完成一系列操作。

建立和使用宏非常方便，不需要记住各种语法，也不需要编程，只需利用几个简单宏操作就可以对数据库完成一系列的操作，实现的中间过程完全是自动的。

【本章要点】

- 建立宏的方法
- 编辑宏的方法
- 运行宏的方法
- 运行宏的附加条件
- 在窗体中使用宏的方法

8.1 基本概念

在数据库使用过程中，有些操作被多次重复，为了简化这些操作，故引入了“宏”的概念。

8.1.1 宏的定义和特点

1. 宏的定义

把那些能自动执行某种操作或操作的集合称为“宏”。宏是一个或多个操作的集合，其中每个操作都执行特定的功能。

2. 宏的应用

宏是一种操作命令，它如同菜单操作命令一样，但是，宏有特殊性，它对数据库操作的时间不同，作用时的条件也有所不同。菜单命令一般用在数据库的设计过程中，宏命令却被使用在数据库的执行过程中；宏的操作过程隐藏在后台自动执行，而菜单命令必须由使用者来实施，在前台显式操作。

例如，使用 OpenForm 宏可以打开数据库对象窗体，OpenQuery 打开查询对象。使用这些宏命令时，Access 系统的操作是在后台自动完成的。

宏的主要应用如下：

(1)在数据库的任何视图中打开或关闭表、查询、窗体和报表。

(2)运行选择查询和动作查询。

(3)为窗体的控件赋值。

(4)运行菜单命令。

(5)控制 Access 窗口。

(6)发出警告信息。

(7)为数据库对象制作副本、改名，导出对象。

(8)保存和删除数据库对象。

8.1.2　宏组概念

在 Access 中，一共有 50 多种基本宏操作，可以将这些基本操作组成“宏组”来完成更复杂的操作。通过使用宏组，可以同时执行多个任务。

宏是一个或几个操作的集合；在一个宏名字下包含若干个宏，每一个宏都有自己的名字，这样就组成了宏组。宏组是共同存储在一个宏名下的相关宏的集合。这个集合通常只作为一个宏引用，用来执行一系列操作。

8.1.3　运行宏的方法

在实际的应用中，通常把一组基本命令组合在一起，按照顺序执行。要启动执行，一种方法是选择一个事件触发宏，例如，单击一个命令按钮、更新文本框的内容等事件都可以触发宏；另一种方法是直接在数据库中运行宏。

1. 直接运行宏

①在数据库的宏窗口中运行。选择宏，并单击工具栏上的“运行”按钮 ! 。

②单击“宏”对象按钮 宏，双击宏的名字。

2. 事件触发宏

这种方法的要点是：设计一个窗体控件，把它的某个事件与设计好的宏联接起来。

【例 8-1】 根据订单号查询订单的信息，在窗体的组合框中选择订单号，单击“查找订单信息”按钮开始查询(图 8.1)，即可打开一个查询结果的显示窗体。

在窗体中，“查找订单信息”按钮是一个控件，当单击按钮事件发生时，触发宏，开始运行，显示查询结果。我们将在 8.2 节中继续这个举例。

图 8.1　宏的举例

8.2　宏的创建和使用

宏的设计通常包括两部分：

(1)根据需求要建立宏。

(2)宏与控件的事件连接起来，即宏的应用。

8.2.1　创建宏

1. 宏编辑窗口

图 8.2 是一个典型的宏编辑窗口，进入这个编辑环境才能编辑宏。

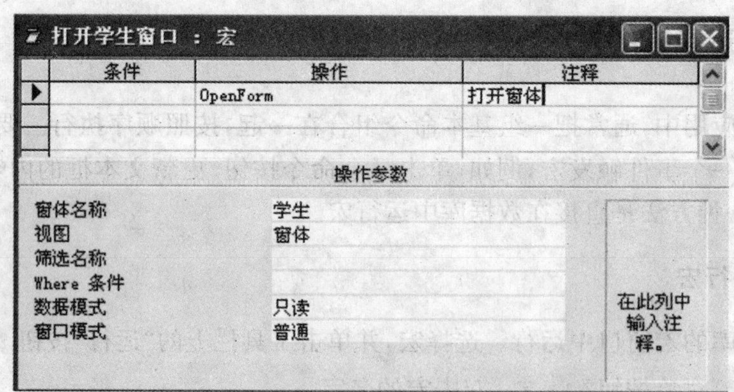

图 8.2　宏的设计窗口

说明：

• 条件列。可以在其中列出运行宏的条件，例如[form1].[txt1]="2003-7-6"，表示当窗体 form1 中的文本框 txt1 的内容等于字符串 2003-7-6 时，执行操作列的同行中所列的宏，这个条件需要设置，不能选择。在没有指定运行条件时，这列可以隐藏起来，不被使用。

● 操作列。宏的操作名称，可以通过单击右侧下拉列表按钮，从弹出的下拉列表中选择单击操作名称。条件列的同行为其运行条件，这列不能隐藏。

● 注释列。给出对宏的文字解释，可以添加、编辑和清除。对宏的执行没有影响。

● 操作参数：以填表的方式说明操作对象的名称以及操作方式等。

另外，可以通过单击工具栏中的“宏名”按钮或“条件”按钮，增减“宏名”列和“条件”列，参见宏设计窗口(图 8.3)。

宏1 : 宏

宏名	条件	操作	注释
		OpenTable	
	[Text0].[Value]	FindRecord	

图 8.3　宏的设计窗口

2. 编辑宏

(1)宏设计操作

①在数据库窗口中，单击菜单“插入”→“宏”。

②或者在数据库窗口中，单击“宏”对象，单击数据库工具栏上的“新建”按钮。

③弹出宏的设计窗口(图 8.2)。

(2)建立宏

【例 8-2】　建立“按订单号查询”宏。

操作步骤如下：

①在宏编辑窗口中，在宏的操作一列，单击右侧下拉按钮，选择操作 OpenQuery(打开查询)。

②在操作参数中，选择查询“按订单号查询(这个查询可以事先准备好，其中的查询条件来自图 8.1 的窗体中组合框控件 orderNo)”(图 8.4)。

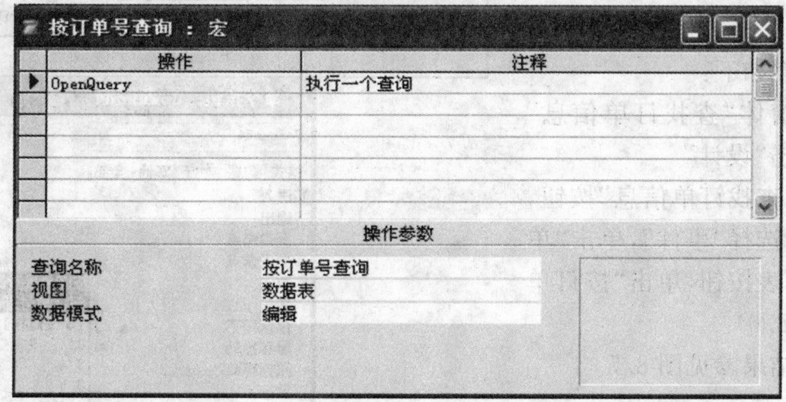

图 8.4　建立宏—按订单号查询

③还设置宏操作的限制条件,需要时在宏对应条件列中输入条件表达式,参见图 8.3 中 FindRecord 的条件是[Text0].[Value],含义是执行一个查找记录的宏,条件是窗体文本框 Text0 中的值。在例 8-1 中,不需要设置条件。

④单击"保存"按钮,命名宏为"按订单号查询"。

⑤关闭宏编辑窗口。

3. 修改宏

宏与其他的数据库对象一样,也可以对其中的操作进行删除、更换或增加。

【例 8-3】 修改"按订单号查询"宏。

操作步骤如下:

①在"数据库"窗口中,单击"宏"对象,单击宏名称"按订单号查询",单击"设计"按钮。

②本次修改添加一个动作"Beep",参见图 8.5。

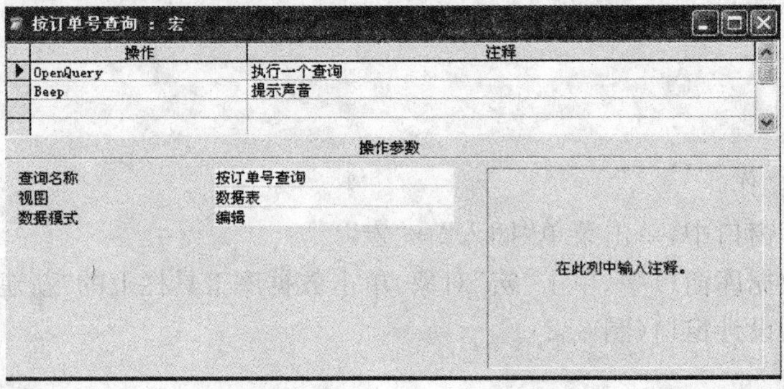

图 8.5 修改宏—按订单号查询

③单击"保存"。

4. 连接宏和控件事件

将宏与控件的事件连接起来,是宏的应用。

【例 8-4】 应用"按订单号查询"宏。

操作步骤如下:

①打开窗体"查找订单信息"(例 8-1),单击"设计"。

②右击"查找订单信息"按钮,单击"属性",选择"事件",单击"单击"属性的列表按钮,单击"按订单号查询"(图 8.6)。

③运行结果参见图 8.7。

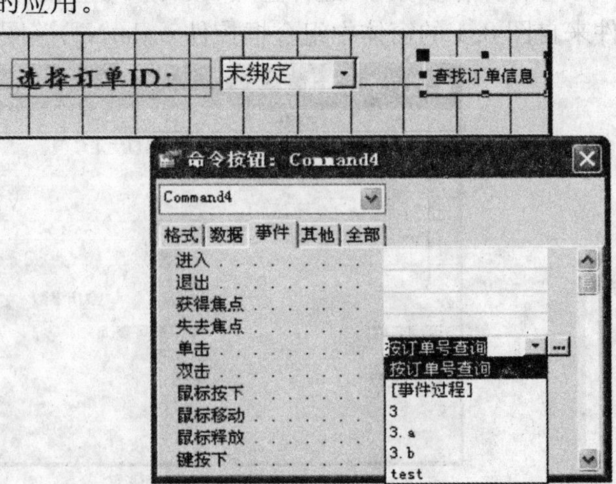

图 8.6 连接窗体事件和宏

图 8.7 执行结果

8.2.2 常用的宏操作

为了方便学习和使用，下面介绍一些常用的宏操作，参见表 8.1。

表 8.1 常用的宏操作

操　作	常用宏操作说明
Beep	通过计算机的扬声器发出嘟嘟声
Close	关闭指定的 Microsoft Access 窗口。如果没有指定窗口，则关闭活动窗口
GoToControl	把焦点移到打开的窗体、窗体数据表、表数据表、查询数据表中当前记录的特定字段或控件上
Maximize	放大活动窗口，使其充满 Microsoft Access 窗口。该操作可以使用户尽可能多地看到活动窗口中的对象
Minimize	将活动窗口缩小为 Microsoft Access 窗口底部的小标题栏
MsgBox	显示包含警告信息或其他信息的消息框
OpenForm	打开一个窗体，并通过选择窗体的数据输入与窗口方式，来限制窗体所显示的记录
OpenReport	在设计视图或打印预览中打开报表或立即打印报表，也可以限制需要在报表中打印的记录
OpenQuery	打开一个查询
PrintOut	打印打开数据库中的活动对象，也可以打印数据表、报表、窗体和模块
Quit	退出 Microsoft Access。Quit 操作还可以指定在退出 Access 之前是否保存数据库对象
RepaintObject	完成指定数据库对象的屏幕更新。如果没有指定数据库对象，则对活动数据库对象进行更新。更新包括对象的所有控件的所有重新计算
Restore	将处于最大化或最小化的窗口恢复为原来的大小
RunMacro	运行宏。该宏可以在宏组中
SetValue	对 Microsoft Access 窗体、窗体数据表或报表上的字段、控件或属性的值进行设置
StopMacro	停止当前正在运行的宏

在建立宏的过程中，可以根据实际需要，选择合适的宏。

8.2.3 触发宏的常用事件

Access 的宏是通过窗体或控件的相关事件调用的，能够实现有关窗体、报表、查询的功能，使用起来非常方便。

1. 数据处理事件

(1)AfterDelConfirm(确认删除后)

事件发生在确认记录删除并且表记录已经被删除，或者在取消删除之后。

(2)AfterInsert(插入后)

事件发生在数据库中插入一条新记录之后。

(3)AfterUpdate(更新后)

事件发生在控件和记录的数据被更新之后。

(4)BeforeDelConfirm(确认删除前)

事件发生在删除一条或多条记录后，但是在确认删除之前。

(5)BeforeInsert(插入前)

事件发生在开始向新记录中写第一个字符后，但记录还没有添加到数据库时。

(6)BeforeUpdate(更新前)

事件发生在控件和记录的数据被更新之前。

(7)Change(更改)

事件发生在文本框或组合框的文本部分内容更改时。

(8)Current(成为当前)

当把焦点移动到一个记录，成为当前记录时，事件发生了。

(9)Delete(删除)

事件发生在删除一条记录时，但在确认之前。

(10)OnDirty(有脏数据时)

事件一般发生在窗体内容或组合框部分的内容改变时。

(11)NotInList(不在列表明)

当输入一个不在组合框列表中的值时，事件发生。

2. 焦点处理

(1)Activate(激活)

当窗体或报表等成为当前窗口时，事件发生。

(2)Deactivate(停用)

事件发生在其他 Access 窗口变成当前窗口时。例外是当焦点移动到另一个应用程序窗口、对话框或弹出窗体时。

(3)Enter(进入)

事件发生在控件接收焦点之前，事件在 GetFocus 之前发生。

(4)Exit(退出)

事件发生在焦点从一个控件移动到另一个控件之前,事件在 LostFocus 之前发生。

(5)GotFocus(获得焦点)

当窗体或控件接收焦点时,事件发生。

(6)LostFocus(失去焦点)

在窗体或控件失去焦点时,事件发生。

3. 键盘输入

(1)KeyDown(键按下)

事件发生在控件或窗体具有焦点、并在键盘按任何键时。但是对窗体来说,一定是窗体没有控件或所有控件都失去焦点时才能接受该事件。

(2)KeyPress(击键)

事件发生在控件或窗体有焦点、当按下并释放一个产生标准 ANSI 字符的键或组合时。但是对窗体来说,一定是窗体没有控件或所有控件都失去焦点时才能接受该事件。

(3)KeyUp(键释放)

事件发生在控件或窗体有焦点、释放一个按下的键时。但是对窗体来说,一定是窗体没有控件或所有控件都失去焦点,才能获得焦点。

4. 鼠标操作

(1)Click(单击)

事件发生在对控件单击时。对窗体来说,一定是单击记录选定器、节或控件之外区域时才能发生该事件。

(2)DblClick(双击)

事件发生在对控件双击时。对窗体来说,一定是双击空白区域或窗体上的记录选定器时才能发生该事件。

(3)MouseDown(鼠标按下)

事件发生在当鼠标指针在窗体或控件上,按下鼠标时。

(4)MouseMove(鼠标移动)

当鼠标指针在窗体、窗体选择内容或控件上移动时事件发生。

(5)MouseUp(鼠标释放)

当鼠标指针在窗体或控件上,释放按下的鼠标时发生事件。

本书只列出经常使用的事件。在后面的小节中,将讨论如何使用事件来触发宏。

8.2.4　示　例

本小节通过一个示例,将宏的设计与应用方法贯穿起来,综合说明宏的设计与一般使用方法。

【例 8-5】　建立“消息框”宏,宏的基本功能是:检查从窗体中输入的密码正确与否,如果不正确,弹出消息框,提示密码错误,假定系统的密码是“PWUIBE”。

要完成密码检验的工作,必须具备密码的窗体、检验密码正确与否的宏,以及反馈密码正确与否的消息框。

操作步骤如下:

第一步:建立宏。

①在数据库窗口,单击“宏”对象,单击“新建”按钮,进入宏编辑窗口,将“条件”列显示出来。

②在“条件”列第一行写入条件:[输入口令].[Value]="PWUIBE"。

说明:

- 条件的含义是从“输入口令”窗体输入的口令等于 PWUIBE。
- 字母的书写要注意大小写和全角和半角的区别。
- “输入口令”是检查口令的窗体中文本框的名字。
- 如果是字符型的文本[Value]可以省略。

在条件的同行中,单击“操作”列,单击显示的下拉列表按钮,选择其中的宏操作,在这个例子中,选择 OpenForm(打开窗体)(图 8.8)。

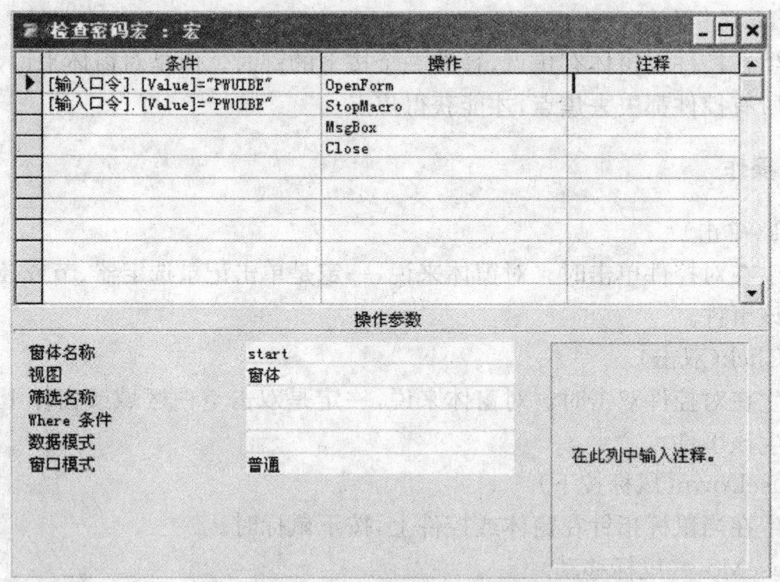

图 8.8 宏的举例

③宏设计窗口下半部分是操作参数,图 8.8 显示了打开窗体的名称等信息:

- 窗体名称:打开窗体“Start”。
- 视图:以窗体形式打开,而不是设计视图等形式。
- 窗口模式:普通窗体,不隐藏,不是对话框等。

④第 2 行的操作是“StopMacro”,作用是停止当前宏的操作。

⑤第 3 行的隐含条件是[输入口令].[Value]< >"PWUIBE",操作为“MsgBox”,作用是当输入口令不是"PWUIBE"时,弹出一个消息框,可以在操作参数中填写消息等信息,参见图 8.8。

⑥在 MsgBox 的下一行，选择 Close，其作用是关闭数据库对象（当口令不正确时，不允许打开数据库，起到保护数据库的作用）。

⑦单击“保存”按钮，命名宏为“检查密码宏”。

⑧关闭宏编辑窗口。

举例所建立的宏与窗体的操作有关，到现在还不能建立运行宏。

第二步：连接宏和窗体。

建立一个窗体，用一个按钮单击事件触发“检查密码宏”宏。

①在数据库窗口，单击“窗体”对象，单击“设计”按钮。

②在窗体上添加一个文本框，单击工具箱中文本框按钮→窗体网格，建立文本框。

③右击文本框，单击“属性”→“全部”或“其他”选项卡，将文本框的名字更改为“输入口令”。

④将文本框的“输入密码”的“输入掩码”属性选择“PASSWORD”；关闭“属性”对话框。

⑤在窗体上添加一个按钮，并把它的名字更改为“检测密码”，方法与建立文本框相似，不再赘述。

⑥右击按钮，单击“属性”→“事件”选项卡，单击“单击”项，单击出现的下拉按钮，选择“检查密码宏”（图 8.9）。

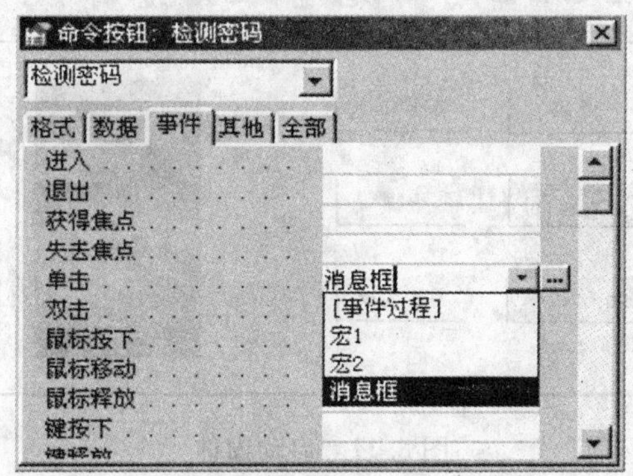

图 8.9 按钮属性—事件

⑦关闭“属性”对话框，保存修改结果。

现将窗体切换到窗体视图，输入一个错误密码，单击“检测密码”按钮，由于输入的密码是错误，所以，会出现图 8.10 所示的消息框。

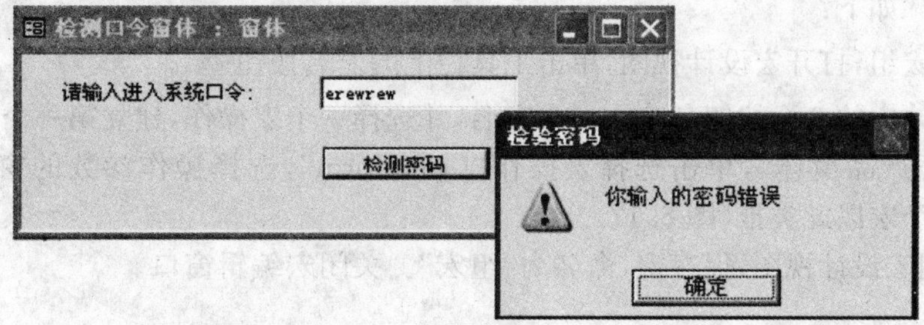

图 8.10 消息框

练习 8.1

(1)建立名称为“打开产品查询窗体”的宏，打开的查询是在第 6 章中建立的任何一个查询结果。

(2)建立一个窗体，建立一个按钮，加载(1)中建立的宏。

8.3 宏 组

在 8.1 节中已经介绍了宏组，不再赘述。本节主要介绍如何建立宏组，以及如何使用宏组中的宏的方法。

图 8.11 是示例数据库的启动窗体，在窗体一章中，是利用其他方式打开报表和窗体的，本例利用宏组，打开不同的窗体和报表。图中共有 6 个按钮，单击后的效果是不同的，一个宏解决不了问题。可以将 6 个宏放到一个的宏组“组宏”中。

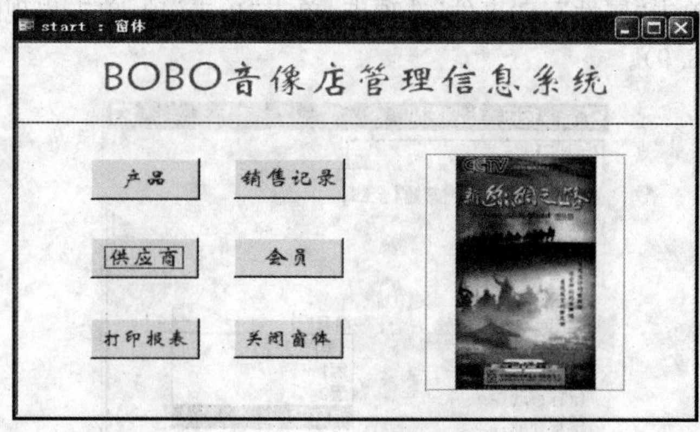

图 8.11 启动窗体

8.3.1 建立宏组

【例 8-6】 建立 6 个宏的宏组“组宏”。

操作步骤如下：

①创建宏组，打开宏设计视图，单击工具栏上的宏名按钮 。

②为窗体中的 6 个按钮各建立一个宏名，并选择一个宏操作，建立第一个按钮对应的宏名为“打开产品窗体”，单击选择宏操作“OpenForm”，选择操作参数的窗体名称“产品”，以下 5 个宏以此类推(图 8.12)。

(3)关闭宏设计视图，保存宏，命名为“组宏”。关闭宏编辑窗口。

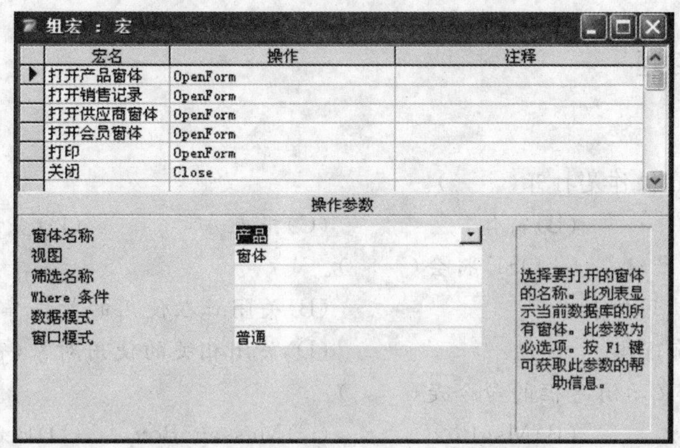

图 8.12　建立宏组

8.3.2　使用宏组

本小节介绍如何将宏组中的宏连接到控件的事件上。

【例 8-7】　连接宏与按钮的单击事件，利用宏组，打开不同的窗体和报表。

操作步骤如下：

①切换到窗体设计视图，设置每个按钮的属性，单击“事件”选项卡，选择“单击”事件，在出现的下拉列表框中选择合适宏（格式为“宏组名．宏名”的宏）。例如，选择“组宏.打开产品窗体”（图 8.13）。

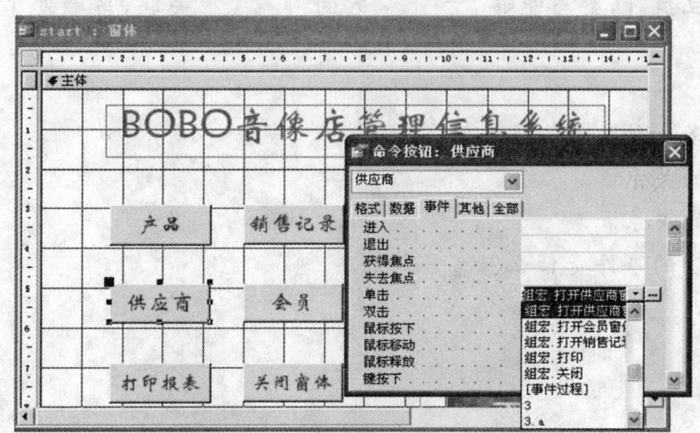

图 8.13　设置按钮的事件属性

②关闭“属性”对话框，完成窗体与宏的连接。

③单击“保存”。

练习 8.2

建立一个包括 2 个宏的宏组，2 个宏分别完成打开显示今天的日期的消息框、打开“订单”表。宏组名称为“测试”。

思考题和习题

一、选择题

1. OpenForm 操作是打开(　　)。

(A)表　(B)窗体　(C)报表　(D)查询

2. 如果不指定对象,CLOSE 将会(　　)。

(A)关闭在使用的表　(B)关闭正在使用的数据库

(C)关闭当前窗体　(D)关闭相关的使用对象(窗体、查询、宏)

3. 打开用户显示消息框的命令是(　　)。

(A)InputBox　(B)MsgBox　(C)MessageBox　(D)Beep

4. 宏组是由(　　)组成的。

(A)若干宏操作　(B)子宏　(C)若干宏　(D)都不正确

5. 用于打开一个报表的宏命令是(　　)。

(A) opentable　(B) openreport　(C) openform　(D) openquery

6. 宏设计工具栏中的按钮 是(　　)。

(A)显示/隐藏宏设计窗口中的"宏名"栏　(B)显示/隐藏宏设计窗口中的"条件"栏

(C)运行宏　(D)一次运行一个宏命令

二、填空题

1. 宏可以打开________、________和________等对象。

2. 引用宏组中的宏采用的语法是________。

3. 宏不能独立执行,要与能够________宏的________关联,当触发了事件,才会执行这个________。

三、思考题

1. 宏大概有多少种?

2. 宏与宏组的关系。

3. 宏与窗体的关系。

4. 一般触发宏的事件是什么?

实验

练习目的

学习建立宏与使用宏的方法。

练习内容

1. 完成本章的实习内容。

2. 打开"罗斯文示例数据库",了解"客户"、"供应商"宏的设计方法。

3. 为"图书借阅"数据库建立以下宏:

(1)建立一个"输入密码"宏,并建立一个检查验密码的窗体。

(2)建立一个宏组,可以打开主窗体中各命令按钮所指定的窗体。

第 9 章

在 Access 中运用 VBA

有些情况下，宏不能提供程序语言的全部功能，运行起来速度比较慢。微软提供了程序语言 Visual Basic for Application(VBA)的功能，通过建立并执行程序可以胜任宏力所不及的工作。模块是将 VBA 代码的声明、语句和过程作为一个单元进行保存的集合，是基本语言的一种数据库对象，数据库中的所有对象都可以在模块中进行引用。利用模块可以创建自定义函数、子程序以及事件过程等，来完成复杂的计算功能。使用模块可以代替宏，并可以执行标准宏所不能执行的功能。

【本章要点】

- VBA 以及程序的组成
- VBA 对数据库对象进行编址的方法
- 使用 VBA 编辑器的方法
- 简单的 VBA 过程开发、调试方法

9.1 什么是 Visual Basic for Application

Visual Basic for Application(VBA)是 Access 内置的程序语言，它建立在 Basic 程序语言的基础上，与 Visual Basic 开发工具有许多相似之处。如果有一些 Visual Basic 编程基础，或熟悉其他的程序语言，就能轻松地运用 VBA 进行编程；如果不熟悉其他语言，通过循序渐进地学习，也可以基本掌握 VBA 的使用方法。

9.1.1 VBA 的相关概念

(1)过程。是完成指定任务的一段程序命令代码，可以通过调用的方式使用。过程有函数和子程序两种类型。

(2)函数。是具有返回值的过程，典型的函数在被调用时出现在“=”符号的右边。

(3)子程序。是执行完成后不返回任何值的过程。

(4)模块。是若干过程的有机集合，通常做法是将模块连接到窗体或报表上。

9.1.2 获取有关 VBA 的帮助

在使用 VBA 编程时，遵循 VBA 的编程规则是很重要的，可以通过使用联机帮助系统，帮助了解某一主题、函数或语句的相关信息，学习并掌握相关的规则和使用方法。

9.2 程序的组成部分

在 VBA 中，程序是由过程组成的，过程是由根据 VBA 规则书写的指令组成。VBA 的规则被称为“语法”，如果不遵循程序语言的语法，就不是一个合法的程序。

一个程序包括以下基本要素：

- 语句。
- 变量。
- 运算符。
- 函数。
- 数据库对象和对象库。
- 事件。

下面我们给每个要素做简要的说明。

9.2.1 语　句

在 VBA 中编写程序时，要写出命令，建立程序语句，例如，在程序中普遍使用以下代码：

```
Option Compare Text
```

Option Compare 是一个 VBA 语句，Text 是一个参数，提供对该语句的补充说明，它与宏的参数类似，例如：

```
Option compare Binary     '这样,"AAA" 将小于"aaa"
Option compare Text       '这样,"AAA" 将等于"aaa"
```

VBA 定义了许多语句，可以把这些语句使用在程序中，语句的用途非常广泛，需要在不断的学习中逐渐掌握其使用的方法，在后面的举例会有一些常用的语句。

9.2.2 变　量

有时，需要有个缓冲的地方暂时保存一些数据，最合适的方法就是使用变量，它们在内存中存储信息，可以给变量赋初值，可以在程序中用命令语句更改变量的值。

例如，如果判断出输入的密码是正确的，就允许进入音像店的管理系统。那么变量在其中所起的作用是将输入的密码保存在内存，根据与预置的密码判断比较是否一致，并根据不同的判断结果进行不同的操作。

变量的使用与如下内容密切相关。

1. 数据类型

在定义表时，需要定义 Access 存储在该表每个字段中数据类型，定义变量与定义字段类似，也需要定义类型，在一段程序中，应该声明变量中存储哪种类型的数据，使用正确的数据类型以便让 VBA 正确处理变量。

VBA 支持 11 种不同的数据类型，见表 9.1。

表 9.1　VBA 支持数据类型

数据类型		取值范围	类型
布尔型	Boolean	True/False	逻辑
字节型	Byte	0～255	数值
整型	Integer	－32768～32767 用％表示，如 56％	数值
长整型	Long	－2147483648～2147483647 用 & 表示，比如 56000&	数值
单精度型	Single	－3.402823E38～3.402823E38 用！表示，比如 3.1415926！	数值
双精度型	Double	－1.79769313486232E308～1.79769313486232 用＃表示，如 3.1415926＃	数值
货币型	Currency	－922337203685477.5808～922337203685477.5807 用@表示，如 56.00@	数值
日期型	Date	100-1-1 到 9999-12-31 用＃括起来，如＃2003-4-28＃	日期
字符串型	String	长度为 65535 个字符，用“""”括起来，如"UIBE"	字符串
对象型	Object	引用数据库对象	
可变型	Variant	随变量中存储信息的特性而变化	

VBA 变量的数据类型要与字段的数据类型相吻合。在表 9.1 中，显示不同数据类型之间的主要差别在于变量值的范围和精确度。

(1)字符串数据类型与字段中的文本数据类型相似，包含任何字符。

(2)日期数据类型在 VBA 中以数字的方式存储。这个数字的表示方法(如 2006 年 10 月 16 日)只是一种格式，并不是日期数字本身，它是从 1899 年 12 月 30 日开始截止到该日期的天数。

(3)对象数据类型用于连接到 Access 中保存的某个对象上，如链接到表、窗体、报表或者其他对象。

(4)可变数据类型变量很特别，它能自动适应包含在其中的信息类型，例如，可变型变量中存储的是字符串，变量就是字符型的。可变型变量可以存储 9 种类型的数据，分别为 Empty、NULL 型、整型、长整型、单精度型、双精度型、货币型、日期型和字符串型。

注意：NULL 表示程序还没有为该变量分配一个值，可变型变量为 NULL 值的情况出现在程序已经完成了初始化,还没有包含任何数据的状态。

2. 科学计数法

科学计数法表示计算机系统中非常大或非常小的数,例如,表示数 10,578,000,000,000,可以写成 1.0578E13,数字 0.123456789 可以表示成 1.23456789E-1。

具体写法如下:

①首先移动小数点在数字 1~10 之间。

②在 E 后面加上刚才移动小数点的位数,如果将小数点往左移,则 E 后面的数字为正;如果将小数点往右移,则 E 后面的数字为负。

③如果将科学计数的数转换成一般的方法来表示,方法相反,根据 E 后面的数字将小数点移动相应的位数。

④VBA 中科学计数法的表示方法有不同的数据类型,3.14E12 属于单精度型数据,3.14D12 属于双精度型数据。

3. 声明变量

在程序中使用变量之前,首先应声明变量,让 VBA 知道在程序中要使用的变量的名称、数据类型和所需要占用的内存空间的大小。

声明变量的方法有隐式声明和显式声明。

(1)隐式声明

有时,在程序中不对变量做类型的声明而直接使用,这种方式是隐式声明方式,变量的类型由所赋值的数据决定。例如,如果前面语句没有使用过 avgNumber,在程序中遇到以下的命令,那么 VBA 在使用就对 avgNumber 做隐式声明。

```
avgNumber = 12
```

语句的作用是将一个单精度数 12 赋值给 avgNumber 变量,因此这个变量被隐式声明为单精度型变量。

如果利用以下语句,则 avgNumber 的类型就是字符串型的。

```
avgNumber = "UIBE"
```

(2)显式声明

显式声明是在使用变量前声明该变量的数据类型,显式声明中使用以下关键字:

• Dim。定义独立变量,有效范围是在当前过程。每次调用进程,VBA 都要重新声明独立变量,完成过程后,变量失效,变量中的值消失。

• Global。定义全局变量,有效范围是在整个程序。可以在程序的任何过程访问全局变量,变量值的变化是连续的。

• Static。定义静态变量,与独立变量类似,但每次调用过程时 VBA 不重新声明和初始化静态变量,这个特点使得这个类型的变量在重复执行一个过程中,变量的值连续变化。

一般情况下,在程序中使用显式声明,VBA 检查并确认程序中所使用的变量是正确的。对变量进行必需的显式声明的方法是:在程序的声明部分(在定义任何变量之前)加入以下语句:Option Explicit,它的作用是必须给过程中所使用的任何变量做显式声明。

【例 9-1】　声明变量

```
Option Explicit       '显式地声明变量。
Dim aVar              '声明变量。
Dim aInt as integer   '声明变量。
aInt = 10             '给变量赋值。
aVar = 10             '对声明的变量不会产生错误。
```

4. 变量数组

一个变量中,只能保存一个数据,如果想保存如员工的基本信息(员工 ID、姓名、电话等)这样的一组数据时,如用多个不相关的变量,处理数据十分不方便。利用变量数组,一个名称下存在若干元素,保存相关的员工信息,非常实用。数组变量使用下标区分同一个变量数组中的各个数组元素。

【例 9-2】　将一个变量声明为字符串类型的数组,并将下标数目设为 20。

```
Dim Employees(20) As String
```

Employees 是字符串数组,其中包括从 1 到 20 共二十个元素,即 Employees(0)、Employees(2),到 Employees(19),默认的下标从 0 开始,这些元素具有共同的数组名称 Employees。

数组中每一个元素都相当于一个变量,每个元素都可以保存一个字符串。在这个举例中,尽管 Employees 数组包括 20 个元素,但还是一维数组。如果希望在数组中保存若干供应商的信息时,一维数组解决不了问题,需要多维数组。

【例 9-3】　定义二维数组。

```
Dim Suppliers(15,6) As String
```

Suppliers 是二维数组,其中包括 90 个元素(15×6 = 90),每个元素都是一个独立的变量。一般情况下,一维或二维数组足以满足需要了。

5. 变量赋值

给变量制定一个特定的值,就是给变量赋值。赋值操作符“=”在表达式中起到给变量赋值的作用。

【例 9-4】　给 I、J、S 变量赋值。

```
Dim I,J as Integer, S as Single
Dim supTitle As String
I = 1
J = 10
S = i/j
supTitle = "紫金城影视"
```

经过类型定义后,I、J、S 变量分别是整型、整型和单精度数值型,supTitle 是字符型的变量;在赋值语句后,I 变量中的初值为 1,J 中是 10,S 是 I 和 J 相除的结果,给字符型变量赋值时,需在赋值表达式中用引号引用这些字符,supTitle 中是字符串“紫金城影视”。

6. 变量命名规则

在为变量命名时必须遵循 VBA 的准则，这些准则是：

(1)变量名必须以字母开头。

(2)变量名中不能包含空格。

(3)变量名长度在 40 个字符以内。

(4)变量名不能是 VBA 的保留字。

保留字是 VBA 中的语句、函数或关键字等，例如 if、as。在 VBA 编辑器的在线帮助系统中，可以查找 VBA 的保留字。

9.2.3 运算符

在表达式中，要使用运算符。VBA 的运算符分为以下四种：①数学运算符：组成数学表达式，包括加、减、乘、除等。②比较运算符：比较两个操作数之间的关系，比较运算的结果为 True 或 False。③连接运算符：连接两个字符串。④逻辑运算符：测试条件，逻辑运算的结果是 True 或 False。

在表 9.2 中列出 4 个类型的 20 种常用 VBA 运算符。

表 9.2 VBA 中的运算符

类 别	运算符	含 义
数学运算符	+	加法运算
	−	减法运算
	*	乘法运算
	/	除法运算
	^	乘方运算
	\	整除运算
	Mod	模运算
比较运算符	=	等于
	<	小于
	>	大于
	<=	小于等于
	>=	大于等于
	<>	不等于
连接运算符	&	合并字符串
逻辑运算符	AND	与
	EQV	相等
	IMP	蕴涵
	NOT	否
	OR	或
	XOR	异或

9.2.4　函　数

VBA 提供了大量的函数，函数是具有返回值的过程，通过使用函数，可以避免进行重复性的编程工作。

VBA 中有一些设置好的函数，可以直接使用，被称为内置函数。按照其工作类型一般分为：数学函数、财务函数、转换函数、串函数、日期和时间函数、超越函数、杂函数/辅助函数。

【例 9-5】　使用 Len 函数计算字符串的长度。

```
Dim StrLong As Integer, AString As String
StrLong = Len(AString)
```

第一个语句作用是定义两个变量，第二个语句的作用是将变量 AString 中字符串的长度赋值给变量 StrLong，如果 AString 中包括 30 个字符的字符串时，Len 函数将把值 30 赋给变量 StrLong。

在 Len(AString)中，AString 是 Len 函数的参数。函数中所使用参数视具体函数而定。

9.2.5　连接数据库对象

本小节介绍将数据库对象表、窗体、报表、宏等对象与 VBA 连接的方法。

从程序设计的角度，这是一种叫做 DAO 数据访问对象的技术。DAO 技术的框架可以识别两种类型的数据库组成部分：对象和对象库。

(1)对象是数据库组成部分，对象还可以包括其他对象或对象库。

(2)对象库是一组相关对象，提供一种同时连接整个组中对象的方法。

表 9.3 中列出了 DAO 框架中的各种对象库和对象。

表 9.3　VBA 可以识别的 DAO 对象库和对象

对象库	对　象	描　　述
Containers	Container	容纳其他对象的信息
Databases	Database	一个打开的 Access 数据库
	DBEngine	Jet 数据库引擎
Fields	Field	表、查询、记录集、索引或关系中的一列
Groups	Group	当前工作组中的一组用户帐号
Indexs	Index	表的索引
Parameters	Parameter	查询的参数
Properties	Property	对象的属性
QueryDefs	QueryDef	已经保存的查询信息
Recordsets	Recordset	表或查询中定义的多条记录
Relations	Relation	表或查询中各个字段间的关系
TableDefs	TableDef	数据库中已经保存的表
Users	User	当前工作组中的一个用户帐号
Workspaces	Workspace	Jet 数据库引擎中的激活部分

另外 Access 还能处理如表 9.4 中所示的对象库和对象(称之为 Access 对象)。

表 9.4 Access 对象

对象库	对　象	描　　述
	Application	Access 中的当前事例
	Control	窗口或报表上的控件
	Debug	VBA 立即窗口
Forms	Form	窗体或子窗体
Reports	Report	报表或子报表
	Screen	视频显示

1. 属性和方法

(1)属性

利用属性定义 DAO 对象库和对象以及 Access 对象的方法,与前面章节介绍的对象属性的定义方法类似。

【例 9-6】 利用 Count 属性,计算正在打开窗体个数。

```
Dim Num As Integer
Num = Forms.Count
Print Num
```

(2)方法

对象和对象库的方法是作用在对象或对象库上的特定函数,在例 9-6 中 Print 是在窗体上显示变量 Num 内容的方法。

2. 对象和对象库编址

Access 提供在数据库中对所有对象进行编址的方法,将对象和对象库组成了一个层次化的系统,这种结构与磁盘目录结构系统非常相似。

在 Access 中,使用惊叹号"!"和句点"."表示层次,它们也被称为对象运算符,比如:

```
音像店管理![供应商]　　'表示"音像店管理"库中的"供应商"表对象
```

如果引用表中的某个属性,使用一个英文句点和属性的名称。

```
音像店管理![供应商].RecordCount　　'表示"音像店管理"中"供应商"对象的记录个数
```

3. 对象变量

VBA 引用对象的方法与变量声明方法相似,如果将变量名分配给一个对象,Access 把对变量名所做的任何引用都作用于它所代表的实际对象上。

【例 9-7】 使用对象变量。

```
Dim cdDB As Database
Set cdDB = DbEngine.Workspaces(0).Databases(0)
```

第一行 Dim 语句定义变量 cdDB 的类型,具有数据库对象的特性;第二行通过 Set 语句将实际值赋给变量,VBA 从 0 开始计数,所以 cdDB(0)表示学生表中的第一个记录,0 是一个记录的偏移量。

当 Access 执行过这两行命令后，VBA 知道 cdDB 引用了一个物理实体，并使用指定的名称，Set 语句将一个实际的值赋给对象变量 cdDB。

9.2.6　VBA 中常用的事件

当触发一个过程的事件发生时，VBA 才能执行过程，在第 8 章中介绍的事件 GotFocus、Click 等都可以作为触发过程的事件；另外，Windows 系统规定当前窗口中只允许一个控件或窗体可以处理键盘事件，这个能处理事件的对象被称为拥有焦点。

1. 窗体常用事件

(1)Load 事件

Load 事件发生在窗体被装入到工作区时，通常用来对窗体上的属性和变量进行初始化设置。

【例 9-8】 在 Load 事件程序中，设置窗体的大小。

```
Sub Form_load( )            '装入窗体事件
Form1.top = 1000            '设置 form1 左上角在屏幕窗口的位置
Form1.left = 2000
Form1.height = 6500         '设置 form1 的高度和宽度
Form1.width = 6600
End Sub
```

(2)Click、DbClick 单击和双击事件

单击或双击窗体事件，前面已经详细讲解，不再赘述。

2. 按钮常用事件

Click 事件是命令按钮最常用的事件。

【例 9-9】 单击按钮后的过程。

```
Private Sub CmdClear_Click()            '单击名为 CmdClear 的按钮的事件
Dim A(9) As Integer
Txtbj = 0                               '将名为 Txtbj 文本框的内容置 0
FOR I = 0 TO 9                          '利用循环给数组元素赋值
    A(I) = I
NEXT I
End Sub
```

3. 文本框常用事件

(1)Change 事件

在程序运行过程中，如果在文本框中输入新的内容，或者程序改变了文本框的 Text 属性值时，就会触发该事件的过程。

【例 9-10】 在窗体设置两个文本框：Text1 和 Text2，通过以下程序，使得在 Text1

文本框中输入的内容，同时出现在 Text2 文本框中。

```
Private Sub Text1_Change()
    Text2.Text = Text1.Text
End Sub
```

(2)KeyPress 事件

当程序运行过程时，在文本框中输入过程中，每按一次键，就会触发一次 KeyPress 事件，将所按键的 ASCII 值作为参数，传递给该事件的过程。事件最常用于判断是否键入回车，表示文本输入的结束。

(3)GotFocus

当使用〈Tab〉键或单击对象时，参见例 9-11。

【例 9-11】 当光标落在一个控件上，或者使用 SetFocus 使得光标落在控件或窗体上，触发事件过程。

```
Private Sub txtR_GotFocus()
    Dim A as integer, B as integer
    A = 12
    B = 1
    If A * B  >= B^2  Then                '判断 A 与 B 的乘积和 B 的平方值的大小关系
      txtR.Text = "A * B>= B^2"           '当第一值大于等于第二个值，txtR 中显示字符串
     "A * B>= B^2"
    Else
      txtR.Text = "A * B<B^2"             '当第一值小于第二个值，txtR 中显示字符串
     "A * B<B^2"
    End If
End Sub
```

(4)LostFocus

当使用 TAB 键离开当前文本框或用鼠标单击其他对象时，称为失去焦点。

【例 9-12】 利用"失去焦点"触发事件过程，改变文本框的颜色。

```
Private Sub Text2_LostFocus()
Text4.BackColor = vbBlue                  '将文本框背景颜色设置为蓝色
End Sub
```

(5)SetFocus

它的作用是设置对象为焦点，参见例 9-13。

【例 9-13】 在给文本框赋值之前，通过 SetFocus 将文本框设置为当前焦点。

```
Private Sub Form_Click()
Static s As Integer
s = s + 1
Text4.SetFocus                            '将文本框 Text4 设置为焦点
Text4.Text = "您单击窗体" + str(s) + "次了!"
End sub
```

4. 组合框和列表框的常用事件

(1)组合框事件

组合框的事件依赖于它的 Style 属性：

- Style=0,可以响应 Click、change 和 dropdown 事件。
- Style=1,可以响应 Click、DbClick 和 change 事件。
- Style=2,可以响应 Click 和 dropdown 事件。

一般情况下,只需要读取组合框的 Text 属性值。

(2)列表框事件

列表框可以接受 Click、DbClick、GotFocus 和 LostFocus 事件;单击一个命令按钮读取列表框中的 Text 属性值是更实用的。

9.2.7　VBA 的结构控制语句

计算机的程序设计有三种控制结构:顺序、分支和循环。

1. 顺序结构

如果执行程序的顺序是按书写命令的次序执行的,就是顺序结构,参见以下程序。

【例 9-14】　顺序结构。

```
Private Sub Report_NoData(Cancel As Integer)
    Dim strMsg As String, strTitle As String
    Dim intStyle As Integer
    strMsg = "您必须输入一个介于 2006 - 07 - 16 和 2007 - 02 - 06 之间的日期。"
    intStyle = vbOKOnly
    strTitle = "日期区间无数据"
    MsgBox strMsg, intStyle, strTitle
End Sub
```

说明：

①Dim strMsg As String 语句将变量 strMsg 定义为字符类型,变量 strTitle 被定义为字符类型,变量 intStyle 是整数型。

②第三句是赋值语句,将字符串"您必须输入一个介于 1996-07-16 和 1998-05-06 之间的日期。"赋值给内存变量 strMsg。

③第四、第五也是赋值语句。

④第六语句显示一个消息框,显示 strMsg 变量中的内容,标题是 strTitle 中的内容,消息框的形式由 intStyle 变量内容决定。

⑤六条语句在 Private～End Sub 之间,表示一个程序子过程,将按顺序执行。

2. 分支结构

在例 9-11 中,判断 A＊B 和 B^2 中的大小关系,A＊B 结果大于或等于 B^2 结果时,在

txtR 中显示 A * B >= B^2，否则显示 A * B < B^2。

①txtR 是窗体的控件名称，文本框。

②A、B 的两个变量。

典型的 If-Else-Endif 分支结构参见图 9.1。

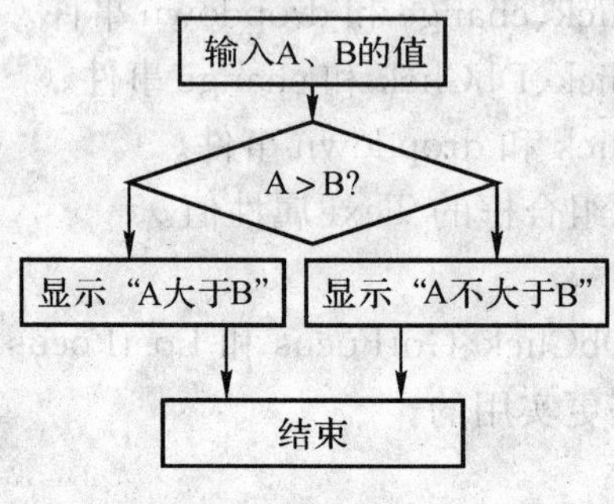

图 9.1 分支结构

分支结构还有其他几种形式：

(1)单分支结构 If-Then

【例 9-15】 单分支结构。

```
Private Sub txtR_GotFocus()
  If Val(txt1) >= Val(txt2) Then          '判断 txt1 中的值大于等于 txt2 中的值?
    txtR.Text = "txt1>=txt2"              '是真的，将字符串 txt1>=txt2 赋值给 txtR
  End If
```

例 9-15 程序与例 9-11 的程序区别在：如果 txt1 中内容小于 txt2 中内容时，不显示结果。

如果 If 语句下面只有一条语句时，还可以简化为：

```
  If Val(txt1) >= Val(txt2) Then    txtR.Text = "txt1>=txt2"
```

(2)多分支结构 If-Then-Elseif

结构如下

```
IF <条件 1> then
   [语句块 1]
Elseif   <条件 2> then
      [语句块 2]
    Elseif   <语句块 3> then
        Else
          [语句块 n]
End If
```

(3)多分支 Select-Case-End Select

【例 9-16】 统计单击窗体的次数，根据不同的次数，在窗体的文本框 txt 中显示不同的次数，注意阴影部分的语句。

```
Private Sub Form_Click()
Static s As Integer                       '定义 s 为静态变量，过程完成后还能保留其中的
                                          内容
```

```
s = s + 1                                   '计数器,累计单击窗体次数
txt.SetFocus                                '将 txt 文本框设置为焦点
Select Case s
  Case 1
    txt.Text = "您单击了 1 次"              '单击 1 次
  Case 2
    txt.Text = "您单击了 2 次"              '单击 2 次
  Case 3
    txt.Text = "您单击了 3 次"              '单击 3 次
  Case 4
    txt.Text = "您单击了 4 次"              '单击 4 次
  Case Else
    txt.Text = "您单击了>=5 次"             '单击 5 次以上
 End Select
End Sub
```

3. 循环结构

使用循环语句(又称控制结构),可以生成重复动作的代码。这种结果十分有用。循环允许重复执行一组语句,重复执行这些语句直到条件不满足为止。

常见的循环结构形式

(1)Do…Loop。循环重复执行语句直到条件不满足结束,适合不预先知道循环次数情形。

(2)For…Next。使用一个计数器来运行一指定次数的语句。用于已知循环次数的情形。

【例 9-17】　计算 1+2+…+100 结果。

```
Private Sub txt_GotFocus()
Dim i As Integer, s As Single
s = 0
For i = 1 To 100 Step 1
   s = s + i
Next i
txt.Text = s
End Sub
```

(1)For-Next 结构

在例 9-17 中,For i = 1 To 100 Step 1 的作用是:i 是循环变量,第一个取值为 1,最大值=100, Step(步长)是 i 变量的变化值;判断 i 值是否大于 100,是,跳到 Next 语句后面一句,不是,执行 For-Next 之间的语句。Next 语句作用是:i=i 值+Step 值,再返回 For 语句,For-Next 成了一个循环结构(图 9.2)。

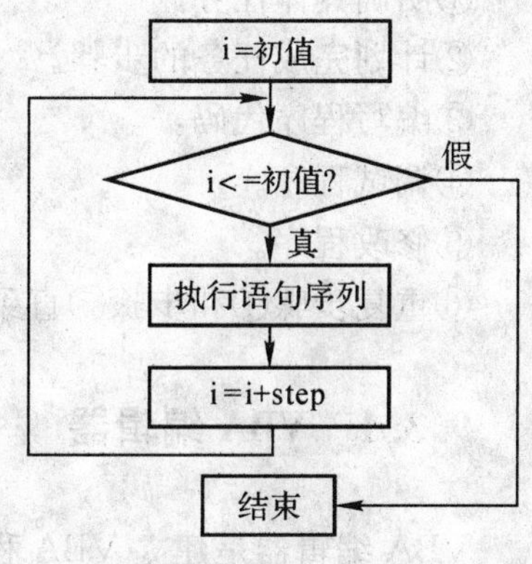

图 9.2　For-Next 结构

练习 9.1

将例 9-17 程序更改为计算 1×2×3×4×…×100 的程序。

(2)Do While-Loop 结构

【例 9-18】 将例 9-17 结构更改为 Do While-Loop 结构。

```
Do While i < = 100
   s = s + i
   i = i + 1
Loop
```

还可以根据实际需要使用循环嵌套,例如,计算乘法 99 表。

练习 9.2

用 Do While-Loop 结构编写程序,计算 1×2×3×4×…×100。

9.3 创建 VBA 模块

模块是将 VBA 代码的声明、语句和过程作为一个单元进行保存的集合,是基本语言的一种数据库对象,数据库中的所有对象都可以在模块中进行引用。在 Access 中模块可以分为两类:类模块和标准模块。

类模块是一种包含对象的模块,当创建一个新的事物时即在程序中创建一个新的对象。窗体和报表模块都属于类模块,而且它们各自与某一个窗体或报表相关联。窗体和报表模块通常都含有事件过程,用于响应窗体和报表中的事件,也可以在窗体和报表模块中创建新过程。

标准模块中含有常用的子过程和函数过程,以便在数据库的其他模块中进行调用。标准模块中通常只包含一些通用过程和常用过程,并不与任何对象相关联。

在 Access 中可以创建标准模块、类模块和过程,创建 VBA 模块的许多步骤与创建宏是极其相似的,VBA 编程的主要步骤如下:

①明确具体任务。

②计划完成任务的步骤。

③编写程序代码。

④调试程序。

⑤修改程序。

⑥重复步骤④和步骤⑤直到工作圆满完成。

9.3.1 VBA 编辑器

VBA 编辑器是建立 VBA 程序的工具。启动 VBA 编辑器方法如下:

①在数据库窗口中,单击"模块"。

②单击“新建”按钮，弹出 VBA 编辑器窗口(图 9.3)。

VBA 编辑器构成部分如下：

(1)“工程”窗口(注意窗口标题)。从工程窗口可以显示工程中不同对象以及定义的所有模块。

(2)“属性”窗口。在“工程”窗口的下方，“属性”窗口指定在“工程”窗口中选定对象的属性。对于大多数简单的开发而言，在“属性”窗口中没有太多的工作。

(3)“模块”窗口。在“模块窗口”编写程序代码，左边是“对象”列表框，右边是“过程”列表框。

- 在“对象”列表框中，选择对象。首次建立模块时，对象框中的文字是“通用”，表示处理的是一个通用的模块，不是针对某个对象。
- 在“过程”列表框中，选择调用的过程名。当指定另一个的过程后，Access 显示在“模块”窗口中的信息随之变化。
- 在“模块”窗口中，遵循 VBA 语法规则填写程序语句。

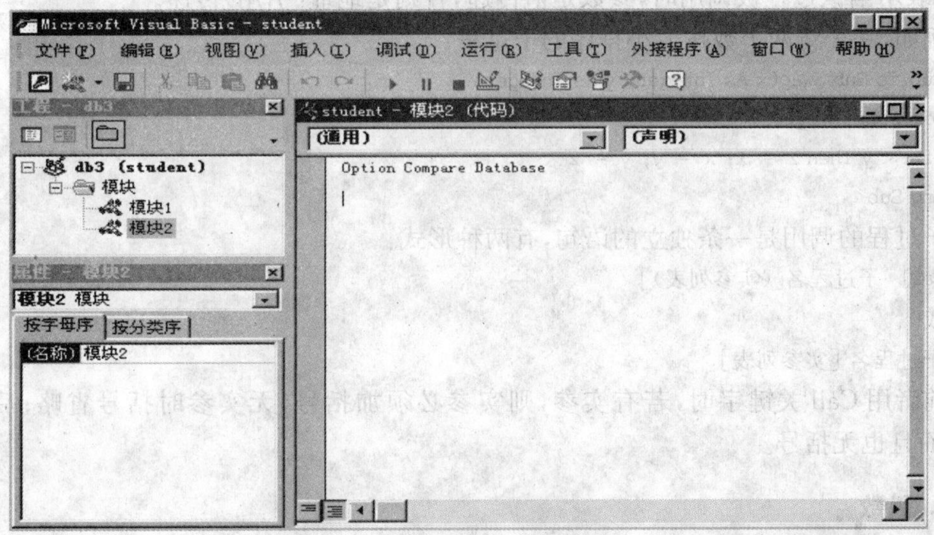

图 9.3　VBA 编辑器

9.3.2　创建新过程

过程是包含 VBA 代码的基本单位，由一系列可以完成某项指定的操作或计算的语句和方法组成，通常分为 Sub 过程、Function 过程、Property 过程。其中，Sub 过程是最通用的过程类型，也称之为命令宏，可以传送参数和使用参数来调用它，但不返回任何值；Function 过程也称自定义函数过程，其运行方式与程序的内置函数一样；Property 过程能够处理对象的属性。

1. SUB 过程

Sub 过程可分为事件过程和通用过程。使用事件过程可以完成基于事件的任务，例如命令按钮的 Click 事件过程、窗体的 Load 事件过程等；通用过程可以完成各种应用程序的共用任务，也可指定特定于某个应用程序的任务。

定义通用过程的格式为：

```
[Public|Private][Static] Sub 过程名[(参数列表)]
[语句块]
End Sub
```

其中，“过程名”的命令规则与变量命名规则相同，“Public”、“Private”、“Static”分别表示公用的、局部的和静态的，“参数列表”形式为：

```
[ByVal]变量名[()][As 类型][,[ByVal]变量名[()][As 类型]...]
```

参数也称为形参或哑元，只能是变量名或数组名(需加括号)，在定义时没有值。ByVal表示当该过程被调用时，参数是值传递，否则是地址(引用)传递。

例如，一个将两个数按大小排序的子过程：

```
Public Sub Swap(x As Integer, y As Integer)
Dim z As Integer
If x < y Then z = x; x = y; y = z
End Sub
```

子过程的调用是一条独立的语句，有两种形式：

```
Call 子过程名[(实参列表)]
```

或

```
子过程名 [实参列表]
```

前者用 Call 关键字时，若有实参，则实参必须加括号，无实参时括号省略；后者无 Call，而且也无括号。

2. 函数

函数是过程的另一种形式，当过程的执行返回一个值时，使用函数就比较简单。要创建一个自定义函数，必须使用 Function 过程，其格式为：

```
[Public|Private][Static] Function 函数名([参数列表])[As 类型]
    [语句块]
    [函数名 = 表达式]
    [Exit Function]
    [语句块]
    [函数名 = 表达式]
End Function
```

其中，“函数名”的命令规则与变量名相同，“As 类型”表示函数返回值的类型；“参数列表”指定参数的个数及类型，即使没有参数，函数名后的括号也不能省略；“Exit Function”表示退出函数过程。

【例 9-19】 定义一个计算存款利息的函数。

若以 d、n、r 分别表示存款的本金、年限和利息，则到期时的提取金额的函数定义如下：

```
Public Function BI(d As Currency, n As Integer, r As Single)
BI = d * (1 + r / 100) ^ n
End Function
```

调用自定义函数与使用内置函数的方法相同。由于函数返回一个值，一般不能作为单独的语句加以调用，必须作为表达式或表达式的一部分，再配以其他的语法成分语句。例如，可在立即窗口中直接输入：

```
? BI(2000,3,4)
```

即可显示结果为 2249.728。

【例 9-20】 建立一个过程，其作用是检查每条记录的"订单 ID"字段，如果与指定值相同，则更改这条记录的"经手人"字段的值。

操作步骤如下：

①在"模块"窗口中输入新过程名，将过程命名为 ChangeSales，过程名称应该尽量表示过程的功能，便于理解。输入：

```
Sub ChangeSales(ID As Integer, sName As String)
```

②按回车键，参见模块窗口(图 9.4)。

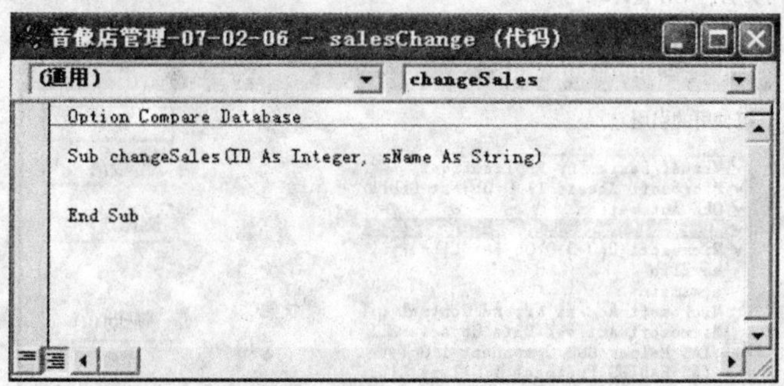

图 9.4　新过程的"模块"窗口

VBA 两行程序是按回车键后自动生成的，Function/End Function 语句定义了函数的起点和终点，在这两行之间可以加入函数的命令语句。

Access 在"过程"列表框中列出新的过程和函数的名称。

9.3.3　使用 ADO

为了举例的顺利完成，首先介绍连接数据库的有效方法 ADO。

1. ADO 简介

ADO (ActiveX Data Objects)是一个自动接口组件，可以同多种编程语言结合起来使用，这些语言包括 Microsoft Visual Basic、VBScript、JScript、Visual C++和 Visual J++。

通过一个简单、统一的应用程序编程接口（API），就可以实现通过 VBA 去访问数据源。ADO 的最新版本可以单独配合 Microsoft Data Access Components 使用。

ADO 定义了编程模型，定义了访问和更新数据源所必需的一系列活动，编程模型概括了 ADO 的完整功能。

可以说，使用 VBA 编程去访问 Access 数据库的前提是必须使用 ADO。

ADO 版本与各种工具和其他应用程序（如 Microsoft® Office® 和 Microsoft SQL Server）一起安装。

2. 在 VBA 中使用 ADO

在 VBA 中使用 ADO 很简单，以 Microsoft Access 软件为例，具体步骤如下：

①在数据库窗口中，创建一个模块或打开一个模块，进入模块编辑状态。

②打开“工具”菜单→“引用”。

③选择列表中的 Microsoft ActiveX Data Objects x. x Library 项。

④至少选择下列项目：

- Visual Basic for Applications。
- Microsoft Access 10.0 Object Library（或更新版本）。
- Microsoft DAO 3.6 Object Library（或更新版本）。

⑤单击“确定”按钮（图 9.5）。

图 9.5 引用 ADO

注意：在使用 VBA 模块之前，必须做这个引用步骤，否则调试过程会出现错误。

9.3.4 指定参数

【例 9-21】 给过程添加参数。

```
Sub ChangeSales(ID As Integer, sName As String)
```

括号中的内容表示函数有两个参数：ID 和 sName，参数的类型分别为整型和字符型，分别对应"销售订单"表中的"订单 ID"字段和"经手人"字段。

注意：函数参数的数据类型一定与数据库表的数据类型匹配。可以打开表的设计视图，检查字段的类型，再选参数，函数将根据参数决定更改哪些记录，以及更改什么内容。

9.3.5　定义变量

继续例 9-21，除了定义函数参数，还应该说明其他变量，比如，作为累加计数器的变量。

【例 9-22】　声明变量。

在过程中增加以下几行，定义变量，本例采用 ADO 的方法连接数据库：

```
Dim cn As ADODB.Connection
Dim rs As ADODB.Recordset
Dim str As String
```

第一行声明一个连接；第二行声明一个是数据集（不严格地说，是表的全部或一个部分）的类型；第三行声明一个字符型变量。

加入语句：

```
Set cn = New ADODB.Connection
Set cn = CurrentProject.Connection
Set rs = New ADODB.Recordset
```

第一、二行将变量 cn 定义为与当前使用数据库的连接；第三行定义 rs 变量是一个新的数据集。

到目前为止，已经完成定义函数的初步工作，参见模块窗口（图 9.6）。

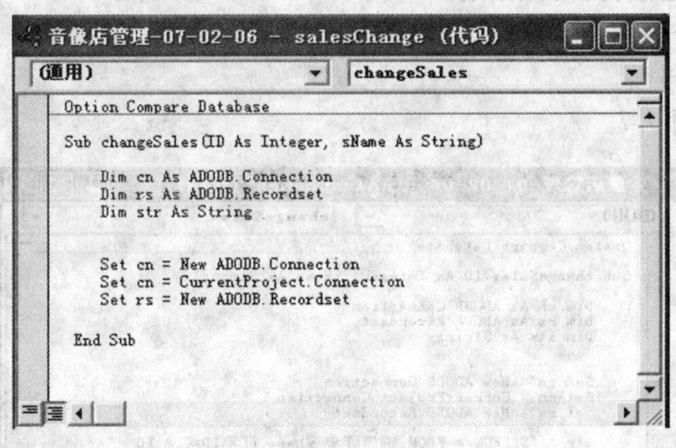

图 9.6　函数—变量定义

9.3.6　检查记录

继续举例，过程的第二部分是按照给定的"订单 ID"打开数据集，并对记录的"经受人”字段进行修改。如果没有对应的记录，则报告没有相关记录。

【例 9-23】 按照给定的“订单 ID”打开数据集，并修改字段。

在函数中增加以下几行：

```
str = "SELECT * FROM 销售订单 where 订单 ID = " & ID
rs.Open str, cn, adOpenKeyset, adLockOptimistic
```

第一行是建立一个 SQL 的语句，目的是按给定的订单 ID 选择记录；第二行的作用是执行建立的命令语句；参数 cn 表示是打开连接的数据库中的表；参数 adOpenKeyset 和 adLockOptimistic 是数据集的打开模式，这两个参数表示这个数据集可以更新。

修改记录的字段：

```
If Not rs.EOF Then
        rs.Fields("经手人") = sName
End If
rs.Update
```

“If Not rs. EOF Then”是判断条件 rs. eof 是否不成立的语句，EOF 的到表的结尾标志的函数，如果没到结尾标志，Not rs. EOF＝True，说明所找的记录存在，否则不存在；第二行是用窗体中输入的新经手人信息更新字段的内容；Update 方法将更改后的信息写回“销售订单”表。

9.3.7 完成函数的创建

继续举例，创建函数的工作进入尾声。

【例 9-24】 关闭打开的数据集。

输入以下命令语句：

```
rs.Close
```

完成过程见图 9.7。

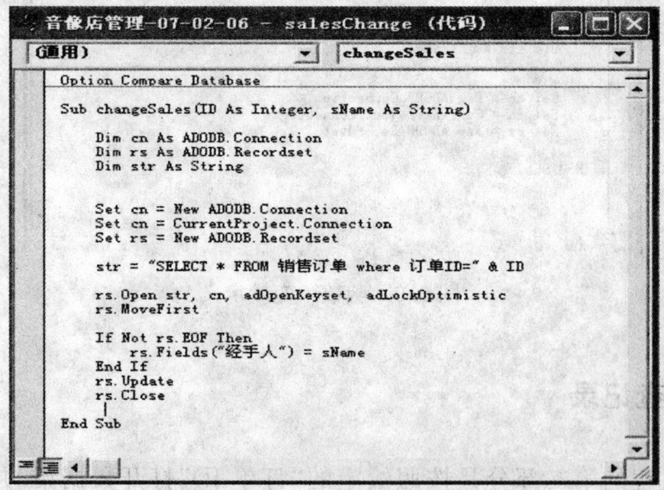

图 9.7　完成后的过程

9.3.8　保存模块

【例 9-25】　保存模块。

①单击工具栏上的"保存"按钮，或打开"文件"菜单→"保存"。

②输入一个模块名称，salesChange，按回车键。

③单击"确定"按钮。

④单击"关闭"按钮，关闭创建的模块。

9.4　调试过程

完成创建过程，下一步是对函数或过程进行调试。VBA 提供了若干种调试的工具，列举如下：

- 立即窗口。
- Debug. Print。
- 设置断点。

9.4.1　使用立即窗口的方法

调试过程最常用的工具应该是立即窗口，立即窗口让调试者立即查看过程或函数的运行结果，发现问题所在。

【例 9-26】　使用立即窗口和 Debug. Print 检测过程。

操作步骤如下：

①在模块编辑状态，打开"视图"菜单→"立即窗口"，立即窗口出现在 VBA 编辑器工作区的底部。

②在过程中添加测试的 Debug. Print 命令，例如 Debug. Print str(在立即窗口显示变量 str 的值)。

在过程中加入一行：

```
Debug.Print "str 的值是" & str
```

当 VBA 执行这一行后，将在立即窗口内显示如图 9.8 所示的内容。

str 的值是

使用 Debug. Print 对程序没有任何影响，而且所有对象都保持原状，所以 Debug. Print 在调试程序时非常实用。

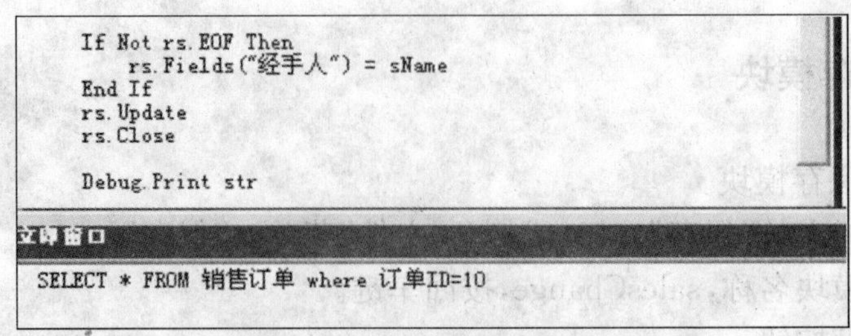

图 9.8　立即窗口与 Debug. Print

9.4.2　设置断点

另一个测试工具是断点调试法，一般来说，设置断点是为了观察程序运行时的状态。

在程序中指定的、希望暂停的地方设置断点，在程序暂停后，可以在立即窗口中显示变量信息。

【例 9-27】　设置断点检查过程。

操作步骤如下：

①将光标定位在希望运行停止的命令行。

②打开“调试”菜单→“切换断点”，或者单击工具栏上的“断点”按钮(图 9.9)。

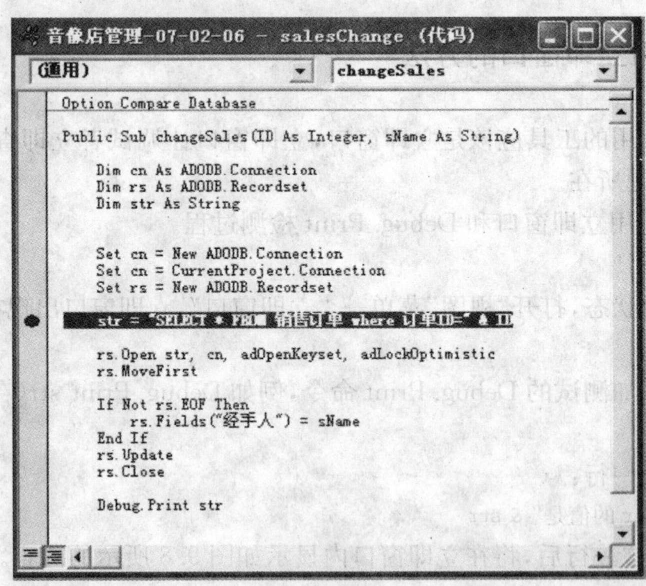

图 9.9　程序中的一个断点

在运行程序时，如果 VBA 遇到设置断点的行，暂停程序运行，等待输入命令。

清除断点的操作步骤如下：

①停止程序运行，将光标定位在包括断点的行上。

②单击“调试”→“切换断点”，或单击工具栏上“断点”按钮。

练习 9.3

将第 8 章建立的“密码检测”宏，改写成一段 VBA 程序代码，密码为 PWUIBE，并利用本章介绍的方法来调试程序。

9.5　将过程连接到窗体中

完成对过程的建立和调试后，将过程连接到窗体，以便当单击命令按钮时能够执行这个过程。

【例 9-28】　使用 Debug. Print 命令检测过程。

将例 9-20 到例 9-27 建立的函数连接到窗体。操作步骤如下：

①建立窗体（图 9.10），建立一个命令按钮“修改经手人”，当单击该按钮后，执行例 9-19设计的 VBA 过程函数。（本例是利用查询向导方法建立的订单号选择组合框，命名为 sID，输入新的经手人文本框命名为 newS，命令按钮被命名为 sChange）。

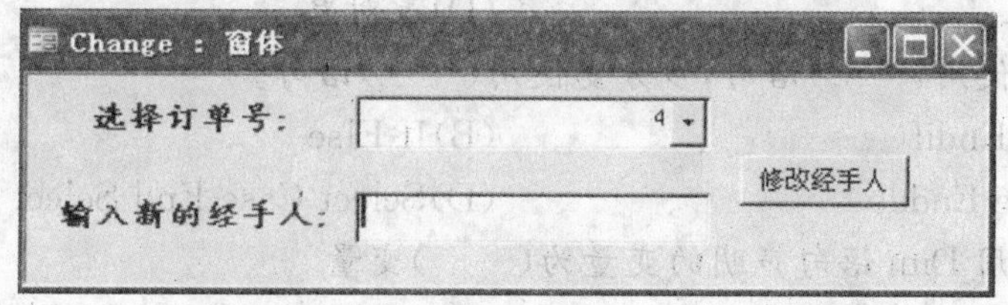

图 9.10　窗体

②右击“修改经手人”按钮，单击“属性”，单击“事件”选项卡。

③单击“单击”属性右侧“建立”…按钮，打开 VBA 编辑器（图 9.11）。

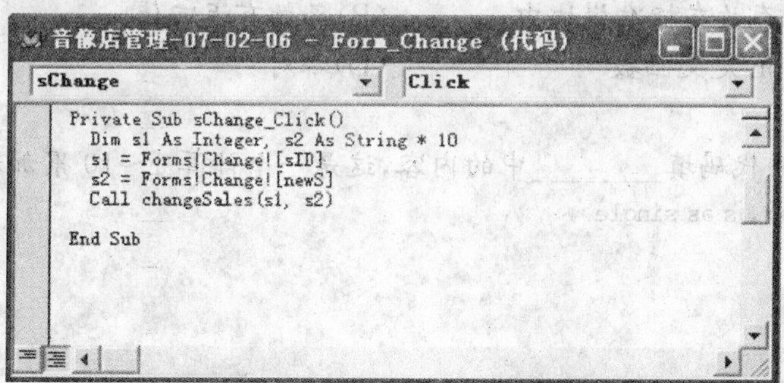

图 9.11　命令按钮的“模块”窗口

④书写图中所示的命令语句。

语句的作用是：

- 在单击改定按钮后，将窗体中选择的订单 ID 和新的经手人名字赋予变量 s1、s2；
- 调用 9.3 节中建立的模块 changeSales。

(5)单击“保存”按钮,关闭 VBA 编辑器。

练习 9.4

(1)将练习 9.3 所做的过程代码连接到密码输入窗体中。

(2)建立一个窗体,三个文本框作用分别是:第一、二个用于输入数字,第三个用于输出计算结果;三个命令按钮,单击按钮后,分别进行两个数字的算术加法、两个数字的字符串连接以及清除文本框内容操作。用 VBA 编写不同的事件过程并测试程序正确与否。

思考题和习题

一、选择题

1. 使用(　　)语句,可以定义变量。

(A)Dim　　(B)Database

(C)If　　(D)For-Next

2. 程序模块可以连接到(　　)。

(A)窗体命令按钮　　(B)报表对象

(C)查询对象　　(D)表对象

3. 分支语句使用(　　)语句,多分支使用(　　)语句。

(A)If-Then-Endif　　(B)If-Else

(C)Do While-Enddo　　(D)Select Case-End Select

4. 在过程内用 Dim 语句声明的变量为(　　)变量

(A)局部　　(B)模块级　　(C)全局　　(D)静态

5. 在过程内用 static 语句声明的变量为(　　)变量

(A)局部变量　　(B)模块级变量　　(C)全局变量　　(D)静态变量

6. 关于函数正确的说法是(　　)

(A)函数过程存放在标准模块中　　(B)函数有返回值

(C)用 Function 定义函数　　(D)都对

二、填空题

1. 为下列程序代码填________中的内容,这是一个计算 1~10 累加和的程序。

```
DIM x as Integer, s as single
S=0
For x=1 to 10
  S=x ________ s
Next x
```

2. 建立就一段程序,判断 A、B 的大小,并显示出来。

```
Dim a as single , b as ________, str1 as string
a=89.56
b=19.34
If a>=b ________
If a=b then
```

```
  str1 = "a = b"
else
  str1 = "a>b"

________
else
  str1 = "a<b"
end if
```

三、思考题

1. VBA对变量、数据类型的规则是什么？

2. VBA主要解决什么样的问题？

3. VBA的优点是什么？

4. 什么是模块，模块分哪几类？

5. 简述VBA的三种过程。

6. Sub过程和Function过程有什么不同，调用的方法有什么区别？

7. 什么是形参？什么是实参？

8. Dim、Global和Static各有什么作用？

实验

练习目的

学习VBA的使用方法。

练习内容

1. 完成本章的练习内容。

2. 打开“罗斯文示例数据库”，了解“启动”和“实用函数”模块是如何设计的。

3. 设计一个进入图书管理系统窗体，有输入密码文本框、一个确认按钮。

用VBA设计一段程序，当单击确认按钮后，执行检测密码的任务，假定密码是“publish”。

第10章

Access的网络特性

在网络应用越来越普遍的今天，通过网络来进行数据的存取显得越来越重要。Access软件在其网络特性方面向前迈进了一大步。本章介绍如何通过数据访问页来实现对Access数据库的网络存取。Access生成的数据访问页是一种独立于Access数据库外的HTML文件，也就是说数据访问页是一个网页(Web Page)。在这个网页上，用户能够显示、新建、删除和修改数据库中的数据记录，同时也能进行分析数据。需要指出的是，该产品提供了与因特网(Internet)和万维网(World Wide Web)密切相关的许多特性。

【本章要点】

- 万维网的基本概念
- Access数据库的网络特性
- 使用超级链接的方法
- 在Access中创建Web Page的方法

10.1 万维网(WWW)

虽然人们对因特网的应用很熟悉，但常常把万维网和因特网两个概念混合使用。

因特网(Internet)是全球最大的、由众多网络相互连接而成的、开放的计算机网络。因特网的实用工具包括电子邮件(E-mail)、文本传输协议(FTP)、远程登录(Telnet)、万维网(Word Wide Web)、广域信息服务系统(WAIS)、IP电话等。

万维网(World Wide Web，WWW)通常又称为Web。万维网的出现使得一个站点可以建立包括文本、图片、声音甚至录像的页面，这些页面用超文本标志语言(Hyper Text Markup Language，HTML)写成，万维网为用户查询、检索、浏览在因特网上发布的各种信息提供了极大的便利，为因特网带来了大量的用户。

10.1.1 网络的工作方式

一般情况下，网络使用客户机/服务器的技术。在某一处有作为服务器的计算机程序，在另一处的计算机作为客户机，客户机与服务器进行对话，服务器提供客户机需求的信息。

10.1.2　网络服务器

网络服务器(Web Server)能够提供客户机请求的信息,网络服务器运行在计算机系统的程序中,这类程序连接到因特网的计算机上运行,不断地监听网络链接,判断是否有客户机向它们发出请求。

因特网上有上千万台计算机运行网络服务器。

10.1.3　网络浏览器

客户机部分由一个叫做网络浏览器(Web Browser)的程序来提供,常用的浏览器是微软公司开发的 Internet Explorer 和网景公司开发的 Netscape Navigator。图 10.1 为 IE 浏览器的一个示例。

图 10.1　IE 浏览器

把计算机连接到网络,实际上是将浏览器(客户机)连接到网络服务器(服务器)上,从而发出请求、接受从服务器响应的信息,并把信息显示到屏幕上。从网络服务器返回并显示在网络浏览器上的信息被称为网页,每个网页有唯一的地址,网页的开发人员根据需要设计网页的大小和内容。

10.1.4　网络地址

被访问的网页具有一个唯一的地址,网络浏览器使用这个地址进行定位,网页地址也用于向网络服务器发出请求。因特网中有上千万台服务器,每一台服务器都提供若干网页给公众。

网络上任一资源的地址都要用 URL(Uniform Resource Locator)来表示。URL 又叫"统一资源地址",网页地址由协议、服务器名、目录路径和网页的文件名几个部分组成,参见图 10.2。

图 10.2 网页地址

1. 协议

协议是通信双方使用的通信标准的集合，是通信双方为了能够共享信息而使用的交易准则。例如：在图 10.2 中，地址的"http://"代表遵循的网络协议，即超文本传输协议(HTTP)，作用是使浏览器 IE 不但可以浏览文字，也可以浏览图形、动画等。

2. 服务器名称

服务器名指明了响应请求网页的服务器名称，例如，www.uibe.edu.cn 是服务器名称(图 10.2)，是唯一的，通过统一的目录服务机构注册，防止重复命名，目前中国也有这样的机构处理服务器名称的注册事宜。

3. 目录路径和网页的文件名

目录路径和网页的文件名指明了网页所在服务器的目录路径以及网页的文件名，如图 10.2 所示的"/xxgs/index.htm"。没有正确的网络地址，无法浏览任何网页。

10.2 创建网页

Access 网络特性的一个重要组成是创建网页并输出网页，利用这个功能，可以将 Access数据库的数据展示在 Web 浏览器上。

可以创建两种类型的网页，网页的类型取决于使用数据的类型及其数据的用途。

- 静态 HTML 页。创建最简单的网页，所谓"静态"是指网页的内容是在生成时确定的，以后不随着数据库中数据的改变而改变。
- 数据访问页，又称动态 HTML 页。这类网络输出允许在网络上完全共享实际的数据库对象，如同使用表、窗体、查询一样。数据访问页是 Access 的 Web 功能的最好体现。利用数据访问页，可以使数据以网页的形式来显示，但它与静态网页不同，其内容可以随着数据库中数据的变化而变化，并且可以实现数据的更新和修改。

数据访问页主要用途包括：

- 交互式报表。例如，可以在数据访问页发布产品的最新信息，使用展开功能，可以获得总的产品种类等结果。
- 数据输入。用于查看、添加和编辑表记录，是远程访问数据库的途径之一。
- 数据分析。这种网页包括一个数据透视表，允许重新组织数据，以不同方式分析数据，例如对热销产品的统计等。

设计网页的最大困难是能否找到可以发布网页的网络服务器。如果找到了服务器，或者在他人的服务器上租用了空间，就可以将 Access 创建的网页上传到服务器上。

10.2.1　编写网页的语言

编写网页中的信息使用网页语言，被称之为 HTML，是超文本标识语言的简称。这种语言中包括了正常的文本和文本中插入的标记，标记表明网络浏览器将如何处理信息。在浏览器 IE 中，用“查看”菜单→“源文件”，可以看到其中的 HTML 标记。

【例 10-1】　HTML 简单格式示例。

```
<html>
<head>
<title>对外经济贸易大学</title>
</head>
<body>
网页内容
</body>
</html>
```

10.2.2　创建静态 HTML 网页

利用 Access 的导出功能，可以将 Access 的数据生成为静态网页。静态网页中的数据不会随着数据库中数据的改变而改变。在 Access 中可以从表或查询中将数据导出到网页上。

【例 10-2】　以数据库的“产品”表为数据源，创建一个静态 HTML 网页。

操作步骤如下：

①在数据库窗口中，单击“表”对象，然后单击“产品”表。

②打开“文件”菜单→“导出”。

③在“导出”对话框中，除了输入导出的文件名，还要选择“保存类型”为“HTML 文档”，以及“带格式保存”选项，参见“导出”对话框(图 10.3)。

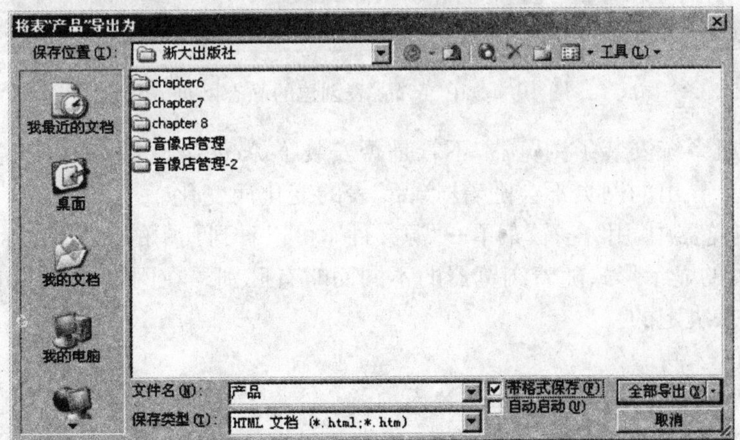

图 10.3　“导出”对话框

④单击“全部导出”按钮，Access 显示“HTML 输出选项”对话框(图 10.4)。

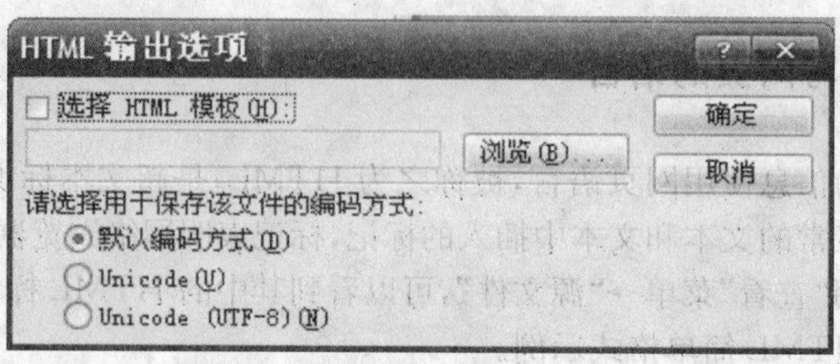

图 10.4 “HTML 输出选项”对话框

⑤Access 询问 HTML 模板文件的位置。对 Access 来说，模板定义的是网页的组织结构，是一种显示形式，模板文件有助于美化 Access 网页的外观。单击所需要的模板文件(如果有的话)，单击“确定”按钮。

如果不使用模板文件，可选用“默认编码方式”，单击“确定”按钮。如图 10.4 所示。

⑥用 IE(Internet Explorer)浏览器打开，可以看到如图 10.5 所示的效果。

产品 - Microsoft Internet Explorer

地址(D) D:\教材、翻译\浙大出版社\产品.html

产品

产品 ID	产品名称	产品类别	产品风格	艺人	供应商	单位数量	单价	库存量	订购量
11001	将爱	磁带	流行音乐	王菲	滚石唱片	单盒	¥10.00	5	20
11002	Listen To Me	磁带	流行音乐	张智成	新力电子	单盒	¥10.00	10	10
11003	真爱	磁带	流行音乐	罗白吉	新力电子	单盒	¥10.00	3	15
11004	STYLE	磁带	流行音乐	安室奈美惠	滚石唱片	单盒	¥10.00	2	5
11005	Born To Do It	磁带	流行音乐	Craig David	北京京文音像公司	单盒	¥10.00	5	10
12001	大自然音乐	磁带	轻音乐		北京艾伦音像公司	单盒	¥10.00	7	5
12002	钢琴曲	磁带	轻音乐	理查德 克莱德曼	北京京文音像公司	单盒	¥10.00	5	5
13001	夜曲全集	磁带	古典音乐	肖邦	北京新星文化传播有限公司	单盒	¥10.00	0	5
13002	b小调夜曲	磁带	古典音乐	李斯特	新力电子	单盒	¥10.00	7	9
14001	Celebrity	磁带	乡村音乐	Brad Paisley	滚石唱片	单盒	¥10.00	4	3
14002	My Front Porch Looking	磁带	乡村音乐	Lonestar	北京京文音像公司	单盒	¥10.00	8	0
15001	二胡	磁带	民族音乐		北京艾伦音像公司	单盒	¥10.00	10	0

完毕 我的电脑

图 10.5 由“产品”表创建的静态网页

只要计算机系统安装了浏览器，不管是否安装了 Access 软件，都可以查看 Access 导出的网页信息。导出的网页不会随着“产品”表的变化而变化。

⑦在 IE 浏览器中，用“查看”菜单→“源文件”，可以看到其中的 HTML 标记(图 10.6)。

注意：网页的显示形式随着浏览器的不同而略有区别。在网络标准中，符号的显示形式是由浏览器来决定的。

练习 10.1

为第 5 章所建立的一个查询建立静态网页。

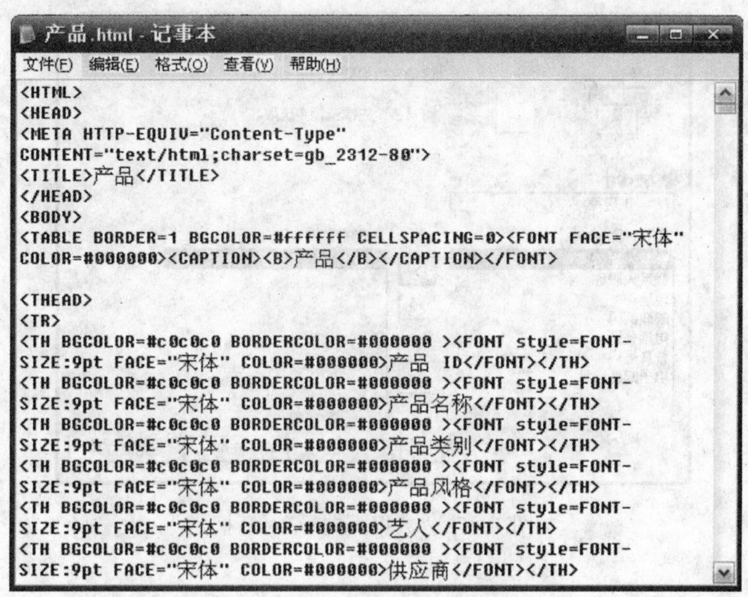


```
<HTML>
<HEAD>
<META HTTP-EQUIV="Content-Type"
CONTENT="text/html;charset=gb_2312-80">
<TITLE>产品</TITLE>
</HEAD>
<BODY>
<TABLE BORDER=1 BGCOLOR=#ffffff CELLSPACING=0><FONT FACE="宋体"
COLOR=#000000><CAPTION><B>产品</B></CAPTION></FONT>

<THEAD>
<TR>
<TH BGCOLOR=#c0c0c0 BORDERCOLOR=#000000 ><FONT style=FONT-
SIZE:9pt FACE="宋体" COLOR=#000000>产品 ID</FONT></TH>
<TH BGCOLOR=#c0c0c0 BORDERCOLOR=#000000 ><FONT style=FONT-
SIZE:9pt FACE="宋体" COLOR=#000000>产品名称</FONT></TH>
<TH BGCOLOR=#c0c0c0 BORDERCOLOR=#000000 ><FONT style=FONT-
SIZE:9pt FACE="宋体" COLOR=#000000>产品类别</FONT></TH>
<TH BGCOLOR=#c0c0c0 BORDERCOLOR=#000000 ><FONT style=FONT-
SIZE:9pt FACE="宋体" COLOR=#000000>产品风格</FONT></TH>
<TH BGCOLOR=#c0c0c0 BORDERCOLOR=#000000 ><FONT style=FONT-
SIZE:9pt FACE="宋体" COLOR=#000000>艺人</FONT></TH>
<TH BGCOLOR=#c0c0c0 BORDERCOLOR=#000000 ><FONT style=FONT-
SIZE:9pt FACE="宋体" COLOR=#000000>供应商</FONT></TH>
```

图 10.6　查看源文件

10.2.3　创建数据访问页

与其他 Access 数据库对象不同，数据访问页不保存在 Web 服务器上的 Access 数据库(.mdb)或 Access 工程文件(.adp)内，而是以独立的外部文件(.htm)方式保存。创建数据访问页后，Access 会自动在默认文件夹产生与数据访问页同名的 HTML 文件，并在数据库窗口的页对象中，为创建数据访问页添加一个快捷方式。将鼠标指针放在数据库窗口相应的快捷方式上，将显示 HTML 文件的所在路径。

数据访问页与表、查询和窗体一样，也是数据库的对象。创建数据访问页的方法很多，可以通过自动创建数据访问页、数据访问页向导、编辑现有的 Web 页和使用设计器创建数据访问页等。

1. 使用“页向导”建立数据访问页

使用向导创建数据访问页的方法，与使用向导创建窗体、报表一样，先通过“新建”按钮打开“新建数据访问页”对话框，然后选择“自动创建数据访问页:纵栏式”，或“数据访问页向导”，并指定数据来源。

【例 10-3】　为数据库表“供应商”建立动态的数据访问页。

操作步骤如下：

①在“数据库”窗口，单击“页”对象。

②双击“使用向导创建数据访问页”，参见图 10.7。

③在“表/查询”项下，选择创建新数据访问页的数据源“供应商”表。

④选择所需字段，方法与使用向导创建窗体、报表相似，不再赘述(图 10.7)，单击“下

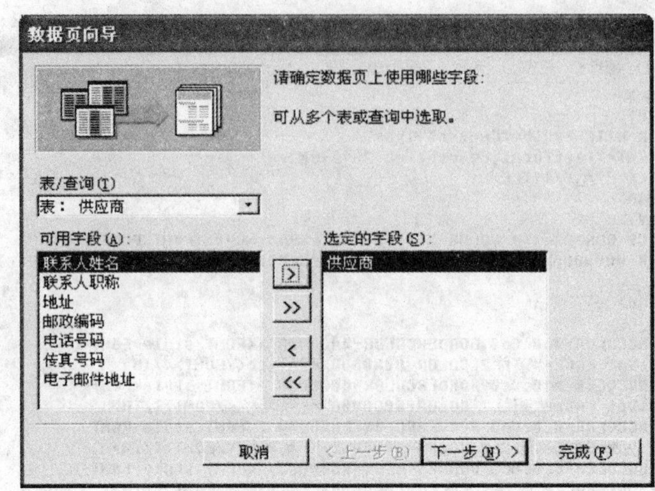

图 10.7 “数据页向导”对话框

一步”。

⑤选择分组字段,单击“邮政编码”字段,单击“>”按钮,单击“下一步”按钮(图10.8)。

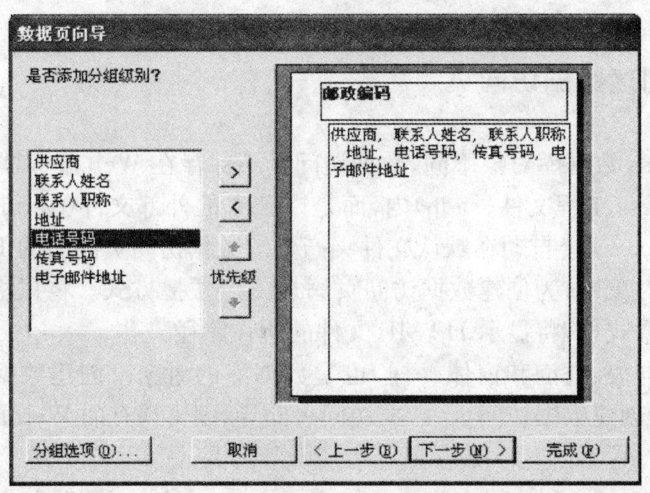

图 10.8 分组的数据访问页页面布局

注意:有时,分组的处理是必要的,例如,创建一个有关供应商的数据访问页,将报表中的数据按照“邮政编码”课程分组;当然也可以不分组。

⑥选择排序字段,如选择“供应商”,单击“下一步”按钮(图 10.9),显示“数据页向导”最后一个对话框(图 10.10)。

⑦输入数据访问页的标题,可以使用默认的名称,也可以将名字更改为“供应商动态网页”。

⑧选择“打开数据页”选项,单击“完成”按钮,显示网页(图 10.11)。

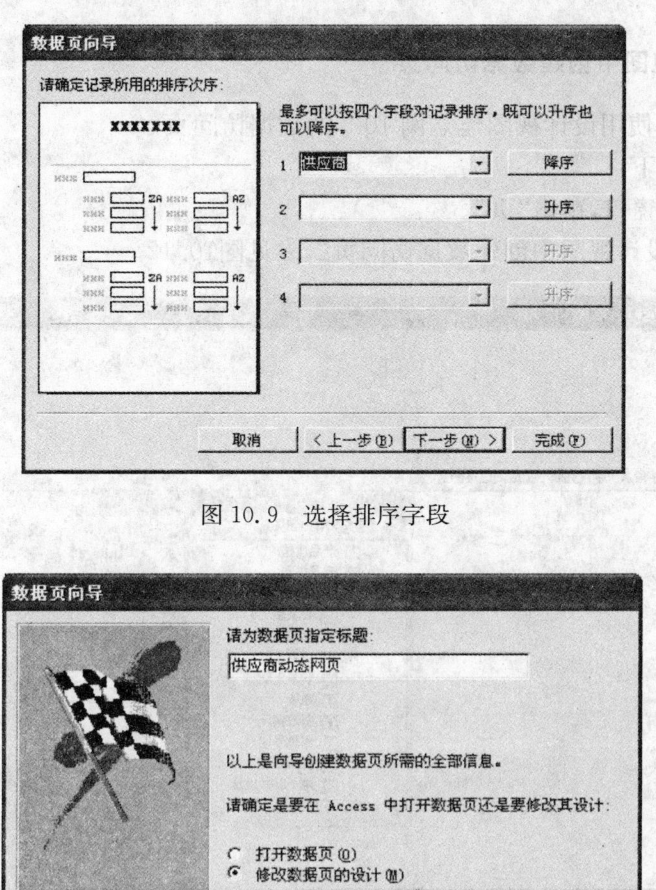

数据页向导
请确定记录所用的排序次序：
XXXXXXX
最多可以按四个字段对记录排序，既可以升序也可以降序。
1 供应商
降序
2
升序
3
升序
4
升序
取消
＜上一步(B)
下一步(N)＞
完成(F)

图 10.9 选择排序字段

数据页向导
请为数据页指定标题：
供应商动态网页
以上是向导创建数据页所需的全部信息。
请确定是要在 Access 中打开数据页还是要修改其设计：
打开数据页(O)
修改数据页的设计(M)
为数据页应用主题(A)
显示有关使用数据页的帮助(H)
取消
＜上一步(B)
下一步(N)＞
完成(F)

图 10.10 “数据页向导”的最后一个对话框

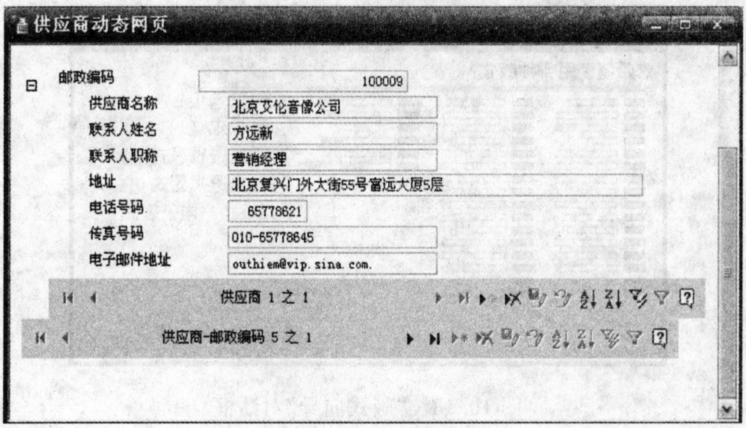

供应商动态网页
邮政编码
100009
供应商名称
北京艾伦音像公司
联系人姓名
方远新
联系人职称
营销经理
地址
北京复兴门外大街55号富远大厦5层
电话号码
65778621
传真号码
010-65778645
电子邮件地址
outhiem@vip.sina.com.
供应商 1 之 1
供应商-邮政编码 5 之 1

图 10.11 动态网页效果

2. 在设计视图中创建数据访问页

【例 10-4】 使用设计视图建立例 10-3 的数据访问页。

操作步骤如下：

①在数据库窗口，单击“页”。

②双击“在设计视图中创建数据访问页”，参见图10.12。

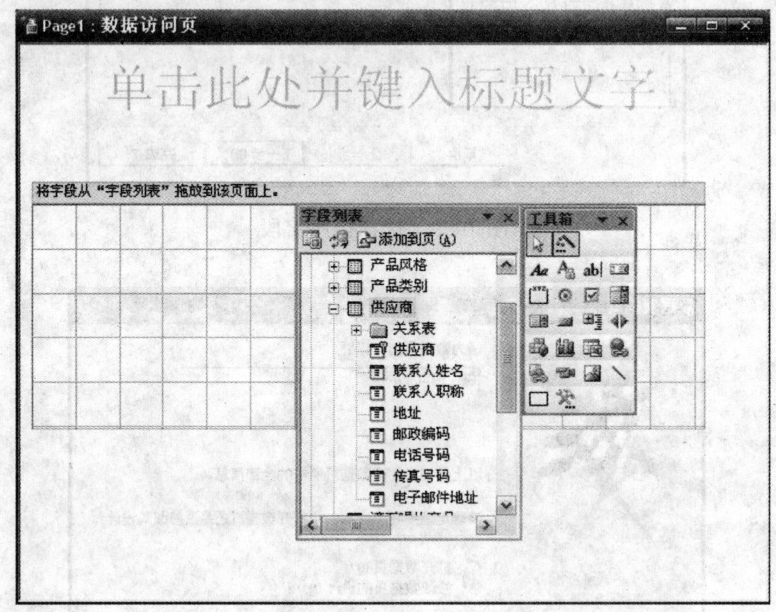

图 10.12 利用设计视图创建数据访问页

③在字段列表中，选择创建的数据访问页数据源，数据源可以是表或查询，本例的数据来源为“供应商”表，将其拖入网格。

④在出现的对话框(图 10.13)中选择版式，例如选择“纵栏式”，单击“确定”按钮，出现数据访问页的设计视图(图 10.14)。

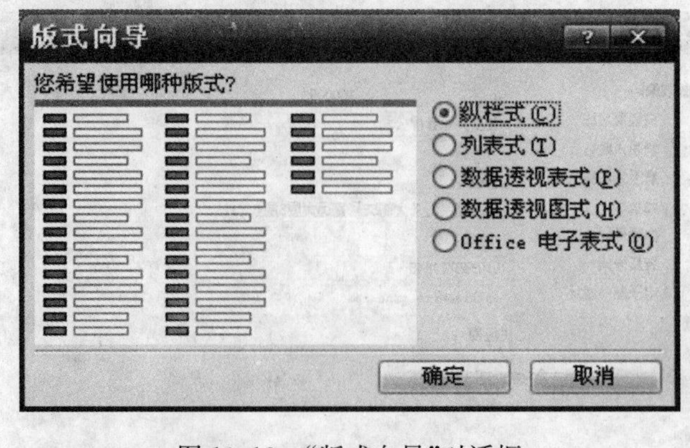

图 10.13 “版式向导”对话框

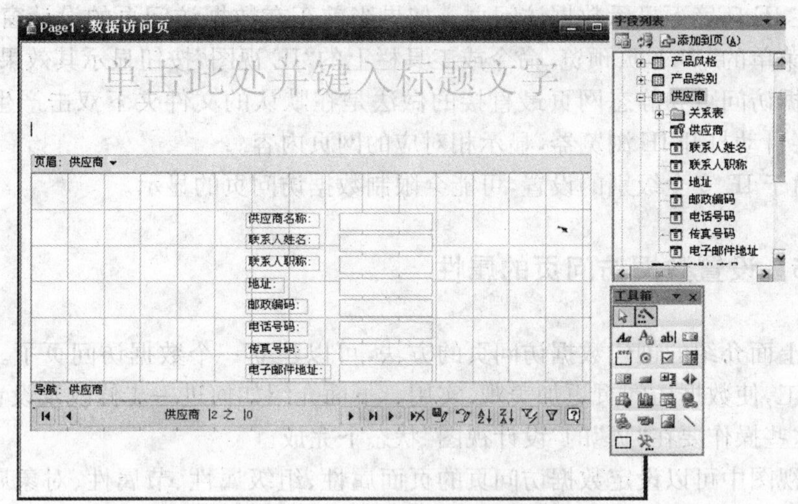

图 10.14　数据访问页设计视图

⑤在数据访问页的设计视图中，注意各个部分的名称和位置。

⑥单击标题处，输入标题，如“供应商信息”。

⑦单击“保存”按钮，命名访问页，输入名称，如“供应商动态网页-1”，单击“保存”按钮。如果切换到数据表视图，效果如图 10.15 所示。

图 10.15　动态数据访问页

练习 10.2

以数据库中的“产品”表为例，利用向导创建一个数据访问页。

10.2.4　浏览数据访问页和静态网页

打开数据访问页的方式有两种：使用 Web 预览和直接打开。

在数据库窗口中，选择已有的一个“数据访问页”，在右击菜单中，选择“Web 页预览”

命令，即可在 IE 环境下显示数据访问页。如果当前正在数据访问页的设计窗口，也可直接执行文件菜单的“Web 页预览”命令或工具栏上的“IE 视图”按钮显示其效果。

浏览数据访问页和静态网页最直接的做法是在默认的文件夹下双击产生的HTML文件，系统将自动打开 IE 浏览器，显示相对应的网页内容。

说明：由于 IE 安全级别的设置，可能会限制数据访问页的显示。

10.2.5 设置数据访问页的属性

使用了上面介绍的创建数据访问页的方法，可以建立一个数据访问页了。但还需经过进一步加工，使数据访问页更加美观、实用。下面介绍如何进一步修改及设置数据访问页的属性，这些操作要在“页”的“设计视图”状态下完成。

在设计视图中可以设定数据访问页的页面属性、组级属性、节属性、对象属性及元素属性等。

【例 10-5】 修改例 10-4 建立的数据访问页的属性。

(1)页面属性

页面属性针对整个页的属性，设置方法如下：

①选择“供应商动态网页”数据访问页，单击“设计”按钮。

②右击页面，单击“页面属性”(图10.16)。

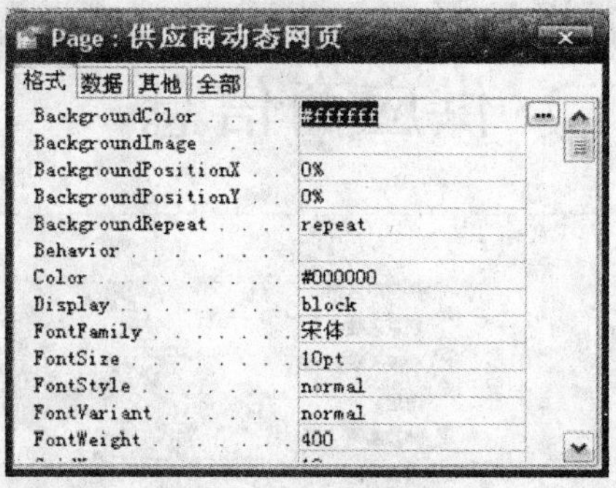

Page：供应商动态网页	
格式 数据 其他 全部	
BackgroundColor	#ffffff
BackgroundImage	
BackgroundPositionX	0%
BackgroundPositionY	0%
BackgroundRepeat	repeat
Behavior	
Color	#000000
Display	block
FontFamily	宋体
FontSize	10pt
FontStyle	normal
FontVariant	normal
FontWeight	400

图 10.16 页面属性

③单击不同的选项卡，设置各种属性，然后关闭“属性”对话框。

页面主要属性设置包括：

- 标识(ID)。每个数据访问页的标识。
- 颜色(Color)。指定字体的颜色。
- 文本对齐(Text Align)。指定页中文本的对齐方式。
- 页显示方向(Dir)。RTL 指从右到左显示数据访问页，LTL 指与前者显示的方向相反。

(2)组级属性

当设计数据访问页时，采用“分组”方式，如例 10-3 采用按“邮政编码”分组。

(3)节属性

数据访问页中的节与窗体类似，设置节属性的方法如下：

①单击节，单击工具栏按钮（属性按钮），出现节（Section）的属性窗口（图10.17）。

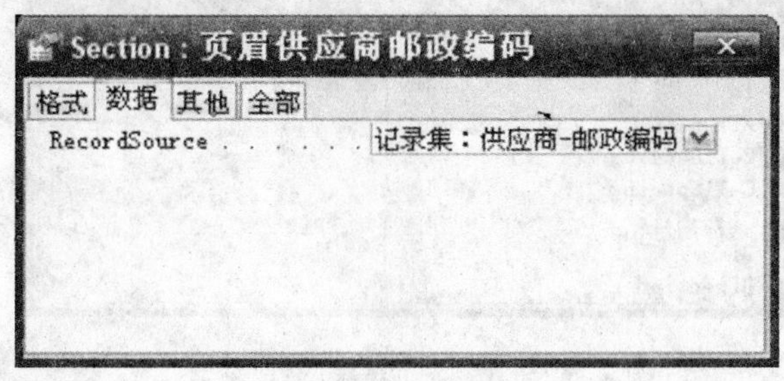

图 10.17　节的属性

②单击“数据”选项卡，单击 RecordSource（设置数据源）项，单击出现的列表框的下拉按钮，在列表中选择所需要的表或查询名字。

③在“格式”选项中设置文字颜色、背景颜色等属性。

④关闭“属性”对话框。

(4)元素属性

元素为页中各个控件，如标签、文本框等，设置元素属性的方法如下：

①右击“电话号码”文本框，单击“元素属性”（图 10.18）。

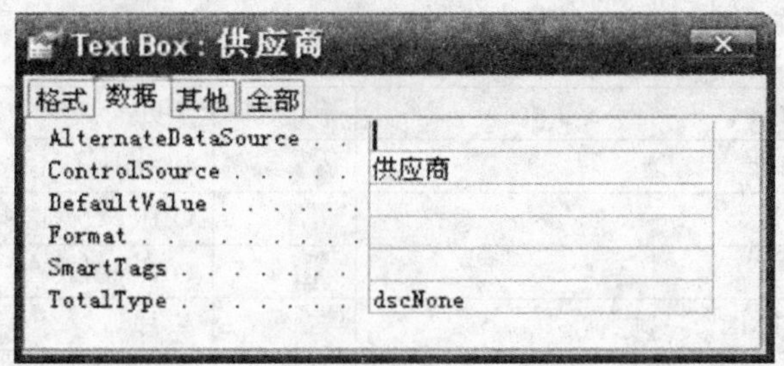

图 10.18　元素的属性

②单击“数据”选项卡，“ControlSource”项，单击出现的列表按钮，选择数据源，选择字段可以更改数据来源。

③单击“全部”选项卡，设置只读属性。True：可以在文本框中修改和写入新内容；False：禁止写入。

④可以在“格式”选项卡中设置颜色、边线样式等属性。

⑤关闭“属性”对话框。

(5)导航器属性

图 10.15 中最后一行是导航器，从左至右分别包括 Image、Image Table，其作用是帮助记录浏览历史。

导航器属性的设置方法如下：

①右击导航器，单击“对象”（图 10.19）。

②设置属性，其中“Id”选项内容是对象的名字。

③关闭“属性”对话框。

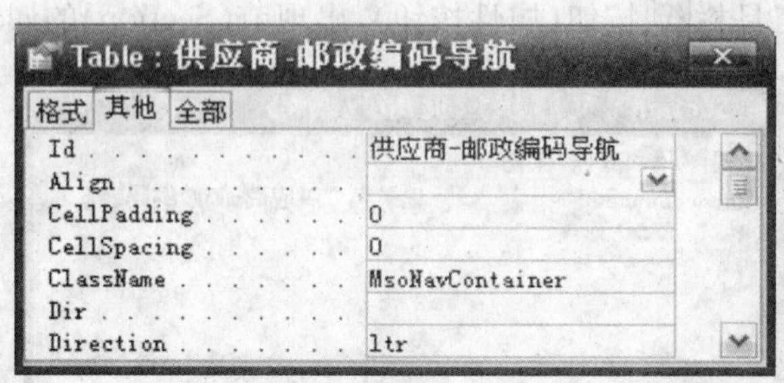

图 10.19 对象属性

10.2.6 数据访问页的基本控件和应用

在数据访问页的设计视图中，可以根据需要增加标签、文本框、记录浏览器和滚动文字等控件，可以利用这些控件对数据库中的数据进行输入、编辑和排序，以便能进一步增加其功能与表现力。这些控件可借助工具箱中的工具。表 10.1 为数据访问页设计视图中工具箱中的工具项说明。其中，大部分与窗体设计视图中的工具箱中的工具相同，比如标签、文本框和命令按钮等，但也有设计数据访问页所特有的，比如滚动文字、展开等。

表 10.1 工具箱中的工具项说明

	选择对象		展开
	控件向导		记录浏览
	标签		Office数据透视表
	文本框		Office图表
	绑定HTML		影片
	滚动文字		Office电子表格
	选项组		绑定超级链接
	选项按钮		超级链接
	选项组		热点图像
	下拉列表		直线
	列表框		矩形
	命令按钮		其他控件

在设计视图中，单击工具箱按钮显示或隐藏工具箱，单击其中的控件图标，在网格中按住鼠标左键拖动，可以生成一个控件。

【例 10-6】 建立销售订单信息查询数据访问页。

(1)标签

在页眉添加标题“销售订单信息”，具体操作步骤如下：

①单击“页”对象，单击“设计”按钮。

②单击“单击此处添加标题”，写入“销售订单信息”。

③右击标签，单击“元素属性”。

④设置属性后关闭“属性”对话框。

(2)文本框

数据访问页中的文本框分为：

- 绑定文本框。显示数据源中的数据。
- 未绑定文本框。显示计算结果和接受输入的数据。
- 计算文本框。显示后接受表达式的计算结果。

操作步骤如下：

①单击“视图”按钮进入数据访问页设计视图，单击“字段列表”按钮，显示表字段列表。

②分别选择“销售订单”表中的字段“订单 ID”等，拖入页主体。

③单击“页眉”右侧下拉按钮，单击“题注”，显示题注。

④将标签拖入题注区域，调整位置，调整文本框的位置，与标签对齐。

⑤设置文本框的属性，方法同前，不再重复。

⑥切换到数据表视图(图 10.20)。

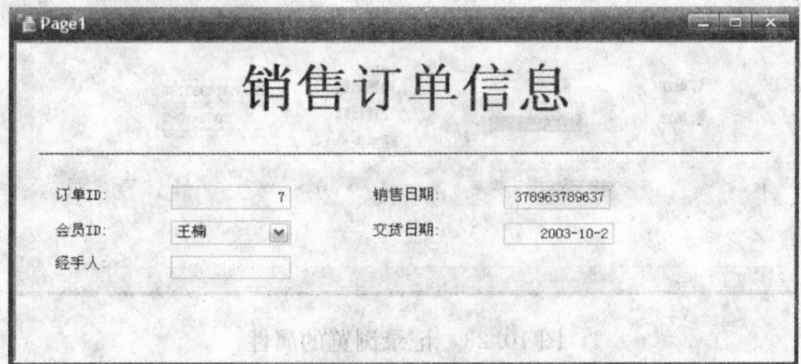

图 10.20　文本框的显示效果

(3)记录浏览

给页面增加一个记录浏览，具体操作步骤如下：

①单击“页眉”右侧下拉按钮，单击“记录浏览”，添加导航器(图 10.21)。

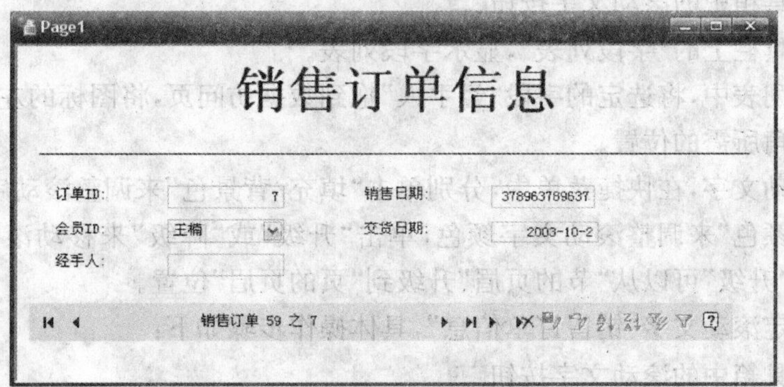

图 10.21　数据访问页设计视图

②右击“记录浏览”，单击“对象属性”，设置 Recordset Label 属性(图 10.22)。

Recordset Label：销售订单NavLabel

格式 数据 其他 全部

PaddingLeft	0px
PaddingRight	0px
PaddingTop	0px
RecordsetLabel	销售订单 |2 之 |0;销售订单 |2 之 |0-|1
Right	auto
TabIndex	22

图 10.22 记录浏览的属性

在 Recordset Label 中的值是“第 | 0－ | 1 条记录”，表示显示的浏览记录中显示形式如同“第 1～19 条记录”，可以根据实际需要来修改形式，例如，更改为“销货记录|2 条，第|条”，这个形式与页面的形式相关(图 10.23)。

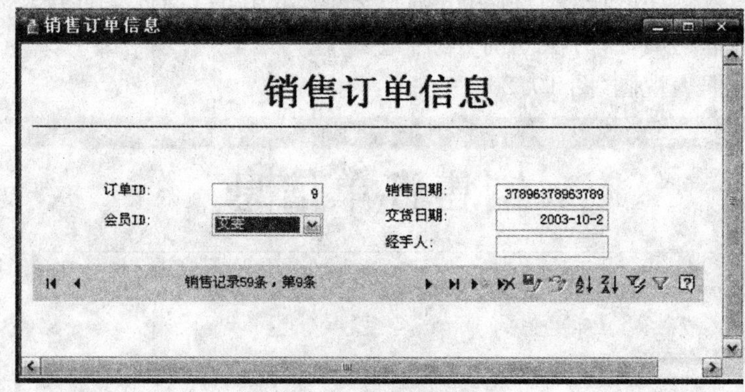

图 10.23 记录浏览的属性

(4)滚动文字

滚动文字控件也被称为字幕，显示数据访问页中可以滚动的文字，可以把标题等重要的信息设置为滚动的，以引起重视。

建立绑定在数据库表字段的滚动文字，具体操作步骤如下：

①单击工具箱中的滚动文字按钮。

②单击工具栏上的“字段列表”，显示字段列表。

③从字段列表中，将选定的字段“经手人”拖到数据访问页，将图标的左上角放到滚动文字控件左上角所需的位置。

④右击滚动文字，在快捷菜单中，分别单击“填充/背景色”来调整滚动字幕背景色，单击“字体/字体颜色”来调整滚动文字颜色，单击“升级”或“降级”来移动滚动文字所在位置，例如，单击“升级”可以从“节的页眉”升级到“页的页眉”位置。

建立未绑定滚动文字“销售订单信息”，具体操作步骤如下：

①单击工具箱中的滚动文字按钮。

②拖动鼠标，在生成的文本框内单击，删除旧的内容，输入所需滚动的文字“销售订单信息”(图 10.24)。

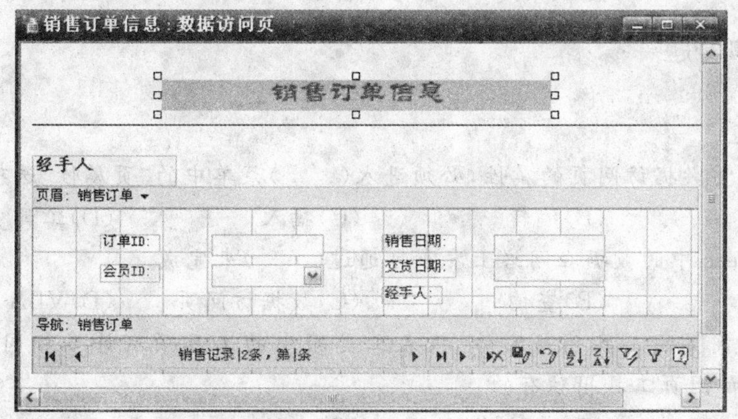

图 10.24　未绑定滚动文字

③设置文字的格式。

调整滚动文字属性，具体操作步骤如下：

①右击滚动文字“销售订单信息”，单击“元素属性”，单击“全部”选项卡。

②设置 Behavior 属性，Scroll 为连续滚动；Slide 为从开始到滑动到另一侧，之后保持在屏幕不动；Alternate 为从开始到滚动到另一侧，之后保持在屏幕不动。

③设置 LOOP 值，－1 为文字连续滚动；输入一个整数为指定滚动次数。

④设置 TrueSpeed＝True；ScrollDelay 为每个重复动作的延迟毫秒数，如 65。ScrollAmount 为设置文本在一定间隔内移动的像素值位置，如 10。本例设置在 65 毫秒内，前进 10 个像素位置。如果 TrueSpeed＝False，文本的重复最小延迟＝60 毫秒。

⑤设置 Direction，决定滚动文字的滚动方向，如 Left，就是从右到左的滚动方式(图 10.25)。

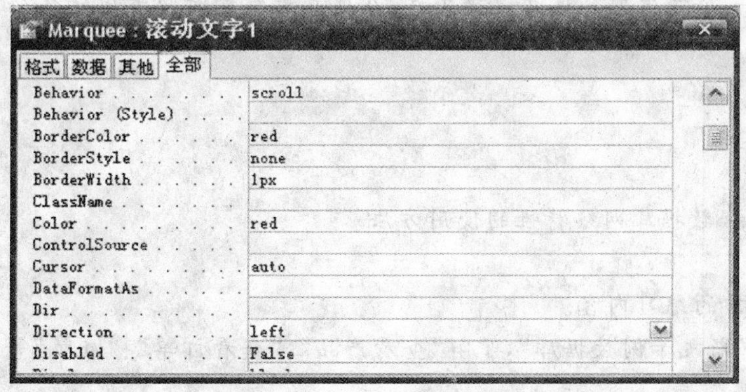

图 10.25　滚动文字属性

⑥关闭“属性”对话框。

练习 10.3

为例 10-3 创建的数据访问页建立标题，Access 可以滚动的格式，内容为“专业信息浏览”，并为数据访问页建立数据浏览。

思考题和习题

一、选择题

1. 为了设置数据访问页的属性，必须进入(　　)菜单中的“页属性”选项。

(A)文件　　(B)编辑　　(C)插入　　(D)工具

2. 将 Access 中的数据在网络上发布可通过(　　)来完成。

(A) 报表　　(B)查询　　(C)数据访问页　　(D)VBA 模块

3. 数据访问页的工具箱与窗体、报表工具箱中的工具项有许多相同的图标，下面(　　)是数据访问页工具箱独有的。

(A) Aa　　(B) ab|　　(C)　　(D)

4. 在“数据访问页”的工具箱中，为了在页中插入一段滚动文字，需使用的图标是(　　)。

(A) Aa　　(B)　　(C)　　(D)

5. 数据访问页中有两种视图方式，分别是(　　)。

(A)设计视图与页面视图　　(B)设计视图与浏览视图

(C)设计视图与表视图　　(D)设计视图与打印浏览视图

二、填空题

1. 一个网页表示为 http://www.uibe.edu.cn/yxxl/index.htm。________代表网络协议，________代表服务器名，________代表目录路径，________代表文件名。

2. 页面属性包括：标识、________、________和________等。

三、思考题

1. 从数据库导出的网页与数据库还有关联吗？

2. 给表中一个字段内容建立链接文件，在建立表结构时应考虑什么？

实验

练习目的

学习 Access 数据库网络特性的使用方法。

练习内容

1. 完成本章的练习内容。

2. 打开“罗斯文示例数据库”，了解“查看产品”、“查看订单”、“雇员”等数据访问页是如何设计的。

3. 完成以下内容：

(1)将第 5 章作业练习所建立的利用“查找重复项查询”查找同名的书目查询作为数据访问页导出。

(2)利用向导，为“图书管理”的读者表建立动态数据访问页。

(3)利用设计视图，为“图书管理”的读者表建立动态数据访问页。

第 11 章

数据安全与管理

信息资源越来越重要的今天,如何保护有价值的数据,保证其不被破坏和偷窃,如何高效、高质地使用数据库和数据库系统,对个人或单位来说具有实际的意义。

Access 2003 提供了一些加强数据安全的保护措施,也提供了一些较实用的管理工具。本章主要介绍运用 Access 2003 提供的安全措施和工具来加强数据库的保护,提高数据库管理的水平。

【本章要点】

- 设置数据库密码
- 用户级安全机制
- 管理安全机制
- 加密数据库
- 数据库实用工具

11.1 设置数据库密码

为数据库设置密码的作用如同在房间的大门上安装一把锁,目的是防止他人擅自进入房间,设置进入数据库密码的目的是为了增加打开数据库的难度,因为一旦打开数据库,就可以对数据库进行操作了。

11.1.1 设置密码

给数据库设置密码,应该考虑密码的内容不易被猜中,例如:不建议使用名字的拼音、生日、门牌号和电话号码等做密码。

设置数据库密码的步骤如下:

①关闭当前数据库。

②单击“文件”→“打开”,Access 显示图 11.1 所示的“打开”对话框。

③鼠标单击数据库名称,或者在“文件名”中输入数据库名称,单击“打开”右侧下拉菜单,Access 显示包括四种打开指定数据库方式的菜单。

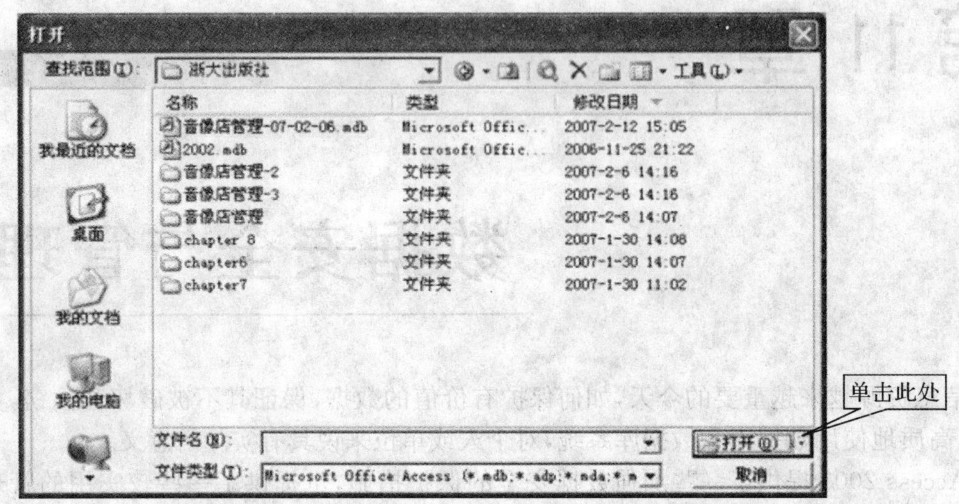

图 11.1　打开数据库

④单击“以独占方式打开”，Access 将按照指定的方式打开该数据库。

图 11.2　设置密码

⑤打开“工具”菜单→“安全”，在出现的子菜单中单击“设置数据库密码”，Access 显示“设置数据库密码”对话框(图 11.2)。

⑥在“密码”文本框中输入设置的密码；在“验证”文本框中再次输入相同的密码。

注意：密码的设置字母有大小写之分，例如，密码 dbPW 与 dbpw 是不同的。

⑦单击“确定”按钮。

为安全起见，数据库闲置时，应关闭数据库。拥有密码就可以打开数据库，可以使用或破坏其中的数据，所以一定确保密码不丢失或泄露。

11.1.2　使用密码

如果成功地设置了数据库密码，那么在没有密码情况下是不能打开这个数据库的。

密码是与数据库一起保存的，也就是说如果将数据库复制或者移动到新的位置，密码也随之移动位置。

注意：如果忘记设定的密码，不能再使用该数据库。为了避免这种情况的发生，最好把数据库密码记下来并保存到安全的地方，比如记录在一个保密的笔记本里。

当试图打开“音像店管理”数据库时，Access 显示“要求输入密码”对话框(图 11.3)。

①输入预先设定的密码，并按“确定”按钮。

②如果密码不正确，Access 显示“警告”对话框(图 11.4)，单击“确定”按钮，重新输入密码。

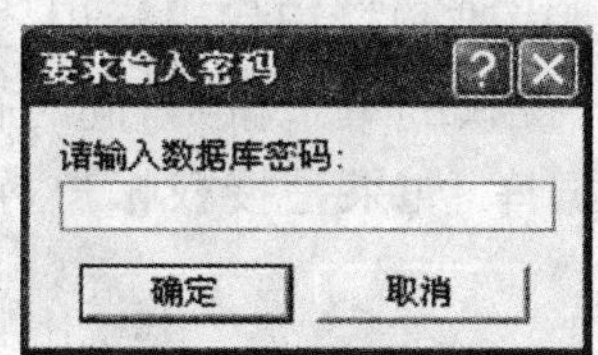

图11.3　输入密码打开数据库

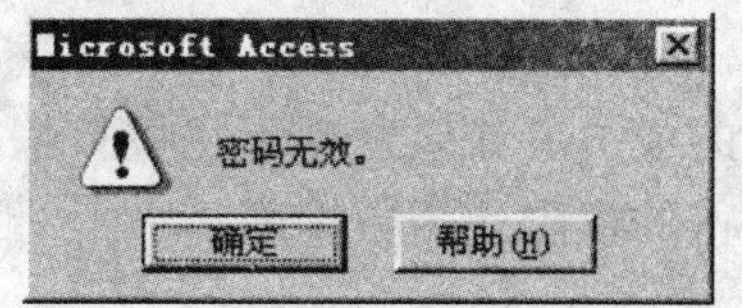

图11.4　提示密码错误

③如果密码准确无误，可以正常使用这个数据库。

④如果关闭数据库，则在重新打开数据库时要再次输入密码。

练习 11.1

为"人事管理"数据库建立打开密码。一定要记住密码，否则数据库就作废了。

11.1.3　撤消密码

撤消数据库密码的步骤如下：

①关闭被设置密码的数据库。

②打开"文件"菜单→"打开"，Access 显示"打开"对话框(图 11.1)，单击"以独占方式打开"。

③输入数据库密码。

④打开"工具"菜单→"安全"，在出现的子菜单中单击"撤消数据库密码"，出现"撤消数据库密码"对话框(图 11.5)。

图 11.5　撤消密码

⑤在"密码"文本框中输入设定的密码，单击"确定"按钮。

注意：任何拥有数据库密码的人都可以撤消该密码。

练习 11.2

将"人事管理"数据库的密码撤消。

11.2　用户级安全机制

Access 的用户级安全机制类似于在服务器或主机系统上看到的用户级安全机制。通过使用帐户和权限，允许或限制个人、组对数据库中对象的访问。

安全帐户对个人和组访问数据库的对象进行了设置，哪些帐户具有哪些权限的信息称为工作组信息，存储在工作组信息文件中。

使用用户级安全机制可以防止因为更改表、查询、窗体和宏而破坏应用程序，还可以保护数据库中的敏感数据。在用户级安全机制下，启动 Access 时要键入一个密码，

Access开始读取工作组信息文件，在该文件中每个帐户都由唯一标识代码标识，在工作组信息文件中，通过用户的个人 ID 和密码将帐户标识为已授权的单个帐户，同时也标识为指定组的成员。如果发现不是授权帐户，则拒绝打开数据库，如果是授权帐户，可以根据其所获得的权限使用数据库。

11.2.1　帐户、组和权限

数据库的用户帐户为个人提供特定的权限，以便访问数据库中的信息和资源。

一个组帐户中包含若干帐户，组帐户是一种方法，用于控制和管理这个组对数据库中对象的权限和访问。

在计算机网络安全概念的基础上，建立用户和组是 Access 的一个高级用户安全措施。这里所说的用户是数据库的使用者。

通过定义不同的帐户，并将帐户分配到不同的组，为每个组分配相应的权限，以达到限制不同权限帐户对数据库实施不同级别操作的目的。

权限的主要包括内容参见表 11.1。

表 11.1　权　限

权　限	解　　释
打开/运行	打开数据库、窗体或报表，或者运行数据库中的宏
以独占方式打开	以独占访问权限打开数据库
读取设计	在设计视图中查看表、查询、窗体、报表或宏
修改设计	查看和更改表、查询、窗体、报表或宏的设计，或进行删除
管理员	对数据库设置数据库密码、复制数据库并更改启动属性。对表、查询、窗体、报表和宏，具有对这些对象和数据的完全访问权限，包括指定权限的能力
读取数据	查看表和查询中的数据
更新数据	查看或修改表和查询中的数据，但并不向其中插入数据或删除其中的数据
插入数据	查看表和查询中的数据，并向其中插入数据，但不修改或删除其中的数据
删除数据	查看或删除表和查询中的数据，但不修改其中的数据或向其中插入数据

微软公司称这种权限的安全措施为帐户级安全机制。这类安全措施内置于 Access 中，并一直运行在程序中。

在开始使用 Access 系统之时，所有的帐户都是管理员的身份，权限之大到能对 Access数据库进行任意操作。

实行用户级安全措施把某些帐户从管理员级别降到普通级别帐户，限制其访问数据库的权限，另外，安全机制还能指定数据库中各个对象的访问者。安全系统的复杂程度由管理员级别的帐户来决定。

11.2.2　工作组信息文件

1. 工作组信息文件

Microsoft Access 工作组信息文件存储了有关工作组成员的信息。数据库打开时，Access 读取工作组信息文件，以确定允许哪个用户访问数据库中的对象，以及他们对这些对象的权限。

工作组信息文件是 Access 在启动时读取的包含工作组帐户信息的文件。该信息包括用户的帐户名、密码及其所属的组。

工作组是多用户环境中的一组用户，其中的成员共享数据和同一个工作组信息文件。

Access 是依赖工作组信息文件来实行用户级安全措施的。在第一次安装 Access 时，系统将自动生成一个缺省的工作组信息文件。如果要在系统中建立用户级安全机制，可修改缺省工作组信息文件或为数据库创建新的工作组信息文件。

2. 帐户

一个工作组信息文件中包含如下几个预定义的帐户：

(1)管理员：缺省的用户帐户，Access 的每一个副本都如此。

(2)管理员组：一个组帐户。

帐户中的所有成员都能够管理 Access 数据库，其中至少有一个管理员权限的帐户，当最初建立数据库时，管理员组只包括一个管理员帐户 Administrator。

(3)用户组：一个组帐户。

帐户中的所有成员都可以使用 Access 数据库，当使用管理员帐户建立一个新帐户时，该帐户将被自动加入到用户组中。

只有拥有数据库的管理员权限，才能在该数据库的任何工作组信息文件中加入另外的帐户或组帐户的权限。

管理员帐户在 Access 的每个副本中都存在，为了安全起见，建立数据库安全措施的第一步就是创建另一个具有管理员权限的帐户，并将原来的管理员帐户从管理员组中撤消。

11.2.3　使用权限

可以访问哪些数据库以及数据库中的哪些对象取决于帐户被授予的权限。前面小节已经罗列了一些 Access 数据库的各种权限。

Access 中有两类权限：显式权限和隐式权限。

(1)显式权限是那些直接授予帐户的权限。

(2)隐式权限是作为组的成员继承的权限，是组拥有的权限，传递给了组里面的帐户。

数据库的使用者所能享受的权力视帐户显式权限与隐式权限的最小限制而定。例如，在某个组中，一个帐户具有查看数据库窗体的权限，又被授予修改窗体的显式权限，那么修改权限为最小限制，是该帐户享有的权限。

11.2.4 使用设置安全机制向导

Access 提供一个设置安全机制的向导，帮助建立一个简单的安全系统，即建立在两个组(管理员组和用户组)基础上的帐户系统。这种方式可以建立新的组和新的帐户，赋予其权限，使得被建立安全机制的数据库的安全有一定的保障。

这样的帐户系统能够满足一般小公司的安全需求，如果是更高级别的安全需求，还要结合网络安全技术设置更加完善的管理机制。

【例 11-1】 为"音像店管理"数据库建立安全机制。

使用向导的操作步骤如下：

①打开欲建立安全机制的数据库。

②打开"工具"菜单→"安全"→"设置安全机制向导"，弹出"设置安全机制向导"对话框(图 11.6)。

③单击"新建工作组信息文件"或"修改当前工作组信息文件"。

注意：如果是第一次使用用户级的安全机制向导，只能单击前者(图 11.6)。

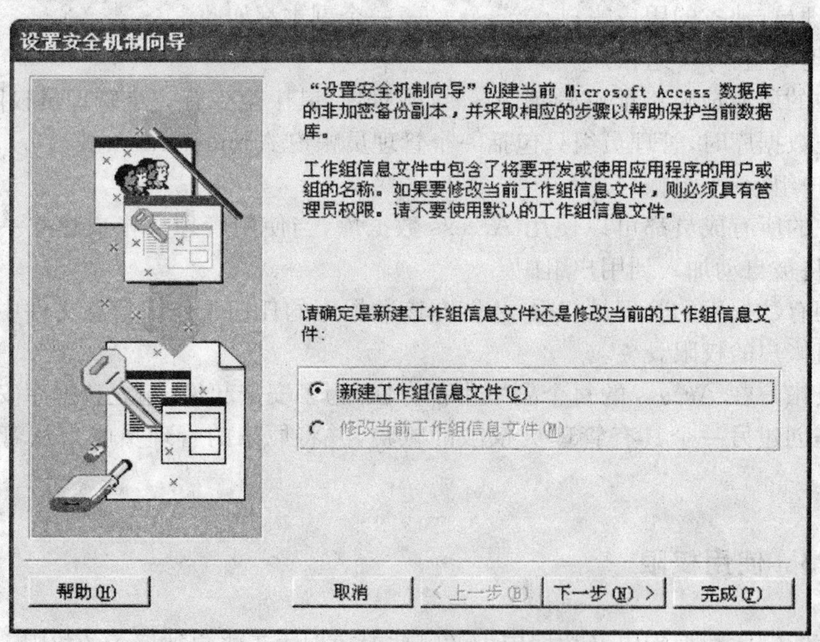

图 11.6 "设置安全机制向导"对话框

④单击"下一步"按钮(图 11.7)。

注意：在创建工作组信息文件时，需要为它分配一个唯一的工作组编号(WID)，其长度必须是 4～20 个字符。如果使用向导，Access 自动创建一个 WID(图 11.7)，如果需要，可在这个对话框中改变 WID；也可以接受缺省的 WID。

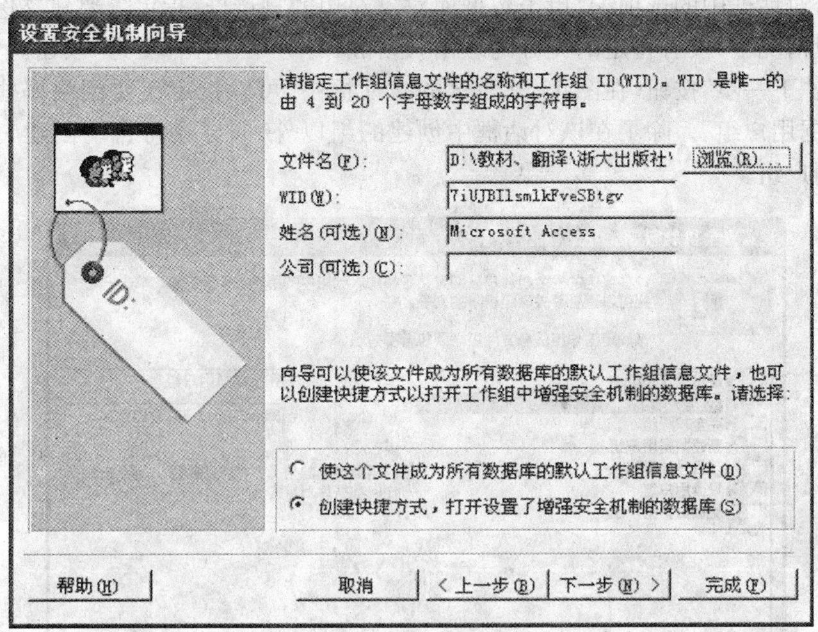

图 11.7　指定工作组编号 WID

⑤在图 11.7 所示对话框中，还要指定如何创建工作组信息文件以及 Access 如何处理文件的其他信息。单击“使这个文件为所有数据库的默认工作组信息文件”或“创建快捷方式，打开设置了增强安全机制的数据库”。

⑥单击“下一步”按钮，在图 11.8 所示的对话框中，指定哪些是为需要保护的对象。

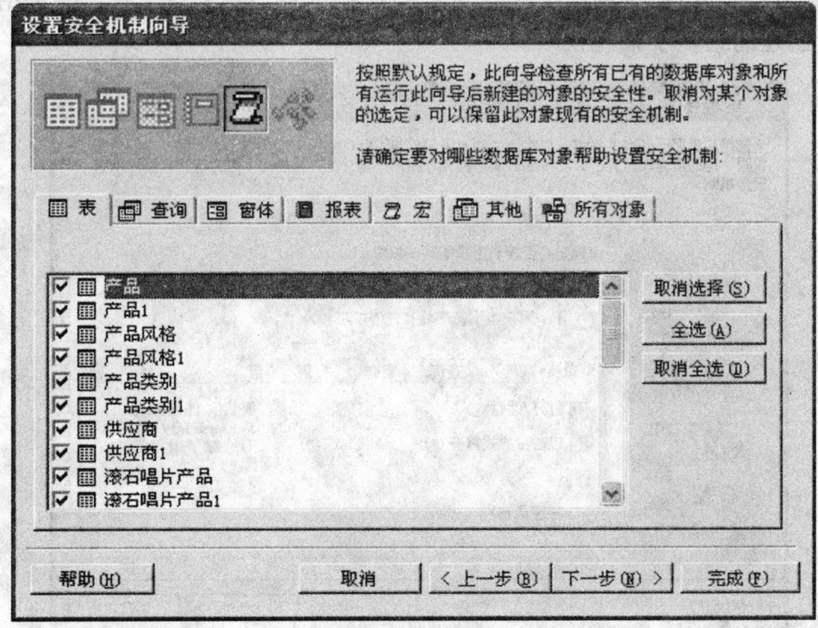

图 11.8　选择加密的对象

⑦单击对话框中的选项卡，单击数据库对象左边的复选框，指定需要建立保护措施的对象。一般情况下，没有特定的充分的理由，选择所有对象，单击“全选”按钮。

⑧单击“下一步”按钮，在图 11.9 所示的对话框中，可以指定还要创建哪些组。如单击“完全数据用户组”。除了在该对话框中创建的组以外，向导还将自动创建一个管理员组和一个用户组。

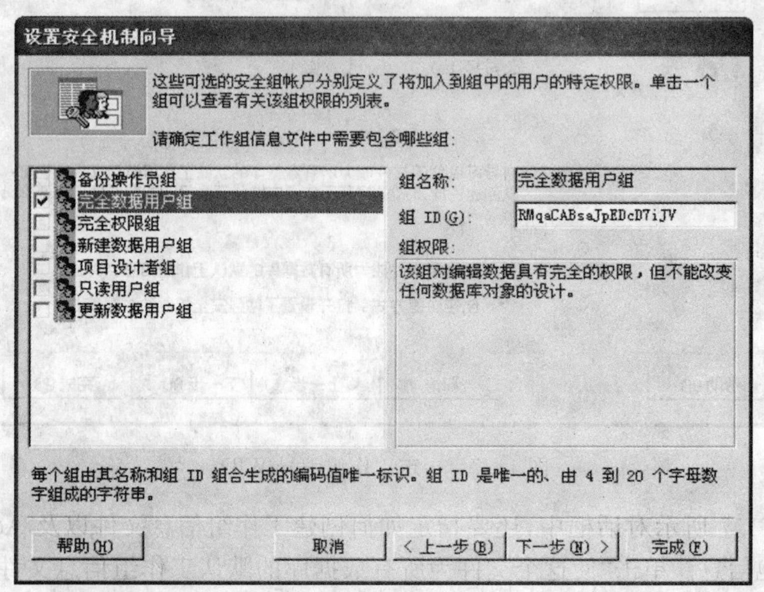

图 11.9 创建用户组

⑨单击“下一步”按钮。在图 11.10 所示的对话框中，选择“是，是要授予用户组一些权限”，给新创建的组赋予某些权限。

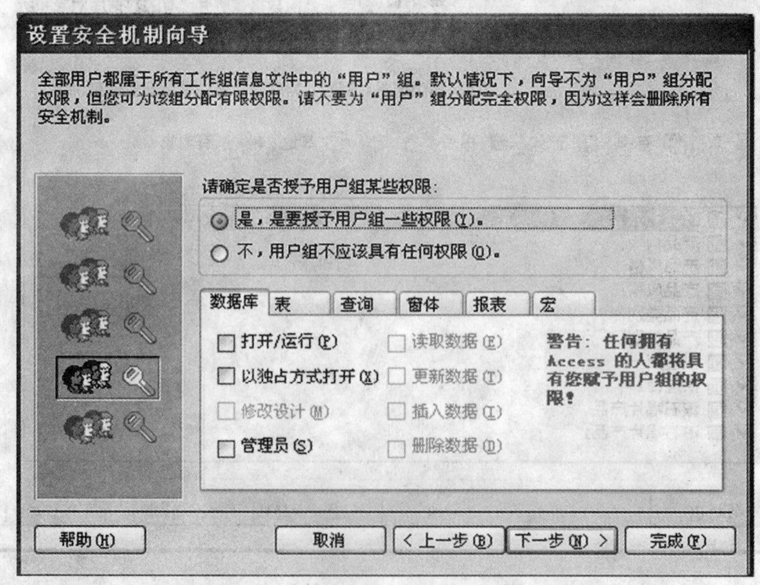

图 11.10 将权限分配到各个用户组

⑩单击“下一步”按钮，在图 11.11 所示的对话框中，指定在工作组信息文件中创建的帐户名，例如 uibeUser1；在“密码”框中设定该帐户的密码，单击“将该用户添加到列表”按钮。

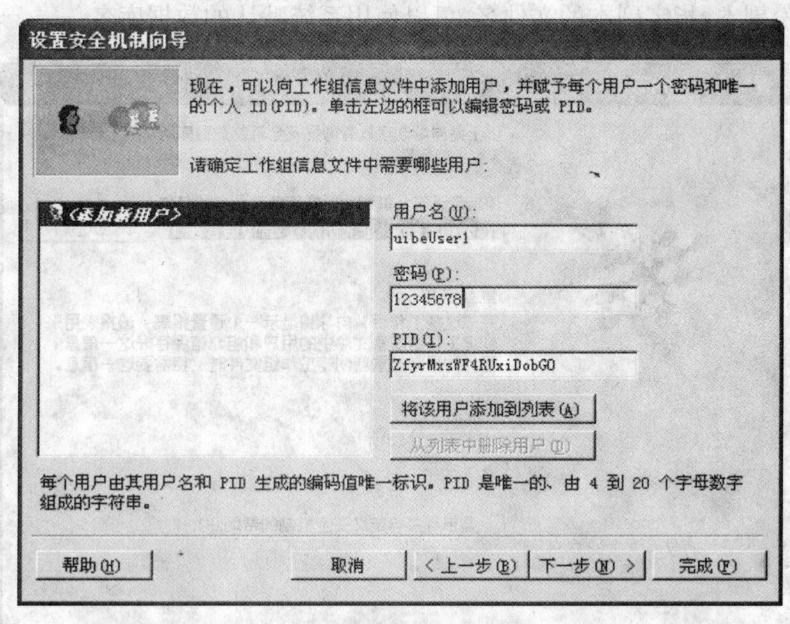

图 11.11　在工作组信息文件中添加用户

⑪在 PID 框中，为 uibeUser1 设置个人编号(PID)，建议使用 Access 分配的 PID。在此对话框中，还可以指定用户名字，更改帐户的密码。

⑫单击“下一步”按钮。在图 11.12 所示的对话框中，单击“选择用户并将用户赋给

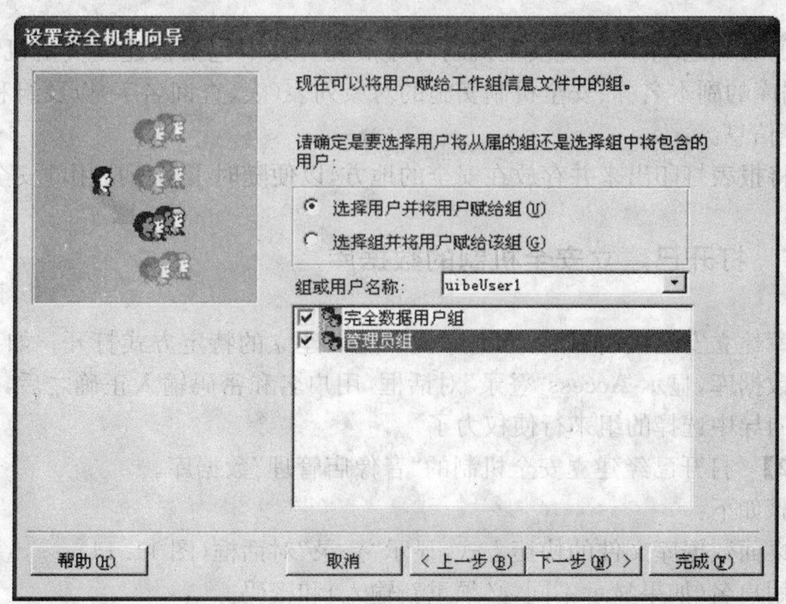

图 11.12　将用户分配到组

组”，在下拉列表中选择所定义的组，如单击“完全数据用户组”；在单击复选框，指定帐户属于哪个组，如可以指定 uibeUser1 属于“完全数据用户组”、“管理员组”。

⑬单击“下一步”按钮。在图 11.13 所示的最后一个对话框中，建立一个无安全机制的数据库备份副本，指定副本的文件名，可以使用系统默认的数据库名。

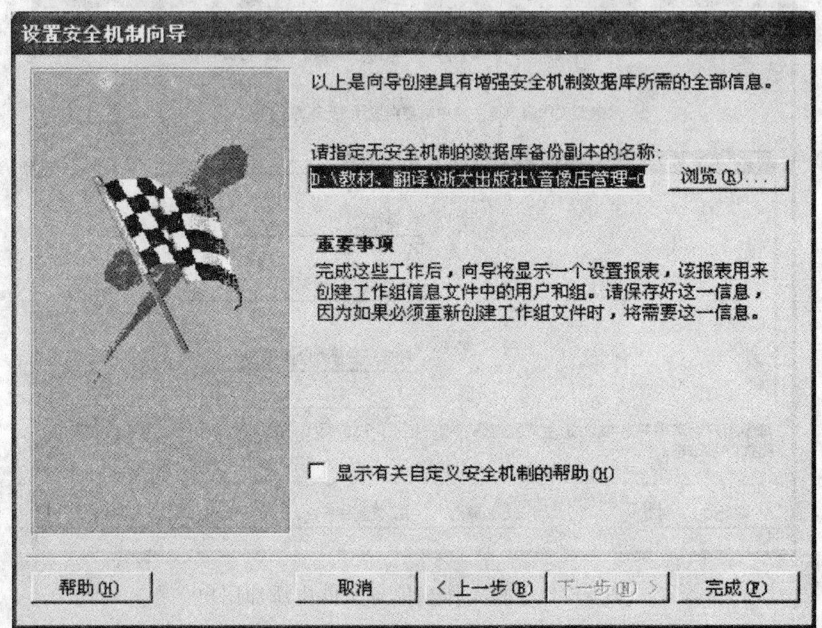

图 11.13　命名备份副本文件

⑭单击“完成”按钮，Access 系统创建一张报表，报告该数据库已经建立了安全机制。

注意：

①报表的名称是“单步设置安全机制向导报表”，其中包括被建立安全机制的数据库的名称、数据库的副本名称、安全机制实施的对象列表(表、查询名字)以及组和用户名字、ID、密码等等信息。

②最好将报表打印出来并存放在安全的地方，以便随时了解所应用的安全机制。

11.2.5　打开已建立安全机制的数据库

为数据库建立安全机制以后，数据库就只能以建立的特定方式打开。如果在 Access 系统中打开数据库，显示 Access“登录”对话框，用户名和密码输入正确之后，这个帐户就可以以前面向导中选择的组来行使权力了。

【例 11-2】　打开已经建立安全机制的“音像店管理”数据库。

操作步骤如下：

①双击桌面数据库文件的快捷方式，显示“登录”对话框(图 11.14)。

②输入用户名(如果显示不同，必须重新输入)和密码。

③单击“确定”按钮。

图 11.14　“登录”对话框

练习 11.3

给“音像店”数据库建立安全机制，建立一个“完全数据用户组”的帐户 tmpUser，密码是 pw123。

11.2.6　删除已建立的安全机制

在有些特定情况下，需要删除用户级安全机制，尤其在系统调试过程中，建立安全机制的数据库使用起来不方便。

【例 11-3】　删除“音像店管理”的安全机制。

操作步骤如下：

①打开数据库。

②以工作组管理员(“管理员”组成员)身份登录。

③授予用户组对数据库中所有表、查询、窗体、报表和宏等的完全权限。

④退出并重新启动 Microsoft Access。

⑤新建一个空数据库，并将其打开。

⑥从原有数据库将所有对象导入到新数据库中。

新数据库现在是完全没有保护的。

11.3　管理安全机制

Access 系统提供的安全机制包括保护数据库文件，使用用户级安全设置保护数据库对象，保护 VBA 代码、数据访问页、应用程序，以及多用户下的安全机制。其中帐户和权限的管理是十分有用的方法。

11.3.1　增加帐户

在有安全机制的数据库中，增加数据库的帐户。

【例 11-4】　添加一个帐户。

操作步骤如下：

①以管理员帐户进入数据库。

②打开“工具”菜单→“安全”→“用户与组的帐户”，显示“用户与组帐户”对话框(图11.15)。单击“新建”按钮，显示“新建用户/组”对话框。

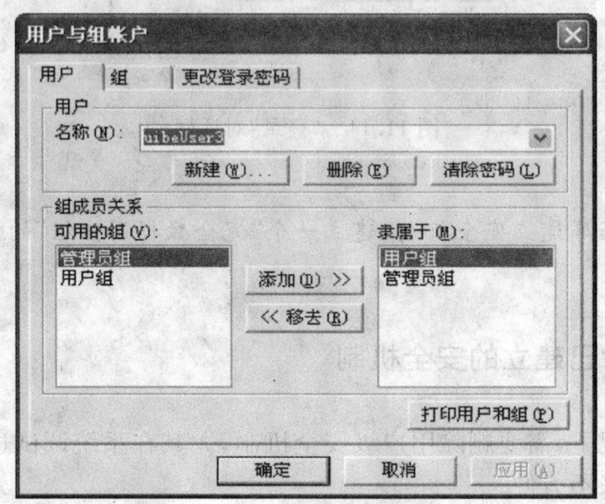

图 11.15 “用户与组帐户”对话框

③输入新增加帐户的名称，如 uibeUser3；输入个人 ID 号，是 4～20 个字符的字符串。

④单击“确定”按钮。

注意：

①设定帐户权限方法参见更改帐户权限内容部分。

②增加一个新的组帐户操作与之非常相似，不再赘述。

11.3.2 删除帐户

删除帐户的操作可以在“用户与组帐户”对话框中进行。

①在用户项的下拉列表中，单击需要删除的帐户。

②单击“删除”按钮，在出现的确认对话框中，单击“是”按钮。

删除组帐户操作的唯一相异之处是先选中组，其余步骤与删除帐户相同。

11.3.3 更改帐户权限

在某些情形下，需要更改帐户的权限，例如需要将原来的普通帐户升级为更高级别的帐户。

【例 11-5】 将数据库的 uibeUser3 帐户的权限更改为可以进行所有操作的帐户。

操作步骤如下：

①首先以管理员帐户登录数据库。

②打开“工具”菜单→“安全”→“用户与组的权限”，显示“用户与组权限”对话框(图11.16)。

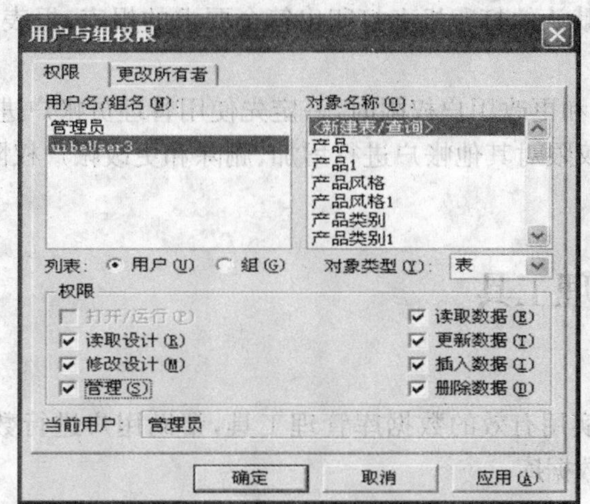

图 11.16　“用户与组权限”对话框

③如果为一个帐户指定显式权限，在“用户名/组名”项中，单击帐户名称。在“对象名称”项中，选择要授权的对象。在“权限”项下更改权限。

④如果更改隐式权限，选择对话框中部的“组”选项，列出已经定义的组，按步骤③的方法更改权限。

⑤单击“确定”按钮。

练习 11.4

为练习 11.3 建立的 tmpUser 帐户设置“读取设计”、“修改设计”权限。

11.3.4　打印帐户和组帐户列表

可以打印一张用户帐户和组帐户列表，以备日后查询。

操作步骤如下：

①打开“工具”菜单→“安全”→“用户与组的帐户”，显示“用户与组帐户”对话框（图 11.15）。

②单击“打印用户和组”，显示“打印安全性”对话框（图 11.17）。

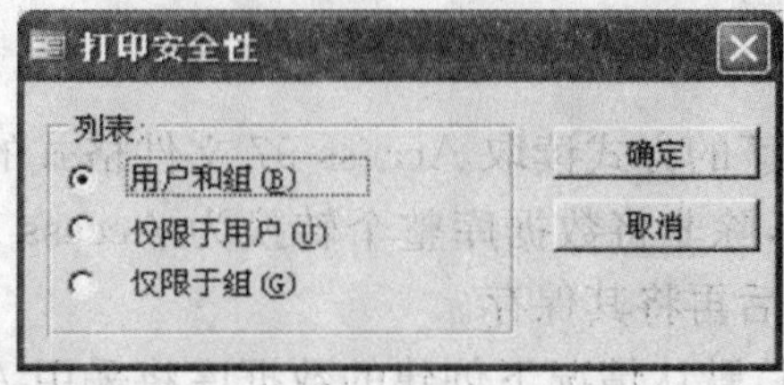

图 11.17　“打印安全性”对话框

③选择打印内容，例如，选择“用户和组”。

④单击“确定”按钮。

Access 将直接在默认的打印机上打印出符合要求的报表，报表列出了所有的组和组中的所有成员。

在建立、删除用户和更改用户权限时，一定先使用管理员帐户进入数据库，也就是说，只有管理员帐户才有权限对其他帐户进行增加、删除和更改帐户权限的设置。

11.4 数据库管理工具

Access 提供一些实用有效的数据库管理工具，帮助用户进行数据库版本的转换，压缩、备份、修复和拆分数据库。

11.4.1 数据库的转换

由于 Access 版本的不同，所创建的数据库应用系统的文件格式会有所区别。在 Access 2003 中，可以将旧版本的 Access 数据库转换成新版本的数据库格式，也可进行反向操作。

要转换一个数据库文件的格式，应先在 Access 2003 中打开此数据库，然后选择“工具”菜单中的“数据库实用工具”中的“转换数据库”子菜单中的相应选项，如图 11.18 所示。

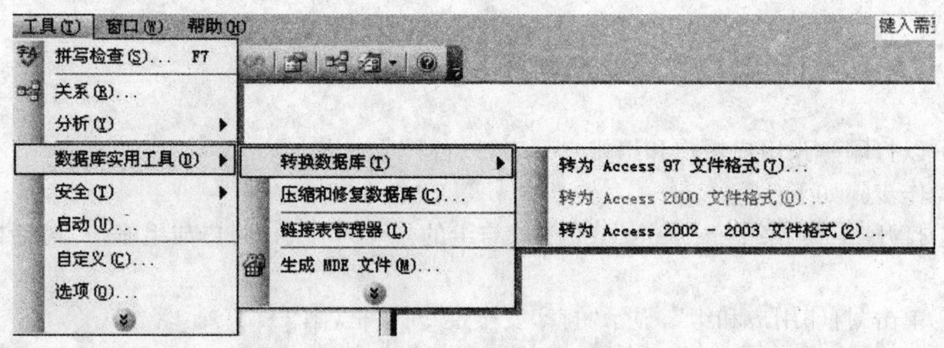

图 11.18 转换数据库菜单

Access 2003 是以“只读”的方式读取 Access 97 文件格式的数据库，此模式不允许改变表的设计、窗体的控件等，除非将数据库整个转换为 Access 2000 或 Access 2002-2003 文件格式的数据库格式，然后再将其保存。

在使用 Access 2003 时，默认情况下创建的数据库将采用 Access 2000 文件格式。可以改变创建数据库默认的文件格式，从菜单栏依次选择“工具”→“选项”→“高级”选项卡，如图 11.19 所示，在“默认文件格式”中选择“Access 2002-2003”，则以后新建的数据库都将采用 Access 2002-2003 文件格式。

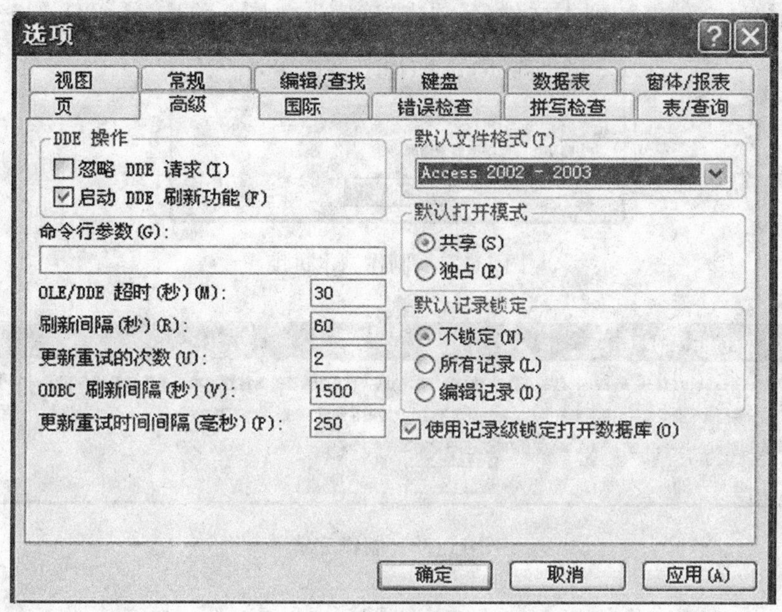

图 11.19　改变创建数据库默认的文件格式

11.4.2　制作数据库的副本

为了恢复数据库和保护数据库，常常需要将数据库备份一个副本保存起来。

【例 11-6】　为“音像店管理”数据库文件制作副本。

操作步骤如下：

①在“工具”菜单上，单击“同步复制”→“创建副本”，显示“新副本的位置”对话框（图 11.20）。

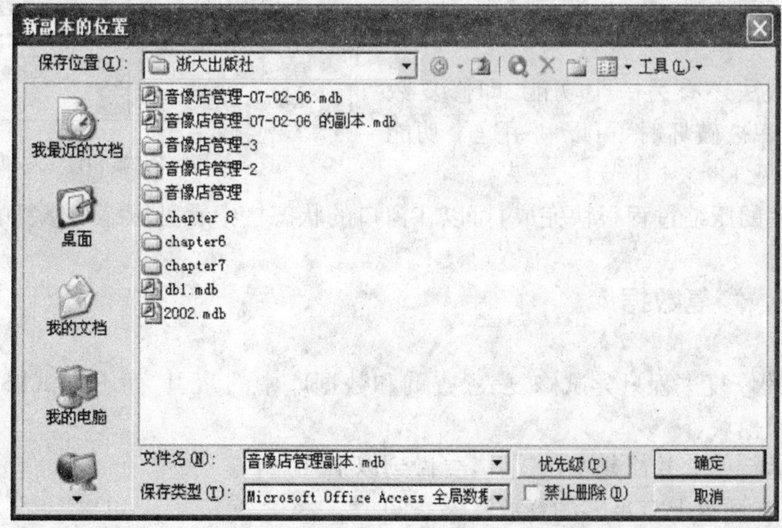

图 11.20　制作数据库的副本

②选择磁盘、文件夹和副本文件名，单击“确定”。(图 11.21,11.22)

图 11.21 制作副本进度

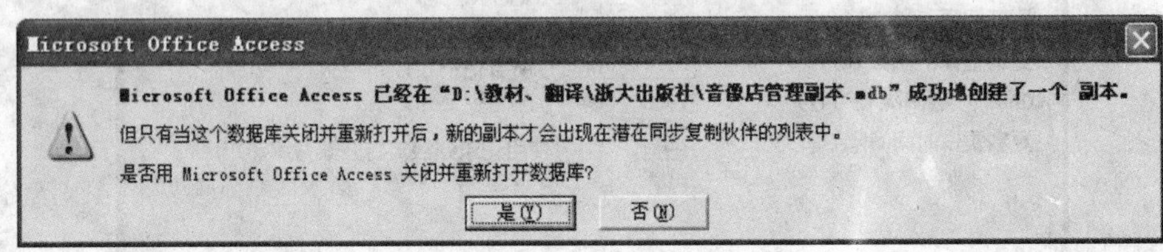

图 11.22 制作完成

11.4.3 压缩数据库

对数据库进行压缩是收回数据库对象和记录中未使用的空间，缩小数据库文件的大小。这样可以节约磁盘空间，也便于数据库的传递。

【例 11-7】 压缩“音像店管理”数据库。

操作步骤如下：

①以打开/运行和独占权限打开“音像店管理”数据库。

②单击“工具”→“数据库实用工具”→“压缩和修复数据库”(图 11.23)。

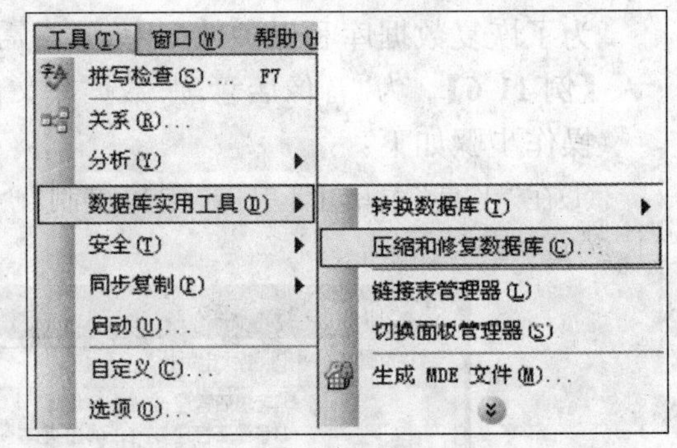

图 11.23 压缩和修复数据库

注意：

①这个做法还有另一个功能，即修复数据库，当数据库被破坏时，可以利用这个功能进行修复，参见 11.4.4 小节。

②数据库的压缩过程很快完成，可以在窗口的状态栏中看见压缩和修复的进度条。

11.4.4 修复数据库

Access 的修复进程只尝试修复表、查询和数据库中的索引，而不尝试修复损坏的表单、报表、宏或模块。

为确保运行压缩并修复实用工具，要做到以下几点：

(1)确保在硬盘上有足够的释放存储空间。

(2)确保帐户对于数据库具有打开/运行和独占权限。

(3)确保没有用户打开 Access 数据库。

修复数据库(在此前已经建设完毕)的操作步骤如下：

①制作副本的损坏数据库 (.mdb)文件以便备份数据库，参见第 11.4.2 小节。

②关闭要修复的数据库。

③在“工具”菜单中指向“数据库实用程序”，单击“压缩和修复数据库”。

如果显示压缩和修复不成功，意味着数据库的损坏非常严重，无法更正。

如果上述步骤无法恢复损坏数据库的表，可以尝试创建一个新的数据库，并从旧的数据库中转移对象的方法。表是最原始的数据，恢复它们是最有价值的。值得注意的是导入新数据库的表需要重新创建关系。

11.4.5　拆分数据库

在建设数据库的过程中，常常会把表与其他对象分离，利用“拆分数据库”的功能，非常容易实现。

Access 数据库会被拆分成两个文件：一个文件包含表，另一个文件包含查询、窗体、报表、宏、模块和指向数据访问页的快捷方式。通过这种方式，需要访问数据的用户可以自定义窗体、报表、页及其他对象，同时可以保持数据源的一致。

【例 11-9】　将“音像店管理”数据库的表分离出来，另存到一个新的数据库“数据备份”中。

操作步骤如下：

①打开“工具”菜单，指向“数据库实用工具”，单击“拆分数据库”，进入“数据库拆分器”向导(图 11.24)。

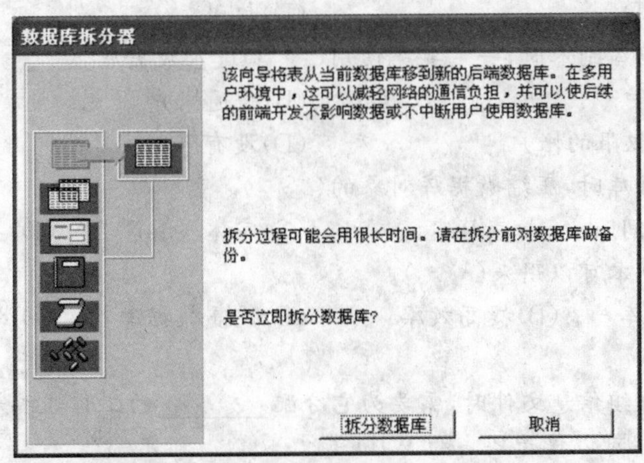

图 11.24　“数据库拆分器”向导之一

②单击“拆分数据库”，进入下一对话框。

③选择保存拆分数据库文件的磁盘、文件夹，并输入文件名(图 11.25)。

④单击“拆分”，需要等待片刻，当拆分完成时，出现“拆分成功”的提示。

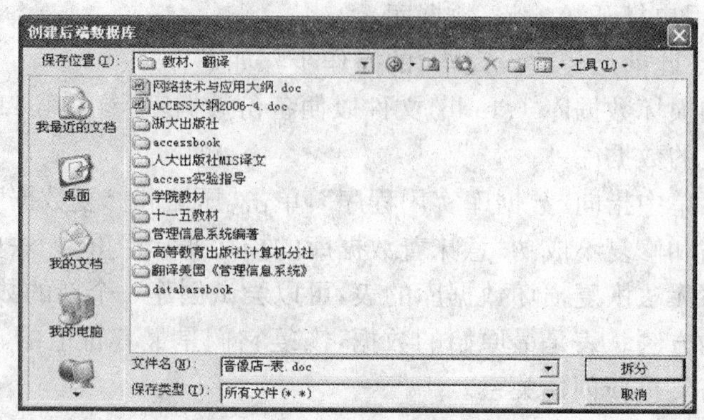

图11.25 "数据库拆分器"向导之二

思考题和习题

一、选择题

1. 在建立、删除用户和更改用户权限时，一定要先使用(　　)进入数据库。

(A)管理员帐户　　(B)普通帐户

(C)具有读写权限的帐户　　(D)没有限制

2. 在更改数据库密码前，一定要先(　　)数据库。

(A)进入　　(B)不能修改　　(C)编辑　　(D)恢复原来的设置

3. 在建立数据库安全机制后，进入数据库要依据建立的(　　)方式。

(A)安全机制，包括帐户、密码、权限等　　(B)组的安全

(C)帐户的PID　　(D)权限

4. 在建立数据库副本时，一定要先使用(　　)进入数据库。

(A)管理员帐户　　(B)普通帐户

(C)具有读写权限的帐户　　(D)没有限制

5. 在压缩数据库时，压缩数据库对象的(　　)。

(A)非使用空间　　(B)字符串　　(C)字体　　(D)去掉多媒体部分

6. 数据库的副本可以用来(　　)。

(A)加密数据库　　(B)提高效率　　(C)恢复数据库　　(D)添加访问的权限

二、填空题

1. 在创建工作组信息文件时，需要为它分配________的工作组编号，其长度必须为4到________个字符，可以接受缺省的WID。

2. 建立好数据库的安全机制之后，还可以增加、________帐户；帐户的权限分为________和________。

三、思考题

1. 如果为数据库建立了安全机制，是否一定要清除首次安装Access系统时的管理员帐户？

2. 为数据库建立了密码后，使用其中的表是否还要输入密码？

实验

练习目的

学习查询的使用方法。

练习内容

1. 完成本章的实习内容。

2. 打开“罗斯文示例数据库”，了解系统是如何设计安全机制的。

3. 对“图书借阅”数据库进行如下操作：

(1)为“图书借阅”数据库设置密码。

(2)建立一个“完全数据用户组”的帐户。

(3)拆分“图书管理”数据库。

(4)为数据库建立副本。

(5)压缩数据库。

第12章 综合开发示例

本书前面的章节中介绍了运用 Access 所需要的全部知识，从启动 Access 到建立数据库，从处理查询到运用 VBA 编程等各个方面。本章将运用以前所学的所有知识，以人事管理系统为例，设计和开发一个完整的数据库系统。本章不再介绍新知识，而在各个小节中回顾以前所学的知识，达到学以致用的目的。

【本章要点】

- 确定问题和确定系统功能
- 数据分析，建立表、表之间的关系
- 建立数据库、表、窗体、查询，实现系统功能

12.1 人事管理系统功能说明

12.1.1 问题的提出

某单位原来采用 Excel 管理职工的人事情况，它记录了当前的职工情况和发放工资情况。每次工资变动，只是简单地改变当前工资数据，因此无法了解职工工资的变化情况；职工职务变化的管理也存在同样问题，即没有记录职工职务变动情况。另一个问题是在处理职工的退休和调离情况时，只是将他们的记录从职工表中删除，因而无法了解这些职工的历史情况。

因此该单位需要一个新的管理系统，替换原有的程序，同时希望新系统能尽快投入使用。

12.1.2 新系统的主要功能

本章将借助 Access 软件开发一个人事管理系统，这个系统将解决如下问题：

(1)查询单位人事记录。

(2)添加新职工。

(3)记录每位职工的工资变动情况。

(4)记录每位职工的职务变动情况。
(5)生成退休职工表。
(6)生成调出职工表。
另外,需要将 Excel 文件中的职工的基本情况数据导入到 Access 数据库中。

12.2 数据库设计

人事管理系统的功能是设计数据库的依据,重点考虑表的功能、属性和与其他表的关系。这是建立信息系统的基础,需要认真分析和设计。

12.2.1 建立表

首先,在 Access 中创建一个"人事数据库",数据库将包括以下数据表。

1."基本情况"表

"基本情况"表保存所有职工的基本信息,表的结构如表 12.1 所示。

表 12.1 "基本情况"表的结构

字段	类型	长度	主键	备 注
人员编号	数字型	长整型	是	
姓名	文本型	20		必填字段
性别	查阅向导	2		数据源:自行键入
出生日期	日期型			格式:长日期
调入日期	日期型			默认值:当天函数 Date()
离职日期	日期型			格式:长日期
状态	查阅向导			状态:在职、退休、调离,默认值:在职
职务	查阅向导			数据源:职务表
电话	文本型			格式:@@(@@@@)@@@@
单位	查阅向导			数据源:部门表
工资	货币			
照片	OLE 对象			

可以在"表属性"对话框中设置有效性规则属性:[离职日期]>[调入日期]。有关建表和字段属性的设置内容参见第 3 章。

2. "工资变动"表

"工资变动"表中保存职工历次工资变动信息，表的结构如表 12.2 所示。

表 12.2 "工资变动"表的结构

字段	类型	长度	主键	备 注
序号	自动编号		是	
人员编号	数字型	长整型		
工资变动日期	日期型			默认值：当天函数 Date()
变动后工资	货币			

3. "部门"表

"部门"表中保存了单位信息，表的结构如表 12.3 所示。

表 12.3 "部门"表的结构

字段	类型	长度	主键	备 注
部门名称	文本型	20	是	

4. "职务"表

"职务"表中保存了职务信息，表的结构如表 12.4 所示。

表 12.4 "职务"表的结构

字段	类型	长度	主键	备 注
职务	文本型	20	是	

5. "退休人员"表和"离职人员"表

"退休人员"表中保存了退休人员信息，"离职人员"表中保存了离职人员信息，表的结构与"基本情况"表基本相同，如表 12.5 所示。

表 12.5 "退休"表的结构

字段	类型	长度	主键	备 注
人员编号	数字型	长整型	是	
姓名	文本型	20		
性别	查阅向导	2		数据源：自行键入
出生日期	日期型			格式：长日期
调入日期	日期型			默认值：当天函数 Date()
离职日期	日期型			标题：退休日期
职务	查阅向导			数据源：职务表
电话	文本型			格式：@@(@@@@)@@@@
单位	查阅向导			数据源：部门表
工资	货币			
照片	OLE 对象			

6."临时"表

"临时"表中保存处理临时信息,表的结构与"基本情况"表相同。

可以根据第 3 章介绍的方法,建立一个"人事数据库",创建上述各表。"退休人员"表、"离职人员"表的结构与"基本情况"表的结构相同,因此可以在"基本情况"表的结构的基础上,将表的结构复制到"退休人员"表和"离职人员"表,可以减少建表的工作量。

表结构复制的方法如下:

①在数据库窗口中,单击"表"对象。

②单击被复制的表,例如"基本情况"表,单击"复制"按钮。

③单击"粘贴"按钮,在弹出的"粘贴表方式"对话框(图 12.1)中提供了"只粘贴结构"、"结构和数据"以及"将数据追加到已有的表"三个选项,选择"只粘贴结构",新表只保存结构。

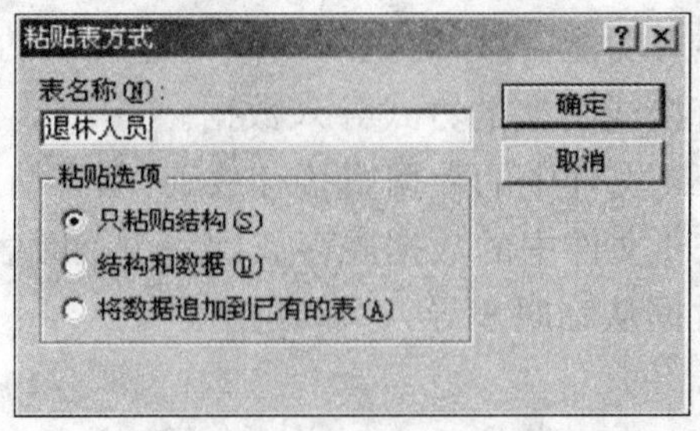

图 12.1 粘贴表方式

另外,为了操作方便,设立一个临时表,作为中间数据的暂存表,其结构与"基本情况"表相同,可以使用表结构复制方法建立临时表。

12.2.2 建立表之间的关系

创建表以后,下面的工作就是建立表之间的关系。通过工具栏中的按钮,可以打开关系视图窗口,显示和修改数据库的各表之间的关系(参见第 3 章)。在本例中,用于建立关联的字段和它们各自对应的表如下:

• 通过"人员编号"字段,建立"基本情况"表和"工资变动"表的一对多的关系,"基本情况"表是关系"一"的一方。

• 通过"职务"字段,建立"职务"表和"基本情况"表的一对多的关系,其中"职务"表是关系"一"的一方。

• 通过"部门名称"字段,建立"部门"表和"基本情况"表的一对多的关系,其中"部门"表是关系"一"的一方。

建立表之间的关系时,在"编辑关系"对话框中选中"实施参照完整性"选项。参见"关系"窗口(图 12.2)表之间的关系。

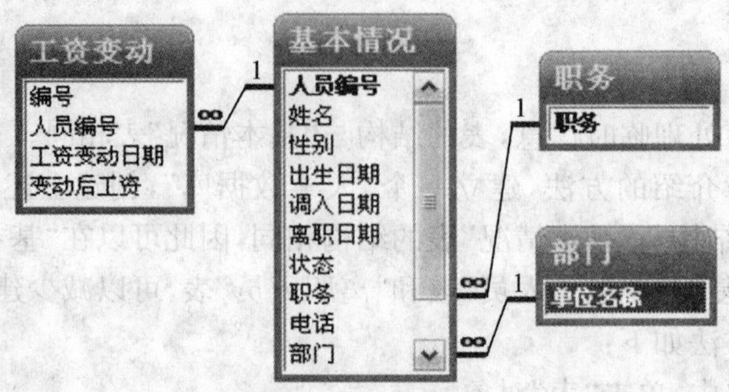

图 12.2 “关系”窗口

12.2.3 导入数据

利用 Access 的数据导入功能，将原有的 Excel 文件形式的职工信息导入到职工“基本情况”表中。可以使用直接或间接的方式导入数据。

(1)直接导入。将 Excel 文件中的数据直接存放到“基本情况”表。

(2)间接导入。将 Excel 文件中的数据先存放到一个临时表中，在临时表中对数据进行必要的修改，然后再将数据从临时表导入“基本情况”表。

练习 12.1

(1)根据表 12.1～12.5 的要求，建立表。

(2)设计并建立“调出人员”表，用来保存调出人员。

(3)设计并建立“调动情况”表，用来记录员工部门变动和职务变动情况。

12.3 查询设计

根据系统功能的要求和需要，在“人事数据库”中设计的查询完成以下功能：

(1)在职人员信息。查询所有人的基本情况信息、工资变动情况。

(2)按职务增减工资。按照选择的职务，在“基本情况”表中查询到相关记录后，更新“基本情况”表的工资字段内容，并将工资变动情况追加到“工资变动”表。

(3)退休处理。按照年龄范围查询，条件是尚未退休而年龄是 60 岁以上的男士或者 55 岁以上的女士，将查找到的人员基本信息记录追加到“退休”表，并更新“基本情况”表中相关字段。

(4)离职处理。按人员编号查找员工，确认此人是不是离职，确认离职，将其基本信息记录追加到“离职”表，并更新“基本情况”表中相关字段。

(5)追加新职员。将录入的新职员记录写入“临时”表，如果确认需要增加这些记录到“基本情况”表和“工资变动”表，通过追加查询将新记录分别追加到两个表中。另外，在退出本查询前，将"临时"表清空。

12.3.1　在职人员信息

这个查询相对比较简单，可以使用向导建立查询，数据源是"基本情况"表和"工资变动"表。

建立查询的操作步骤如下：

①在数据库窗口中，单击"查询"对象，双击"使用向导创建查询"。

②选择"基本情况"表作为数据源，选择所有字段；再选择"工资变动"表以及"工资变动日期"和"变动后工资"字段，单击"确定"按钮。

③保存查询，命名为"基本信息查询"。

12.3.2　按职务增减工资

这个功能需要通过两个查询来完成，第一个查询按照职务查询"基本情况"表，给满足条件的人员增减工资；第二个查询将工资变动记录追加到"工资变动"表。前者使用更新查询，后者使用追加查询。

1. 更新工资查询

这个查询主要完成对"基本情况"表中"工资"字段的更新，将原来工资加上变动的差额再写入"工资"字段。

操作步骤如下：

①建立查询。使用设计视图建立查询，选择"基本情况"表为数据源，选择"职务"和"工资"字段。

②选择查询类型。打开"查询"菜单→"更新查询"。

③输入查询准则。因为是按职务更新工资，所以建立如图 12.3 所示准则，在职务字段下的"条件"一行输入：

[请输入职务：]

④输入工资变动公式：在工资字段下的"更新到"一行中(图 12.3)填写：

工资 + val([请输入工资变动差额：])

字段:	工资	职务
表:	基本信息表	基本信息表
更新到:	[工资+Val([请输入工资变动差额：])	
条件:		[请输入职务：]
或:		

图 12.3　建立查询准则

说明：

- 公式的作用是将原来的工资加上输入的差额，作为新的工资。
- 函数 Val(string)的功能是将字符串转换为数字。

⑤保存查询,命名为“按职务更新工资”。

⑥运行“按职务更新工资”查询,首先出现图 12.4(a)所示对话框,输入“工程师”,其作用是将职务=“工程师”设置为查找记录的条件,单击“确定”按钮。

弹出如图 12.4(b)所示对话框,输入变动工资差额,如“120”,作用是为工程师增加 120 元工资,单击“确定”按钮。

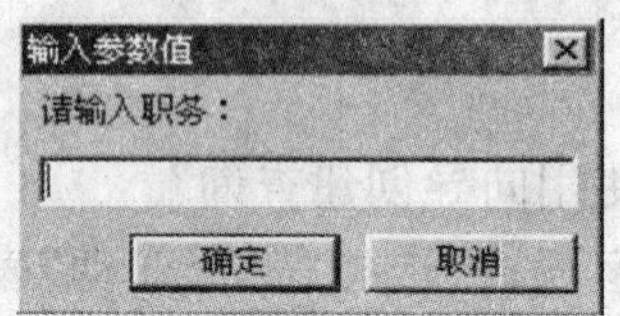

(a) 输入查询条件

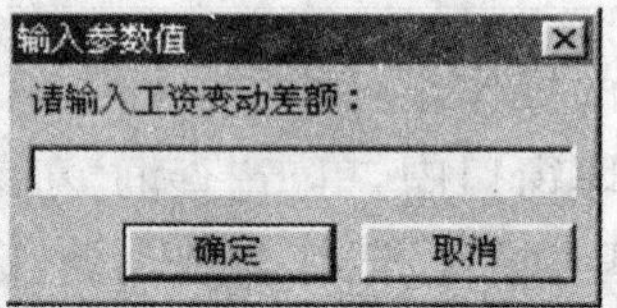

(b) 输入变动工资差额

图 12.4　更新工资

字段:	工资	职务
表:	基本情况	基本情况
更新到:	Forms!按职务增减工资窗体!txtSalary+基本情况!工资	
条件:		[Forms]![按职务增减工资窗体]![txtTitle]
或:		

图 12.5　建立查询准则

为了通过窗体调用查询,输入的查询准则改为如图 12.5 所示,其中,“Forms!按职务增减工资窗体”代表从指定的窗体,“txtTitle”和“txtSalary”代表用来输入职务和工资差额的文本框。

2. 追加变动工资查询

“工资变动”表记录每个员工工资变动的日期和变动后的工资。“追加变动工资记录”查询的作用是向“工资变动”表中追加记录,将工资变更人员的“变动工资日期”、“变动后工资”写入这个表,查询的数据源是“基本情况”表。

在执行“按职务更新工资”查询后,再执行本查询,从“基本情况”表中选择发生变更工资的记录,追加到“工资变动”表;将当天日期作为“工资变动日期”,查询到的满足条件的“人员编号”作为“人员编号”,连同“工资”三项作为记录字段追加到“工资变动”表。

建立查询的步骤如下:

①建立查询。使用设计视图建立查询,选择“基本情况”表为数据源,选择“人员编号”、“职务”和“工资”字段。

②建立查询准则。在“职务”的“条件”一行填写:[Forms]![按职务增减工资窗体]![txtTitle],作用是以“按职务增减工资窗体”窗体的文本框 txtTitle 中所输入的内容作为查询条件。

③更改查询类型。打开“查询”菜单→“追加查询”;选择所要追加表的名字“工资变动”,单击“确定”按钮。

④在查询设计视图中,出现“追加到”一行,在“人员编号”字段下选择“人员编号”,在“工资”字段下选择“变动后工资”。

⑤插入一列，填写“工资变动日期”(图 12.6)，作用是将当天日期(Date()函数)写入“工资变动日期”字段。

字段:	人员编号	工资	表达式1: Date()	职务
表:	基本情况表	基本情况表		基本情况表
排序:				
追加到:	人员编号	变动后工资	工资变动日期	
条件:				[Forms]![按职务增减工资窗体]![txtTitle]
或:				

图 12.6　建立追加查询—追加到

⑥保存查询，命名为“追加变动工资记录”。

⑦执行“追加变动工资记录”查询，将工资变更记录追加到“工资变动”表。

12.3.3　处理退休情况

退休处理需要通过两个查询来完成。第一步使用追加查询，将“基本情况”表中还未退休的年龄是 60 岁以上的男士或者 55 岁以上的女士的条件的人员记录追加到“退休”表；第二步使用更新查询，将“基本情况”表中还未退休的年龄是 60 岁以上的男士或者 55 岁以上的女士的条件的人员记录中“离职日期”字段改为当天日期，“状态”字段改为“退休”。

1. 追加退休人员记录到“退休人员”表

操作步骤如下：

①使用设计视图建立查询，选择“基本情况”表为数据源，选择所有字段。

②建立查询准则(图 12.7)，表示男士且年龄在 60 岁以上或者女士且年龄在 55 岁以上还未退休的职工。

字段:	基本情况.*	性别	Year(Date())-Year([出生日期])	状态
表:	基本情况	基本情况		基本情况
排序:				
追加到:	退休人员.*	性别		
条件:		"男"	>=60	<>"退休"
或:		"女"	>=55	<>"退休"

图 12.7　建立追加查询条件

③选择查询类型。打开“查询”菜单→“追加查询”。

④选择追加记录表的名字“退休人员”，单击“确定”按钮。

⑤保存查询，命名为“追加退休人员”。

执行查询，将记录追加到“退休人员”表。

2. 更新“基本情况”表中已退休人员记录

操作步骤如下：

①使用设计视图建立查询，选择“基本情况”表为数据源。

②选择查询类型：打开“查询”菜单→“更新查询”。

③建立查询准则(图 12.8),表示男士且年龄在 60 岁以上或者女士且年龄在 55 岁以上还未退休的职工。

字段:	离职日期	状态	性别	Year(Date())-Year([出生日期])
表:	基本情况	基本情况	基本情况	
更新到:	Date()	"退休"		
条件:		<>"退休"	"男"	>60
或:		<>"退休"	"女"	>55

图 12.8 建立更新查询条件和内容

④在"更新到"框中,将"离职日期"字段改为当天日期,"状态"字段改为"退休"。

⑤保存查询,命名为"更新退休人员记录"。

执行查询,更新满足条件的记录。

12.3.4 按人员编号查询

"按人员编号查询"是一个选择查询,以输入的"人员编号"为条件查找记录,其目的是确认员工是否离职,确认离职后,将其基本信息记录追加到"离职"表,并从"基本情况"表中删除这名员工的记录。

1. 建立参数查询,按输入的人员编号查询记录

操作步骤如下:

①建立参数查询,使用向导或设计视图,选择"基本情况"表为数据源,选择所有字段,单击"完成"按钮。

②切换到设计视图,建立查询准则(图 12.9),表示在查询时输入人员编号。

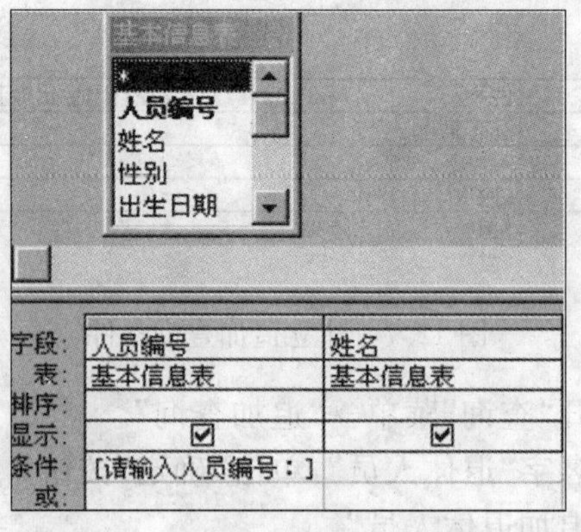

图 12.9 建立参数查询条件

③保存查询,命名为"按人员编号查询",关闭查询。

2. 将"按人员编号查询"另存为"按编号追加到调出表"

①打开"查询"菜单→"追加查询"。

②追加到“调出人员”表，单击“确定”按钮，关闭查询。

3. 将“按人员编号查询”另存为“按编号删除”

这个查询将调出人员记录从“基本情况”表删除。

操作步骤如下：

①打开“查询”菜单→“删除查询”。

②关闭查询。

练习 12.2

(1)设计查询，实现记录员工部门和职务变动的情况。

(2)建立查询，实现人员调离处理。

12.3.5　统计在职人员各部门职务分布情况

统计各部门职务分布情况的查询，是一个交叉表查询，数据源是“基本情况”表，将查询命名为“部门职务交叉表”。计划建立的查询结果的行标题是“部门”，列标题是“职务”，交叉处是“人员编号”，统计函数是计数函数。

操作步骤如下：

①单击“新建”按钮，选择“交叉表查询向导”。

②单击“查询”，以“基本情况”表为数据源。单击“下一步”按钮。

③单击“部门”，单击“>”按钮，选择“部门”为行标题，单击“下一步”按钮。

④单击“职务”，选择它为列标题。单击“下一步”按钮。

⑤单击“人员编号”，单击“计数”，选择它为交叉显示的内容(图 12.10)。单击“完成”按钮。

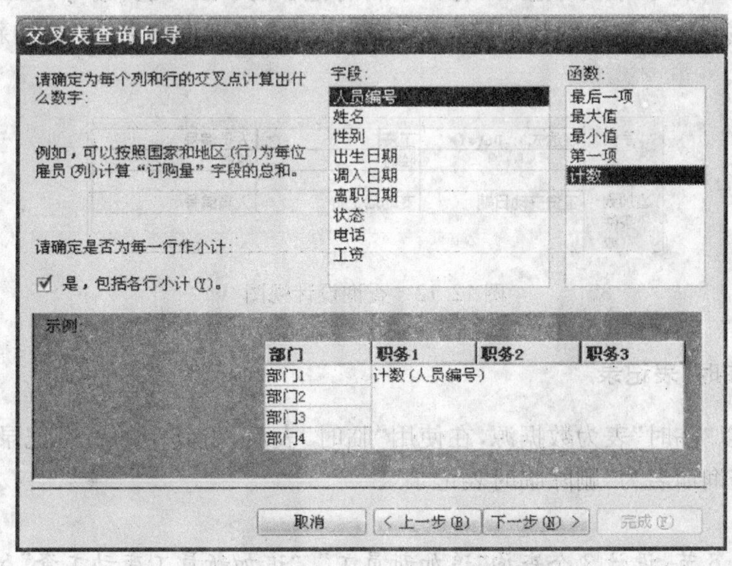

图 12.10　建立交叉表查询

⑥切换到设计视图(图 12.11)。

字段:	部门	职务	人员编号之计数:	总计 人员编号: 人员编号	状态
表:	基本情况	基本情况	基本情况	基本情况	基本情况
总计:	分组	分组	计数	计数	条件
交叉表:	行标题	列标题	值	行标题	
排序:					
条件:					"在职"
或:					

图 12.11 交叉表查询设计视图

⑦在设计视图中,在"字段"行选择"状态"字段,在"状态"字段的"总计"框下拉表中选择"条件",在"条件"框中输入条件:在职。

⑧保存查询,命名为"部门职务交叉表",关闭查询。

练习 12.3

(1)设计"人员查询"、"查询退休人员"和"显示变动工资结果"三个查询。

(2)设计查询统计各职务不同性别的平均工资。

12.3.6 追加新职员

1. 追加新员工

这个查询以"临时"表为数据源,将其中所有记录的所有字段追加到"基本情况"表,将查询命名为"追加新员工记录"。

2. 追加新员工变动工资

这个查询以"临时"表为数据源,将其中所有记录的字段"人员编号"、"工资"以及系统日期 Date()作为字段,追加到数据表"工资变动"表。将查询命名为"追加新员工变动工资"(图 12.12)。

字段:	表达式3: Date()	工资	人员编号
表:		临时	临时
排序:			
追加到:	工资变动日期	变动后工资	人员编号
条件:			
或:			

图 12.12 查询设计视图

3. 删除"临时"表记录

这个查询以"临时"表为数据源,在使用"临时"表后,将其中的所有记录删除掉,是个动作查询,将查询命名为"删除临时表记录"。

练习 12.4

根据 12.3.6 节,设计 3 个查询"追加新员工"、"追加新员工变动工资"和"删除临时表记录"。

12.4　窗体设计

设计人事数据库的窗体的目的，是希望通过窗体将使用系统的方法简单实用化。因此，可以设计一个主菜单窗体，并通过自动启动，每次在打开数据库时将自动打开主窗体。主窗体包括以下 6 个主要选项：

(1)人员信息

(2)工资变动

(3)人员变动

(4)统计信息

(5)退出系统

(6)退出 Access

要实现这 6 个功能，首先在窗体上创建 6 个命令按钮，将运行窗体或报表的宏链接到命令按钮上，显示"开始"主窗体设计视图(图 12.13)。

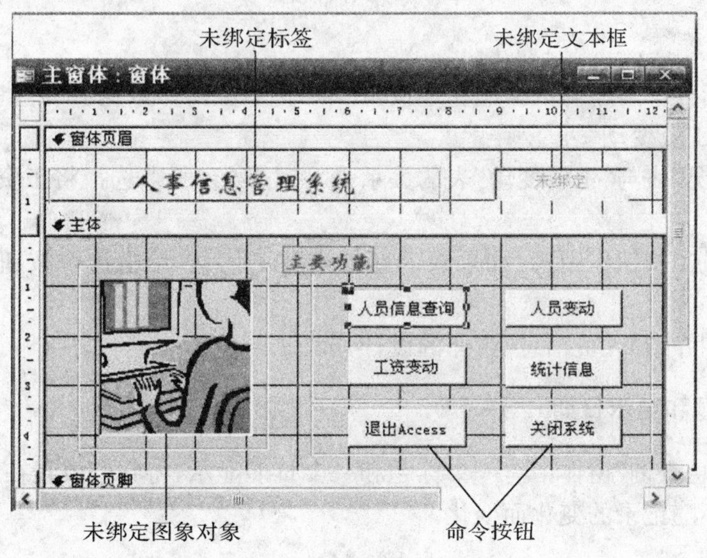

图 12.13　"开始"主窗体

12.4.1　人员信息窗体

当单击"人员信息"按钮时运行"人员信息"宏，这个宏包括两个操作：Close 操作和 OpenForm 操作。Close 操作关闭主窗体；OpenForm 操作以只读模式打开"人员信息"窗体。

"人员信息"窗体通过窗体—子窗体的方式运行，子窗体中显示员工的工资变动情况(图 12.14)。

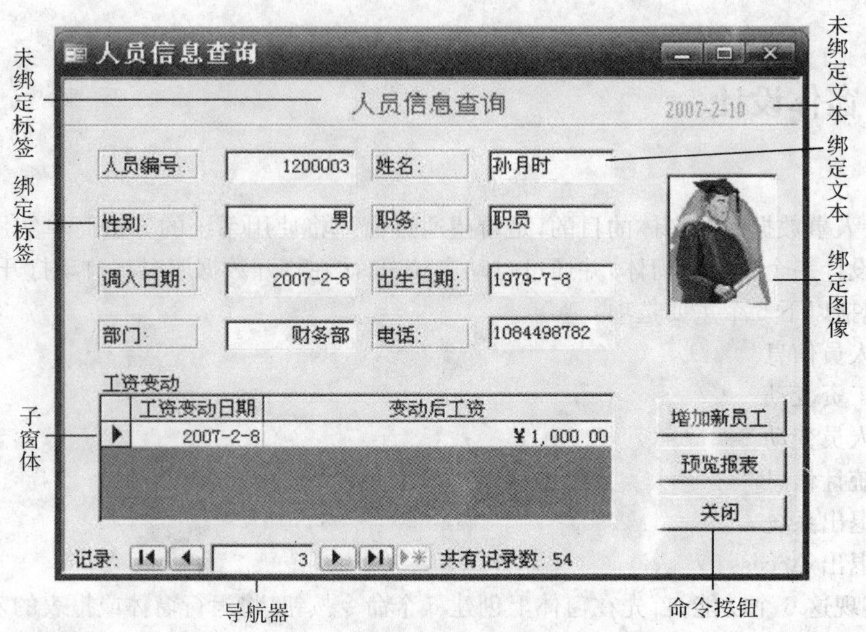

图 12.14 “人员信息”窗体

说明：

①绑定是指控件对象与数据源相连接，在本例中，主窗体数据源为“基本情况”表，子窗体数据源为“工资变动”表。

②“基本情况”表与“工资变动”表的关系是一对多的，所以选择将工资变动放在子窗体中显示。

③增加新员工按钮作用为：如果录入新加入员工信息，单击这个按钮打开一个录入窗体。

下面将分别介绍“人员信息”窗体的设计方法。

1. 设置标题和显示日期

在“人员信息查询”窗体中有一个标题和一个日期显示，将它们放置在窗体页眉，这样可以保证它们不随记录的变化而变化。

操作步骤如下：

①进入窗体设计视图，打开“查看”菜单→“窗体页眉/页脚”。

②单击工具箱标签 Aa ，在窗体页眉拖动一个方框，写入“人员信息查询”。

③单击这个标签，利用格式工具栏调整格式，例如颜色、特殊效果等。

④单击工具箱文本框 ab|，在窗体页眉拖动一个方框，删除其标签。

⑤右击文本框，单击“属性”，在弹出的“属性”对话框中，将默认值设置为＝Date()。

⑥设置格式，去掉背景颜色，选择“透明”。

2. 设置主体

窗体主体是放置基本信息的区域，其中要显示“基本情况”表的记录。

操作步骤如下：

①双击窗体，打开“属性”对话框（图 12.15）。

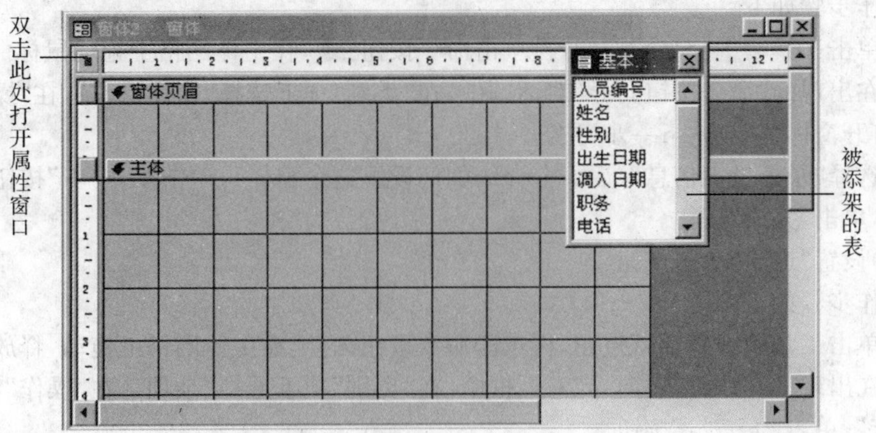

图 12.15　窗体设计视图

②在“数据”选项卡记录源中，选择“基本情况”表，关闭“属性”对话框。

③从表中拖动字段到窗体网格，调整位置、格式等。

④设置窗体属性，双击窗体，打开窗体“属性”对话框（图 12.16），调整以下属性：

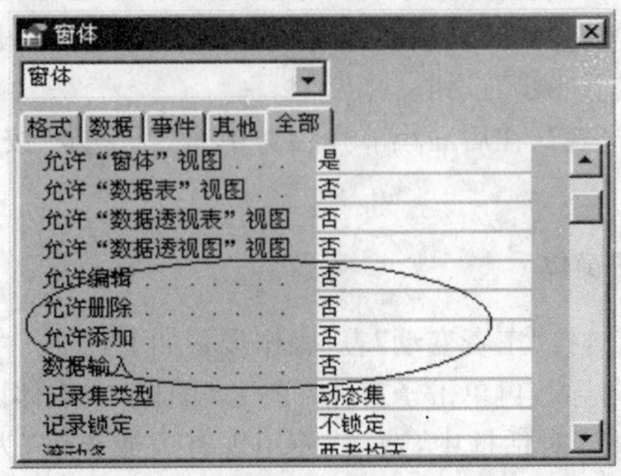

图 12.16　窗体“属性”对话框

- 若要阻止添加新记录，将“允许添加”属性设置为“否”。
- 若要阻止编辑修改记录，将“允许编辑”设置为“否”。
- 若要阻止删除记录，将“允许删除”属性设置为“否”。

这些属性的作用是限制对记录的操作。

- 将“弹出方式”属性设置为“是”。
- 关闭窗体“属性”对话框。

练习 12.5

设置窗体属性，去掉窗体的"最大化"、"最小化"和"关闭"按钮。

3. 添加三个命令按钮

(1)"增加新员工"按钮链接"录入员工信息"的窗体

操作步骤如下：

①单击工具箱中"向导"按钮，再单击命令按钮，在主体网格上拖动鼠标。

②在出现的"命令按钮向导"对话框中，在"类别"项下选择"窗体操作"，在"操作"项下选择"打开窗体"，单击"下一步"按钮。

③选择"录入员工信息"(后面会介绍如何设置这个窗体)，单击"下一步"按钮，直到结束向导，单击"完成"按钮。

(2)设置"退出"命令按钮

操作步骤如下：

①单击工具箱中"向导"按钮，再单击命令按钮图标，在主体网格上拖动，释放鼠标。

②在出现的"命令按钮向导"对话框中，在"类别"项下选择"杂项"，在"操作"项下选择"运行宏"，单击"下一步"按钮。

③选择"关闭人员信息"宏(这个宏有两个功能：关闭人员信息窗体和打开主窗体)，单击"下一步"按钮，直到结束向导，单击"完成"按钮。

(3)设置"打印预览"命令按钮

操作步骤如下：

①单击工具箱中"向导"按钮，再单击命令按钮图标，在主体网格上拖动，释放鼠标。

②在出现的"命令按钮向导"对话框中，在"类别"项下选择"报表操作"，在"操作"项下选择"预览报表"，单击"下一步"按钮。

③选择"基本信息报表"(在后面小节介绍)，单击"下一步"按钮，直到结束向导，单击"完成"按钮。

4. 设置工资变动子窗体

"工资变动子窗体"链接"工资变动"表，操作步骤如下：

①单击工具箱中"向导"，再单击子窗体/子报表图标，在主体网格上拖动，释放鼠标。

②在出现的"子窗体"对话框中，选择"使用现有表或查询"为数据源，单击"下一步"按钮。

③选择"工资变动"表，选择字段"工资变动日期"和"变动后工资"，单击"下一步"按钮，单击"完成"按钮。

④打开子窗体"属性"对话框(图 12.17)，注意椭圆区域的设置，关闭"属性"对话框。

⑤保存窗体，命名为"人员信息查询"，关闭窗体。

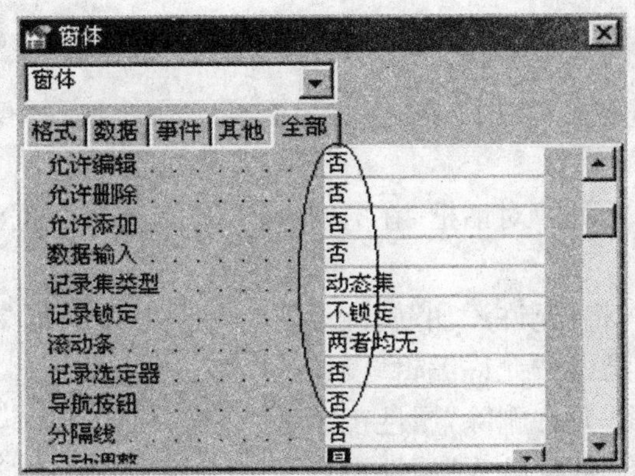

图 12.17　子窗体属性

12.4.2　录入员工信息窗体

这个窗体的主要作用是录入新加入员工的信息，当一个员工信息录入完毕，记录被自动追加到“临时”表，按“撤消记录”按钮取消录入的记录，单击“保存新记录”按钮，执行一个宏将记录写入“基本情况”表和“工资变动”表(图 12.18)。

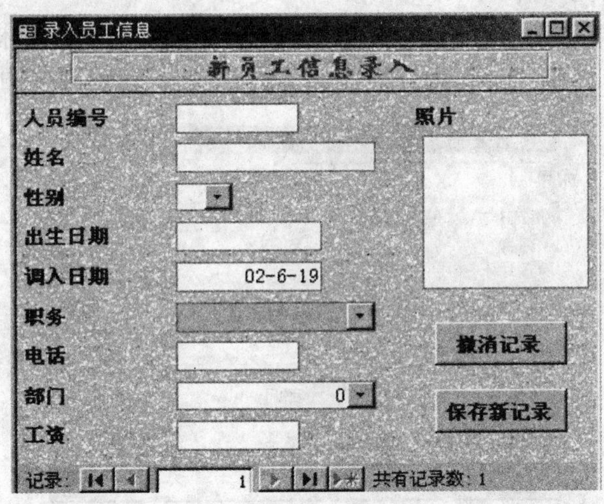

图 12.18　录入窗体

1. 设置“新员工信息录入”窗体的标题

将标题放置在窗体页眉，操作步骤如下：

①进入设计视图，打开“查看”菜单→“窗体页眉/页脚”。

②在工具箱中，单击标签图标 Aa，在窗体页眉拖动一个方框，写入“新员工信息录入”作为标题。

③单击标签，利用格式工具栏调整格式，如颜色、特殊效果等。

2. 主体设计

主体中的控件是绑定在“临时”表上的，另有两个命令按钮“保存新记录”和“撤消记录”。操作步骤如下：

(1)双击窗体，打开“属性”对话框，在“数据源”项下，选择数据源“临时”表。

(2)设置以下属性：

①允许添加新记录，将“允许添加”属性设置为“是”。

②允许编辑修改记录，将“允许编辑”设置为“是”。

③允许删除记录，将“允许删除”属性设置为“是”。

④允许数据输入，将“数据输入”属性设置为“是”，窗体显示空记录。

⑤不使用滚动条，将其设置为“两者均无”。

⑥不使用记录选定，将其设置为“否”。

⑦设置窗体背景。

⑧将窗体“默认视图”设置为“单个窗体”，关闭“属性”对话框。

(3)设置“部门”、“职务”输入方式。

说明：因为已经建立了“部门”和“职务”表，可以利用两个表内容，将窗体中“职务”和“部门”输入方式更改为在列表中选择或输入两种方式的组合，即将文本框转化为组合框。以部门设置为例，操作步骤如下：

①在设计视图中，右击“部门”文本框，单击“更改为”，单击“组合框”。

②右击“部门”文本框，单击“属性”，设置“部门”表为“行来源”(图 12.19)。

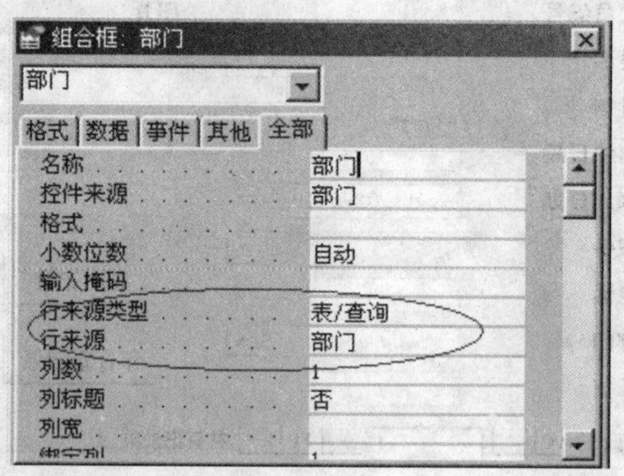

图 12.19 “部门”组合框属性

(4)设置“性别”输入方式。

需要在性别录入时可以在列表中选择男或者女。

①在设计视图中，右击“性别”文本框，单击“更改为”，单击“组合框”。

②右击“性别”文本框，单击“属性”，设置“行来源类型”为“值列表”，“行来源”为“男；女”(图 12.20)，关闭“属性”对话框。

(5)设置“调入日期”的默认值为＝Date()，前面已经讲解过，不再赘述。

(6)设置“保存新记录”按钮。

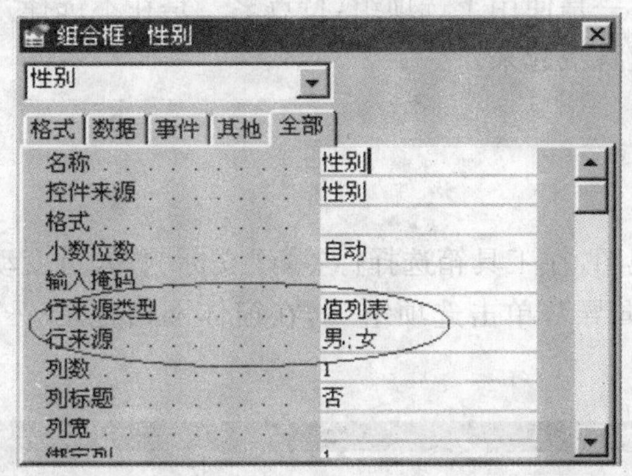

图 12.20　“性别”组合框属性

①单击工具箱中“向导”，再单击命令按钮，在主体网格上拖动，释放鼠标。

②在出现的“命令按钮向导”对话框中，在“类别”项下选择“杂项”，在“操作”项下选择“运行宏”，单击“下一步”按钮。

③选择“处理新员工记录”宏，单击“下一步”按钮。

④直到结束向导，单击“完成”按钮。

(7)设置“撤消记录”按钮。

①单击工具箱中“向导”，再单击命令按钮，在主体网格上拖动，释放鼠标。

②在出现的“命令按钮向导”对话框中，在“类别”项下选择“记录操作”，在“操作”项下选择“撤消记录”，单击“下一步”按钮。

③直到结束向导，单击“完成”按钮。

(8)保存窗体，命名为“录入员工信息”，关闭窗体。

练习 12.6

设置“职务”的组合框及其属性。

12.4.3　人员变动窗体

人员变动窗体的主要作用有三个：一是管理退休事件，二是处理离职人员，三是录入新加入员工的信息。为了操作方便，设置了一个窗体用来选择不同的事件(图12.21)。

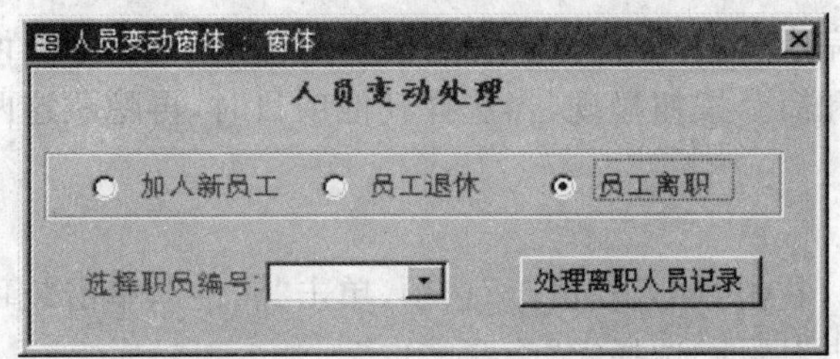

图 12.21　人员变动窗体

这个窗体的特点之一是使用了选项组，特点之二是在不选择“员工离职”项目时，下半部的文本框和命令按钮隐藏起来。

1. 建立选项组

操作步骤如下：

①进入窗体设计视图，在工具箱选择标签，建立标题“人员变动处理”。

②单击工具箱中“向导”，单击选项组，在窗体网格拖动一个方框，出现对话框（图12.22）。

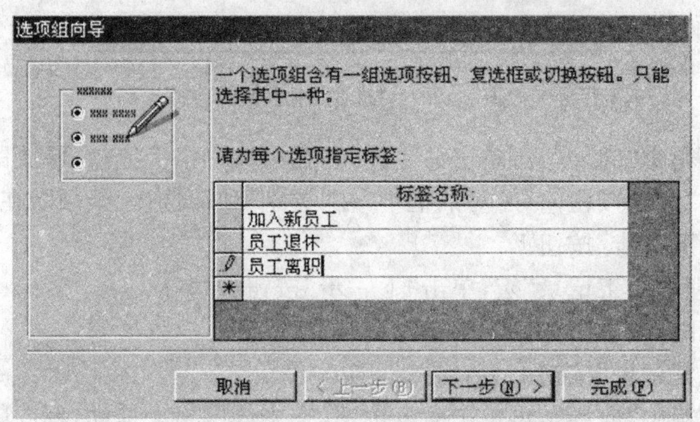

图 12.22 “选项组向导”对话框

③在“标签名称”下分别填写图 12.22 所示内容，所填写的内容就是选项的标签，单击“下一步”按钮。

④选择默认首选项目，单击“下一步”按钮。

⑤查看顺序值，单击“下一步”按钮。

⑥选择选项组控件类型，使用“选项按钮”，单击“下一步”按钮。

⑦单击“完成”按钮。

⑧调整选项位置、颜色、字体等。

2. 设置选项属性

对于“加入新员工”项目，单击后利用宏打开“录入员工信息”窗体；当单击“员工退休”项时，执行一个宏去完成“追加退休人员”和“清理退休人员”两个查询；当单击“员工离职”时，被隐藏的组合框和命令按钮显现，当选择其他项目时，再隐藏这两个控件。

(1)加入新员工

操作步骤如下：

①在设计视图中，右击“加入新员工”选项，单击“属性”，单击“事件”选项卡。

②设置“获取焦点”属性，选择宏“隐藏文本”。

③设置“鼠标按下”属性，选择宏“打开录入窗体”（图 12.23）。

④关闭“属性”对话框。

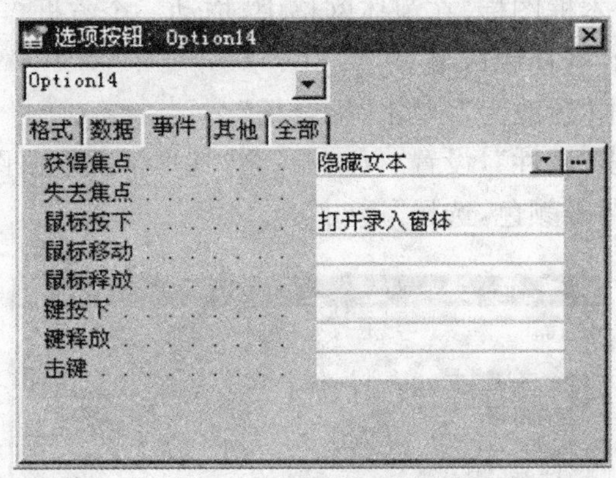

图 12.23　选项属性

(2)员工退休

操作步骤如下：

①在设计视图中,右击“员工退休”,单击“属性”,单击“事件”选项卡。

②设置“鼠标按下”属性,选择宏“退休窗体”。

③设置“获取焦点”属性,选择宏“隐藏文本”,关闭“属性”对话框。

(3)员工离职

操作步骤如下：

①在设计视图中,右击“员工离职”,单击“属性”,单击“事件”选项卡。

②设置“鼠标按下”属性,选择宏“显示文本”(图 12.24)。

③设置“失去焦点”(单击了其他选项)属性,选择宏“隐藏文本”。

④关闭“属性”对话框。

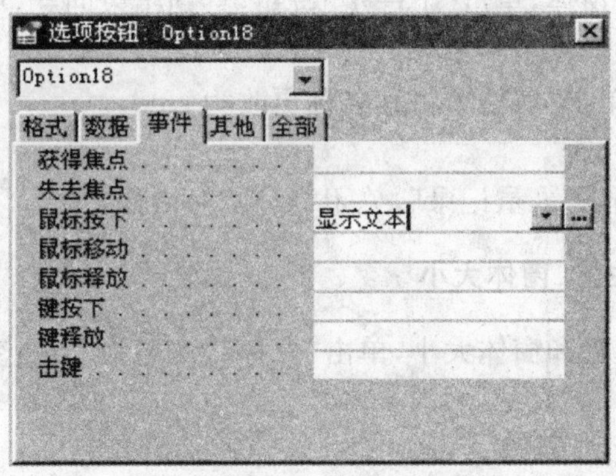

图 12.24　“员工离职”选项属性

3. 添加组合框和命令按钮

(1)组合框

操作步骤如下：

①在工具箱单击文本框图标,在窗体网格中,拖动一个方框。

②将其内容更改为“选择职员编号”。

③右击文本框,单击“更改为”,单击“组合框”。

④右击文本框,单击“属性”,设置“行来源”为“基本情况”表(图 12.25)。

⑤设置格式,去掉背景颜色,选择“透明”。

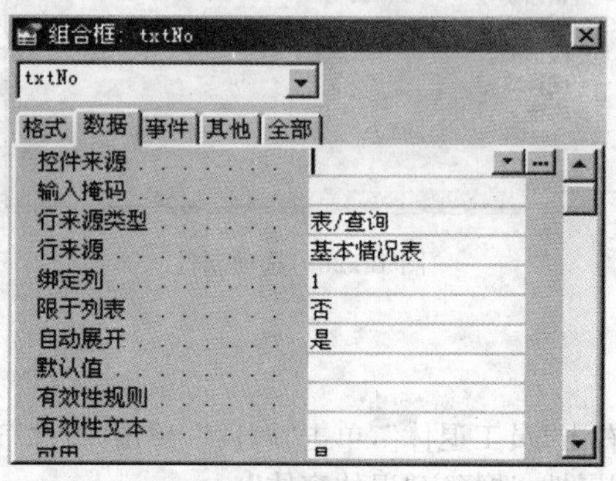

图 12.25 组合框属性

⑥将组合框名字更改为 txtNo,“可见性”更改为“否”(隐藏),关闭“属性”对话框。

(2)命令按钮

建立命令按钮操作步骤如下:

①单击工具箱中“向导”,再单击命令按钮,在主体网格上拖动,释放鼠标。

②在出现的“命令按钮向导”对话框中,在“类别”项下选择“窗体操作”,在“操作”项下选择“打开窗体”,单击“下一步”按钮。

③选择“人员查询”窗体,单击“下一步”按钮,直到结束向导,单击“完成”按钮。

更改命令按钮属性操作步骤如下:

①右击命令按钮,单击“属性”,将其名称更改为 cmd。

②设置“可见性”为“否”。

③将标题更改为“显示人员记录”,关闭“属性”对话框。

4. 调整窗体控件位置、窗体大小

调整窗体控件的位置和窗体大小,单击“保存”,命名为“人员变动窗体”,关闭窗体。

12.4.4 工资变动窗体

图 12.26 所示是工资变动窗体,利用组合框来选择或输入“职务”,将组合框命名为 txtTitle;利用文本框输入增减工资,将文本框命名为 txtSalary;单击命令按钮打开窗体“显示增减工资结果”。

练习 12.7

设计工资变动窗体,将窗体命名为“按职务增减工资”。

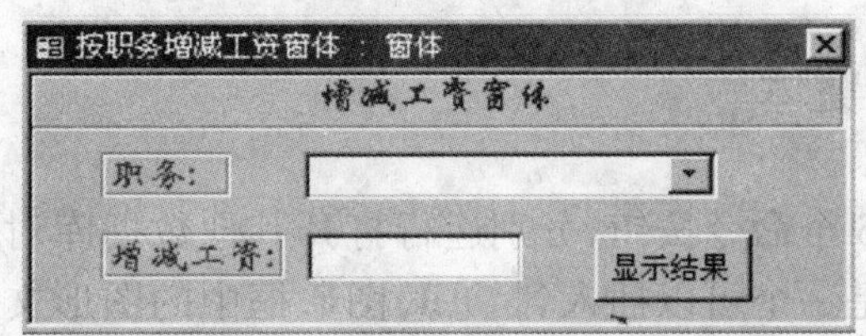

图 12.26　工资变动窗体

12.4.5　设计统计信息窗体

利用在查询中生成的交叉表查询结果建立统计在职人员各部门职务分布情况(图 12.27)。

部门	人数总计	副科	副总	高级工程师	高级经济师	工程师	秘书	正科	职员	总工
办公室	3	1					1		1	
财务部	8	2			1				5	
后勤部	6	1				1	1		3	
培训部	11	3	1	1		2		1	3	
人力资源部	2						1		1	
生产部	10	1				2	2	2	3	
系统部	9					1	1	1	5	1
总裁办	3		1			1			1	

图 12.27　交叉统计窗体

操作步骤如下：

①进入窗体设计视图，单击“新建”按钮，选择“自动创建窗体:数据表”，选择数据源为“部门职务交叉表”(图 12.28)。

②单击“确定”按钮(图 12.28)。

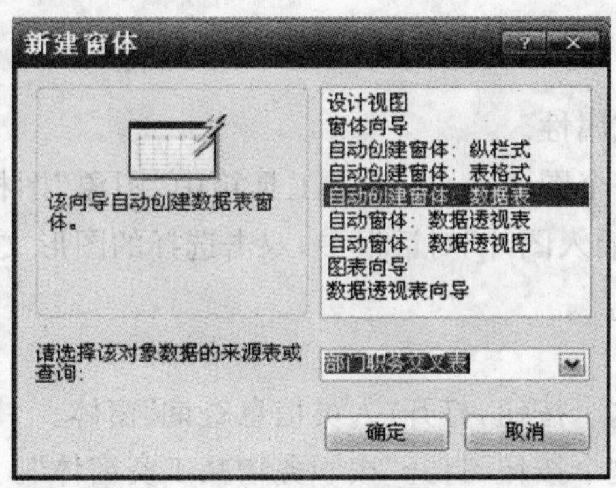

图 12.28　建立数据透视表窗体向导

③以下步骤比较简单，不再重复。

④保存窗体，命名为“部门职务交叉表”，关闭窗体。

在这个窗体中，可以显示各部门职务人数的分布情况，将其设计成了交叉显示方式，更容易观察。这个窗体的数据源是所建立的交叉表查询。

12.4.6 设计主窗体

在主窗体上，设置 6 个命令按钮，分别运行打开其他数据库对象的宏；窗体中还包括了一个未绑定的图片，是一个可以插入到 OLE 图象框中的图形文件；一个未绑定标签显示窗体标题；一个未绑定文本框，显示当天日期。未绑定的对象不与数据源相链接。

1. 设置标题和时间显示

操作步骤如下：

①单击"窗体"对象，双击"在设计视图中创建窗体"，调整网格大小。

②打开"视图"菜单→"窗体页眉/页脚"。

③在页眉中创建一个标签，标题内容为人事信息管理系统，修改格式。

④在页眉中再创建一个文本框，删除其标签，将文本框的默认值设置为＝Date()（系统日期）（图 12.29）。

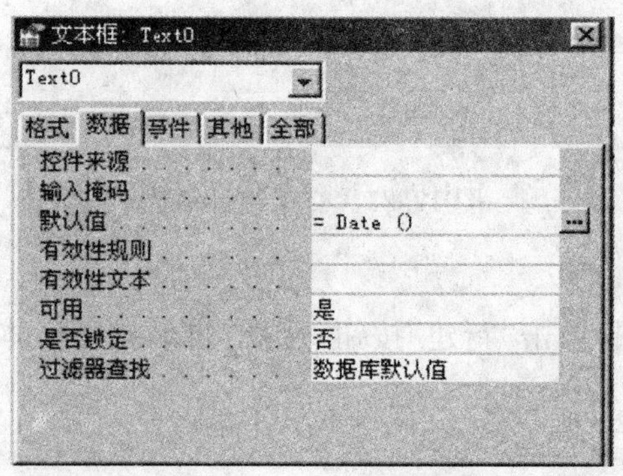

图 12.29 设置文本框的默认值

⑤设置文本框的格式属性。

⑥在窗体主体添加一个图象控件：单击工具箱中"图象"图标，在主体网格上拖动一个方框，释放鼠标，在"插入图片"对话框中，双击选择的图形文件，拖动调整图片位置。

2. 设置按钮

- 人员信息。单击这个按钮，打开"人员信息查询"窗体。
- 工资变动。单击这个按钮，打开"按职务增减工资窗体"。
- 人员变动。单击这个按钮，打开"人员变动窗体"。
- 统计信息。单击这个按钮，运行"统计信息" 宏。
- 退出 Access。单击这个按钮，运行"关闭 Access"宏。
- 退出系统：单击这个按钮，运行"关闭系统"宏。

练习 12.8

使用建立按钮向导设计以上 6 个命令按钮。

3. 其他窗体的设计

以下 3 个窗体相对简单，分别是：

- “显示增减工资结果”。单击“更新工资记录”按钮执行对“基本情况”表的更新宏和对“工资变动”表追加记录宏；单击“取消更新”按钮，取消增减工资操作(图 12.30)。

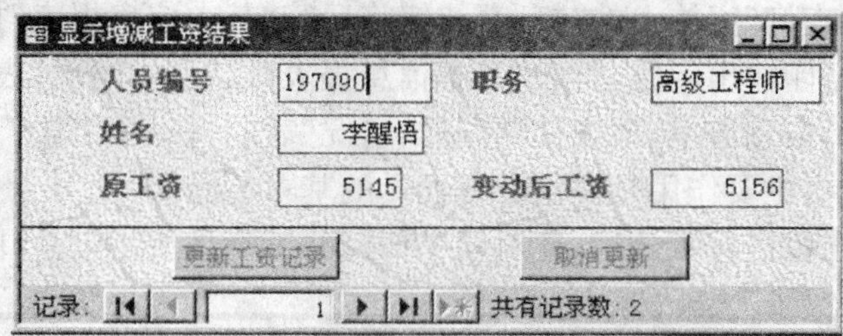

图 12.30 “显示增减工资结果”窗体

- “人员查询”。数据源是“人员查询”查询，单一窗体，单击“处理离职记录”按钮运行“离职人员”宏(图 12.31)。

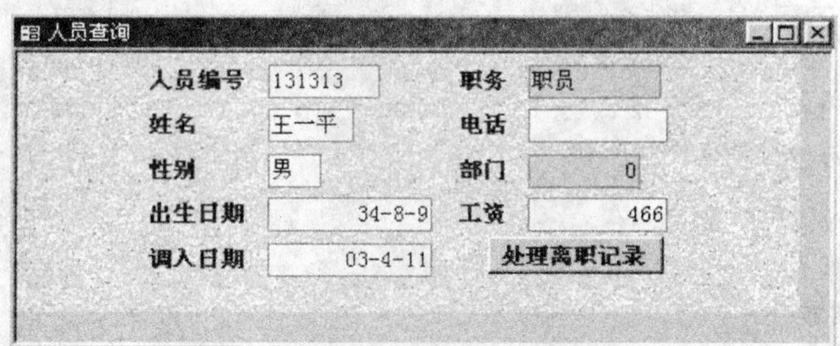

图 12.31 “人员查询”窗体

- “查询退休人员窗体”。数据源是“查询退休人员”查询，单击“取消”按钮关闭窗体，不处理退休事宜，单击“处理退休记录”按钮运行“退休宏”(图 12.32)。

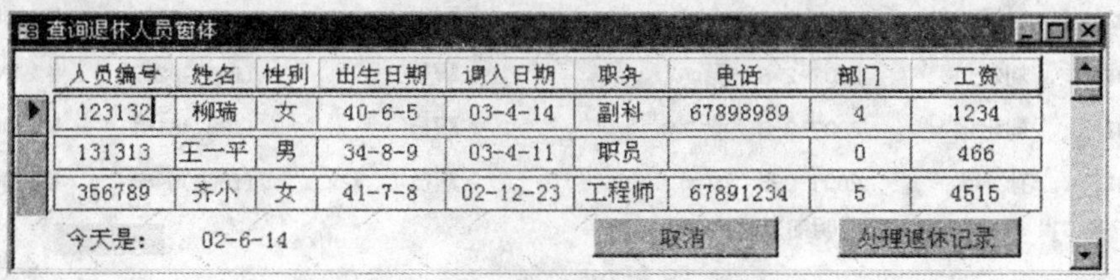

图 12.32 “查询退休人员窗体”

练习 12.9

设计“显示增减工资结果”、“人员查询”和“查询退休人员窗体”窗体。

12.5 报表设计

单击“人员信息查询”窗体上的“打印”按钮将运行“基本信息报表”报表。

报表主要解决打印输出问题，报表“基本信息报表”以“基本情况”表为数据源建立，显示数据表中所有人员信息清单，报表使用“基本情况”表的每一个字段。

这个报表很简单，主要作用是提供所有人员的基本情况。

报表按“部门”字段进行了分组，还对每个部门的工资进行了汇总(图 12.33)。

基本基本信息报表

人员编号	姓名	调入日期	性别	出生日期	职务	电话	工资
部门	办公室						
190000	李质平	2007-2-8	男		副科	(1060)4427	¥1,000.00
200223	严军	2007-2-8	男		职员	(1087)4714	¥1,000.00
346536	小齐	2002-12-23	女	1978-5-7	秘书	(6789)0023	¥2,600.00
汇总 '部门' = 办公室 (3 项明细记录)							
总计							¥4,600.00
平均值							¥1,533.33
最小值							¥1,000.00
最大值							¥2,600.00
部门	财务部						
109998	章匀	2007-2-8	男	1974-7-6	副科	(1085)7402	¥1,000.00
110000	钱如平	2007-2-8	男	1978-8-8	职员	(1086)1959	¥1,000.00
120001	孙月时	2007-2-8	男	1979-7-8	职员	(1084)4987	¥1,000.00
198512	枚平	1985-9-9	女	1962-4-6	高级经济师	(6890)0012	¥5,405.00
200002	赵侃茹	2007-2-8	女		副科	(1084)8533	¥1,000.00
210001	刘效文	2007-2-8	男		职员	(1067)8212	¥1,000.00
350001	刘北北	2007-2-8	女		职员	(1087)6151	¥1,000.00
900001	孙亦欧	2007-2-8	女		职员	(1062)5486	¥1,000.00
汇总 '部门' = 财务部 (8 项明细记录)							
总计							12,405.00
平均值							¥1,550.63
最小值							¥1,000.00
最大值							¥5,405.00

图 12.33 显示了按部门显示员工信息报表

报表设计方法如下：

①在数据库窗口中，单击“报表”对象，双击“使用向导创建报表”，选择数据源“基本情

况”表。

②选择将要显示字段，单击“下一步”按钮。

③单击“部门”，单击“>”按钮，选择以“部门”分组(图 12.34)，单击“下一步”按钮。

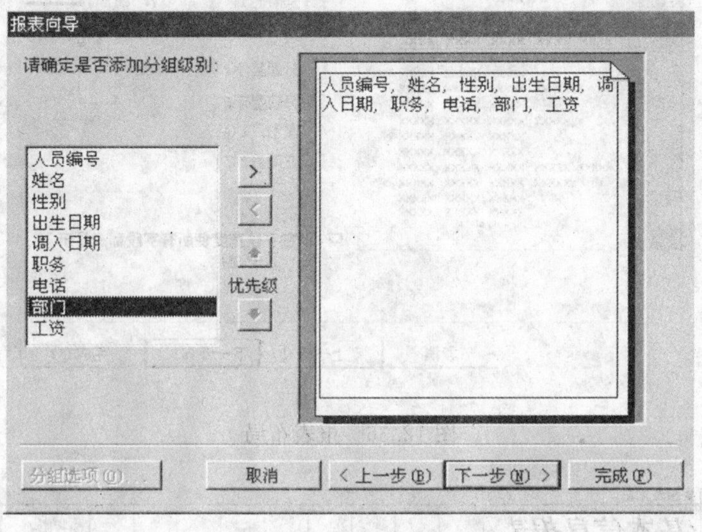

图 12.34　按部门分组向导

④选择排序字段，例如，选择“人员编号”；单击“汇总选项”，出现“汇总选项”对话框(图 12.35)。

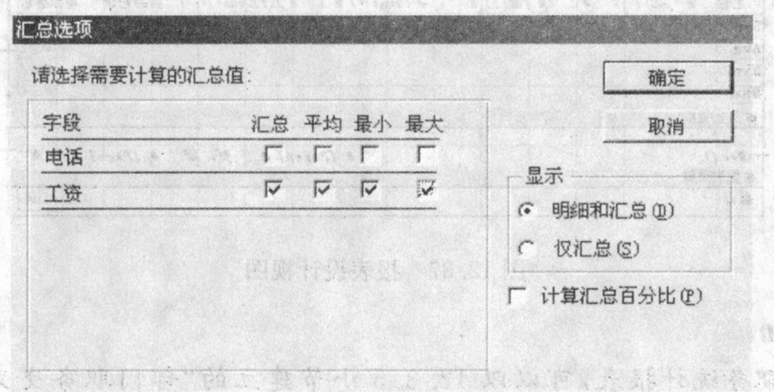

图 12.35　报表汇总

⑤选择汇总项，在此选择对工资的求和、平均、最大和最小值的汇总，单击“确定”按钮。

⑥单击“下一步”按钮。

⑦选择报表布局，单击“块”布局以及纸的方向(图 12.36)，单击“下一步”按钮。

⑧选择样式，单击“下一步”按钮。命名报表为“基本信息报表”，单击“完成”按钮。

⑨出现报表预览，单击“关闭”按钮，进入设计视图(图 12.37)。

⑩调整字段标签对齐、大小、字体和位置等格式，方法与窗体一样。

⑪单击“保存”按钮，关闭报表。

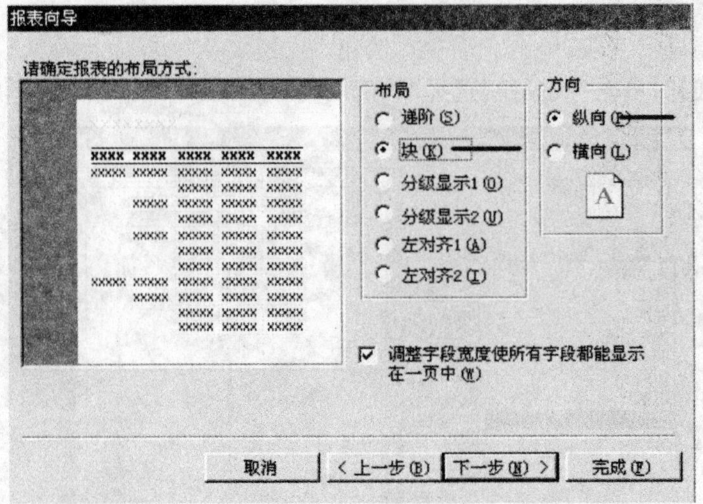

图 12.36 报表布局

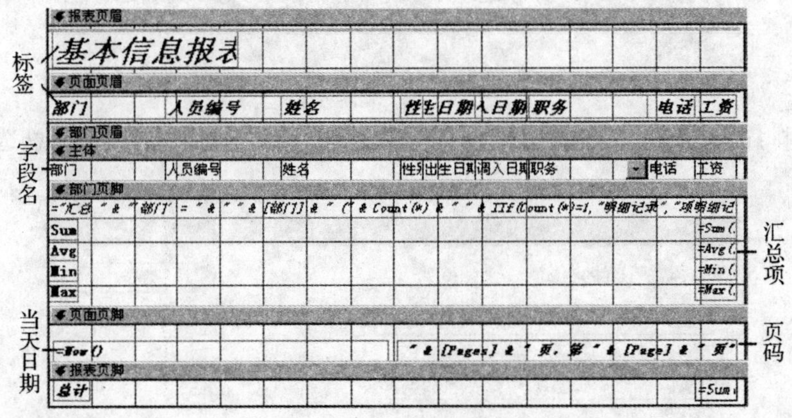

图 12.37 报表设计视图

练习 12.10

设计部门职务统计报表，可以以 12.3.5 小节建立的“部门职务交叉表”查询为数据源。

12.6 建立宏

根据数据库系统实际需要，建立如图 12.38 所示的宏。

下面将介绍每个宏的建立方法。

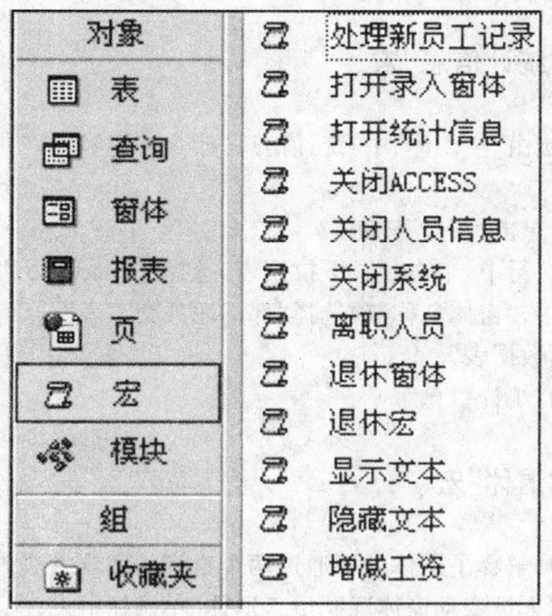

图 12.38　信息系统所需宏

12.6.1　建立“打开录入窗体”宏

“打开录入窗体”宏由“人员信息查询”窗体中的“录入新员工”命令按钮触发。

操作步骤如下：

①在数据库窗口，单击“宏”对象，单击“新建”按钮。

②在“操作”列下一行中，单击打开下拉列表，选择 OpenForm 宏。

③在“操作参数”中，“窗体名称”项选择“录入员工信息”(图 12.39)。

④关闭宏，命名宏为“打开录入窗体”。

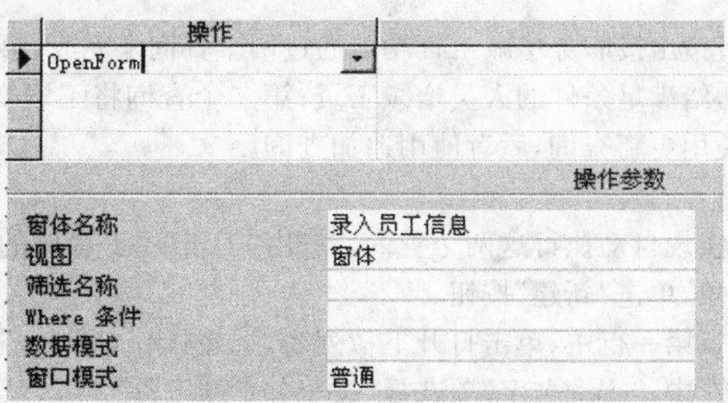

图 12.39　设计宏

12.6.2 建立“统计信息”宏

“打开统计信息”宏由“主窗体”中“统计信息”命令按钮触发。

操作步骤如下：

①单击“宏”对象，单击“新建”按钮。

②在“操作”列下一行中，单击打开下拉列表，选择“OpenForm”宏。

③在“操作参数”中，“窗体名称”项选择“部门职务交叉表”。

④“视图”项选择“数据表”。

⑤关闭宏，命名为“统计信息”。

12.6.3 建立“退休”宏

在12.3.3小节中，解释了退休处理通过两个查询的实现方法。“退休”宏实现自动执行这两个查询。它由“人员变动窗体”的“员工退休”单选钮触发。

操作步骤如下：

①单击“宏”对象，单击“新建”按钮。

②在“操作”列下第一行中，单击打开下拉列表，选择“OpenQuery”宏。

③在“操作参数”中，“查询名字”项选择“追加退休人员”。

④在“操作”列下第二行中，单击打开下拉列表，选择“OpenQuery”宏。

⑤在“操作参数”中，“查询名字”项选择“更新退休人员记录”。

⑥对于两个宏，“数据模式”项都选择“编辑”。

⑦关闭宏，命名为“退休”。

12.6.4 设计“增减工资”宏

在12.3.2小节指出按职务增减工资功能通过两个查询来完成，第一个查询按照职务查询“基本情况”表，给满足条件的人员增减工资；第二个查询将工资变动记录追加到“工资变动”表。前者使用更新查询，后者使用追加查询。

操作步骤如下：

“增减工资”宏实现自动执行这两个查询。它由“工资变动”窗体的命令按钮触发。

①单击“宏”对象，单击“新建”按钮。

②在“操作”列下第一行中，单击打开下拉列表，选择“OpenQuery”宏。

③在“操作参数”中，“查询名字”项选择“按职务更新工资”。

④在“操作”列下第二行中，单击打开下拉列表，选择“OpenQuery”宏。

⑤在“操作参数”中，“查询名字”选择“追加变动工资记录”。

⑥“数据模式”选择“编辑”。

⑦关闭宏，命名为“增减工资”。

练习 12.11

设计"离职人员"宏，实现根据输入人员编号，将该人员的信息加入"离职人员"表，然后更新"基本情况"表。

12.6.5　设计"显示文本"宏

利用"显示文本"宏在"人员变动窗体"中，当单击"员工离职"按钮时，显示事先隐藏的"人员编号"文本框和"处理离职人员记录"命令按钮。

操作步骤如下：

①单击"宏"对象，单击"新建"按钮。

②在"操作"列下第一行中，单击打开下拉列表，选择 SetValue 宏。

③在"操作参数"中，单击"项目"一行，单击出现的生成器按钮 ，出现"表达式生成器"对话框(图 12.40)。

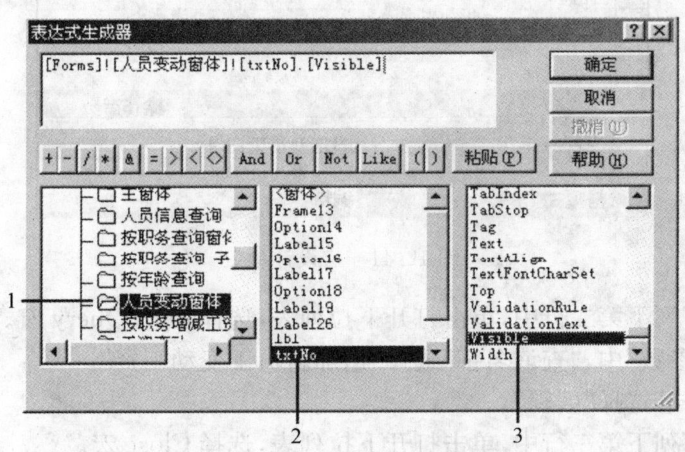

图 12.40　表达式生成器

④依次选择"人员变动窗体"，选择文本框 txtNo，双击属性 Visible，其表示的含义是："人员变动窗体"中文本框 txtNo 是可见的，单击"确定"按钮。

⑤在宏设计窗口中，在"操作"列下第二行中，单击打开下拉列表，选择 SetValue 宏。

⑥在"操作参数"中，单击项目一行，单击出现的生成器按钮 ，出现表达式生成器对话框。

⑦依次选择"人员变动窗体"，选择命令按钮 cmd，双击属性 Visible，表示的含义是："人员变动窗体"中命令按钮 cmd 是可见的，单击"确定"按钮。

⑧在"操作参数"中，"表达式"项写入 True，表示 txtNo 和 cmd 是可见的。

⑨关闭宏，命名为"显示文本"。

练习 12.12

设计"隐藏文本"宏。

12.6.6 设计“新员工记录”宏

在“新员工录入窗体”中单击“保存新记录”按钮，将要执行“新员工记录”宏，它包括执行3个查询，“追加新员工记录”、“追加新员工变动工资”和“删除临时表记录”。

操作步骤如下：

①单击“宏”对象，单击“新建”按钮。

②在“操作”列下第一行中，单击打开下拉列表，选择 OpenQuery 宏。

③在“操作参数”中，“查询名字”选择“追加新员工记录”。

④“数据模式”选择“编辑”(图 12.41)。

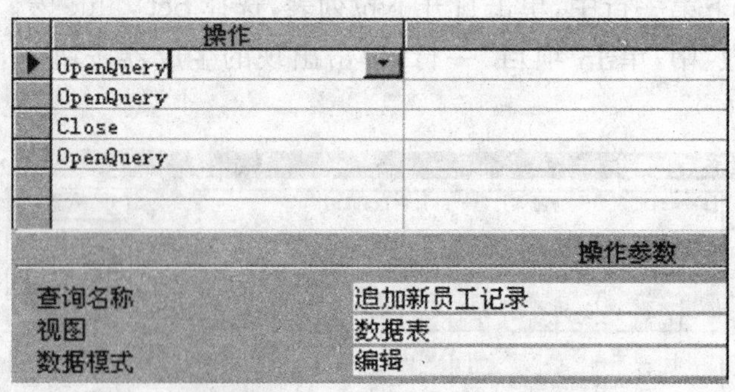

图 12.41 宏设计参数

⑤在“操作”列下第二行中，单击打开下拉列表，选择 OpenQuery 宏。

⑥在“操作参数”中，“查询名字”选择“追加新员工变动工资”。

⑦“数据模式”选择“编辑”。

⑧在“操作”列下第三行中，单击打开下拉列表，选择 Close 宏。

⑨在“操作参数”中，“对象”选择“临时”表(删除表记录前最好要关闭表)(图12.42)。

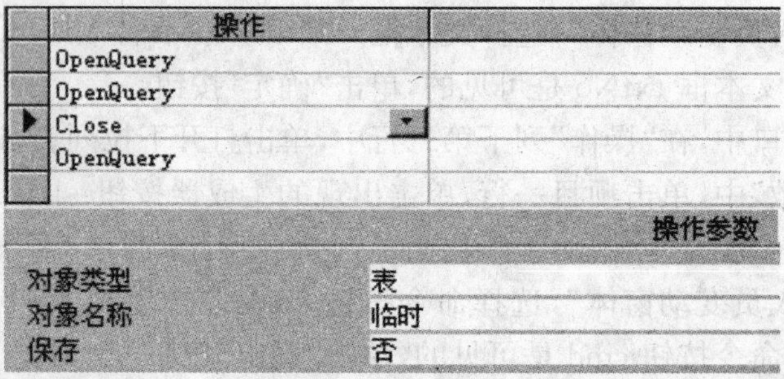

图 12.42 宏设计参数

⑩在“操作”列下第四行中，单击打开下拉列表，选择 OpenQuery 宏。

⑪在“操作参数”中，查询名字选择“删除临时表记录”(图 12.43)。

⑫关闭宏，命名为“处理新员工记录”。

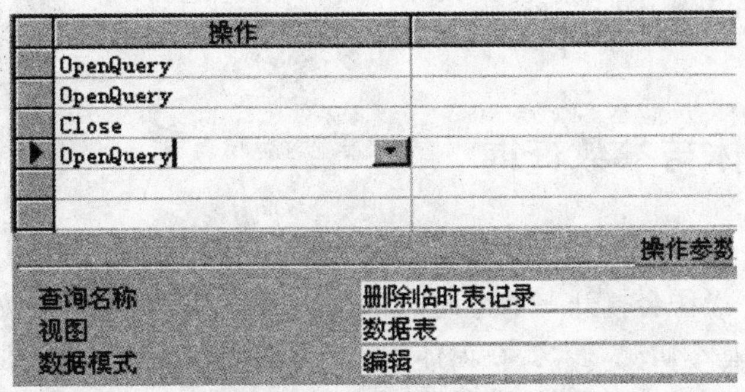

图 12.43　宏设计参数

12.6.7　建立"关闭系统"宏

这个宏作用是在主窗体中单击"关闭系统"按钮时，将正在运行的系统关闭，但不关闭数据库。操作步骤如下：

①单击"宏"对象，单击"新建"按钮。

②在"操作"列下一行中，单击打开下拉列表，选择 Close。

③在"操作参数"中，"窗体名称"选择"主窗体"。

④关闭宏，命名为"关闭系统"。

12.6.8　建立"关闭人员信息"宏

这个宏的作用是在查询人员信息之后，单击"关闭"按钮时，关闭"人员信息"窗体，打开"主窗体"。操作步骤如下：

①单击"宏"对象，单击"新建"按钮。

②在"操作"列下第一行中，单击打开下拉列表，选择 Close 宏。

③在"操作参数"中，"对象类型"选择"窗体"。

④"对象名称"选择"人员信息查询"。

⑤在"操作"列下第二行中，单击打开下拉列表，选择 OpenForm 宏。

⑥在"操作参数"中，"窗体名称"选择"主窗体"。

⑦关闭宏，命名为"关闭人员信息"。

12.6.9　建立"关闭 Access"宏

这个宏的作用是在主窗体中单击"关闭 Access"按钮时，将正在使用的系统和数据库一同关闭。操作步骤如下：

①单击"宏"对象，单击"新建"按钮。

②在"操作"列下第一行中，单击打开下拉列表，选择 Quit 宏。

③关闭宏,命名为"关闭 Access"。

12.7　连接窗体与参数查询

宏 OpenQuery 操作会打开一个查询,如果使用参数查询,例如,"按职务更新工资"查询,按照职务更新"基本情况"表,要在窗体中输入职务和工资增减额度。

在"按职务增减工资窗体"中,设置了两个对象 txtTitle 和 txtSalary 分别用于输入"职务"和"增减工资额",将这两个对象的内容传递给查询,代替查询的参数值。

操作步骤如下:

①单击"按职务更新工资"查询,单击"设计"按钮。

②分别在"准则"和"更新到"一行中,建立如图所示表达式(图 12.44)。

字段:	工资	职务
表:	基本信息表	基本信息表
更新到:	[Forms]![按职务增减工资窗体]![txtSalary]+[基本信息表]![工资]	
条件:		[Forms]![按职务增减工资窗体]![txtTitle]
或:		

图 12.44　查询链接到窗体的参数

③直接书写或者使用"生成器",生成器的方法如"表达式生成器"对话框所示(图 12.40)。

④"[Forms]![按职务增减工资窗体]![txtSalary]+[基本信息表]![工资]"作用是将原工资+窗体输入的工资变动额。

⑤关闭窗体。

"追加变动工资"查询与窗体"按职务增减工资窗体"相关;"按编号追加到调出表"、"按编号删除工资记录"和"按编号删除"查询与"人员变动窗体"相关,建立查询到窗体的连接。

12.8　VBA 过程——检测进入系统密码

使用一个简单窗体(图 12.45),在进入数据库系统前,检测密码,假定密码为 uibepw,输入正确,方可进入系统。

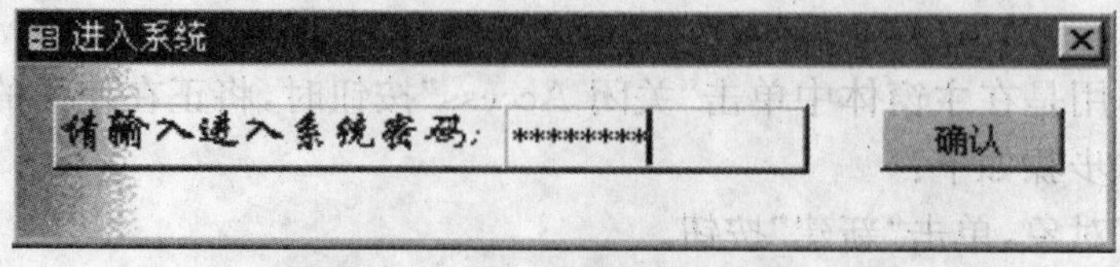

图 12.45　检测密码窗体

(1)为了隐藏所输入的密码,将输入文本框 pw 的"输入密码"属性设置为 password。

(2)要做到必须输入正确密码才能使用系统和数据库,将窗体的属性"模式"(在其他选项中)设置为"是"。

(3)单击"确认"按钮(名字属性=cmd100)开始检测密码,一般的宏解决不了问题,利用 VBA 编程来解决问题。

具体步骤如下:

①在设计视图中,设置"确认"按钮,命名为 cmd100。

②右击按钮,单击"事件生成器",单击"代码生成器",进入模块代码。

③书写以下命令代码:

```
Private Sub cmd100_Click()
Dim i As Integer
If Forms!进入系统![pw] = "uibepw" Then
    DoCmd.Close
    DoCmd.OpenForm "主窗体"
Else
   i = MsgBox("密码错误", 5)
   If i <> 4 Then
     quit
   Else
     pw = ""
     pw.SetFocus
   End If
End If
End Sub
```

(4)保存代码,命名为"检测密码"。

说明:

在窗体"进入系统"的文本框中输入密码,与"uibepw"比较,如果密码正确则打开"主窗体",不正确则弹出消息框,提示"密码错误"和两个按钮"重试"与"取消";如果单击"重试"按钮,返回值 i=4,将密码文本框清除干净,并设为焦点,重新输入密码;如果单击"取消"按钮(i<>4),关闭数据库。

MsgBox 函数通过对话框显示消息,并等待用户单击按钮,然后返回一个整数值,该值指示用户单击了哪个按钮。MsgBox 函数的基本语法:

```
MsgBox(prompt[, buttons])
```

其中:

prompt 为必选项,是对话框中作为提示信息。

buttons 为可选项,数值表达式,用于指定要显示的按钮数和类型、要使用的图标样式。如果省略,则 buttons 的默认值为 0,本例选择 5,对话框中显示"重试"和"取消"按钮。buttons 参数设置见表 12.6。

表 12.6 buttons 部分参数值

常 量	值	说 明
vbOKOnly	0	只显示“确定”按钮。
vbOKCancel	1	显示“确定”和“取消”按钮。
vbAbortRetryIgnore	2	显示“终止”、“重试”和“忽略”按钮。
vbYesNoCancel	3	显示“是”、“否”和“取消”按钮。
vbYesNo	4	显示“是”和“否”按钮。
vbRetryCancel	5	显示“重试”和“取消”按钮

函数返回值见表 12.7,代表用户单击的按钮。

表 12.7 函数返回值

常 量	值	说 明	常 量	值	说 明
vbOK	1	确定	vbIgnore	5	忽略
vbCancel	2	取消	vbYes	6	是
vbAbort	3	终止	vbNo	7	否
vbRetry	4	重试			

12.9 系统设置

1. 将“进入系统”设置为启动窗体

操作步骤如下：

①启动数据库。

②打开“工具”菜单→“启动”。

③在“显示窗体/页”项下选择“进入系统”和“数据库”(图 12.46)。

④单击“确定”按钮。

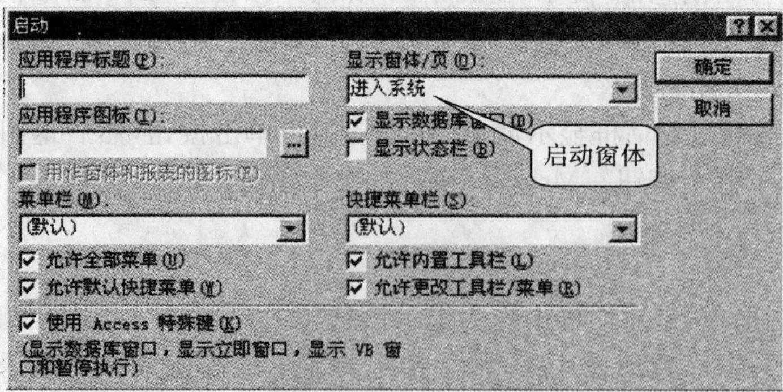

图 12.46 设置启动窗体

2. 设置查询选项

为了不显示动作查询的提示,可以做以下设置:

①打开“工具”菜单→“选项”。

②单击“编辑/查找”(图 12.47)。

③取消“操作查询”项,单击“确定”按钮。

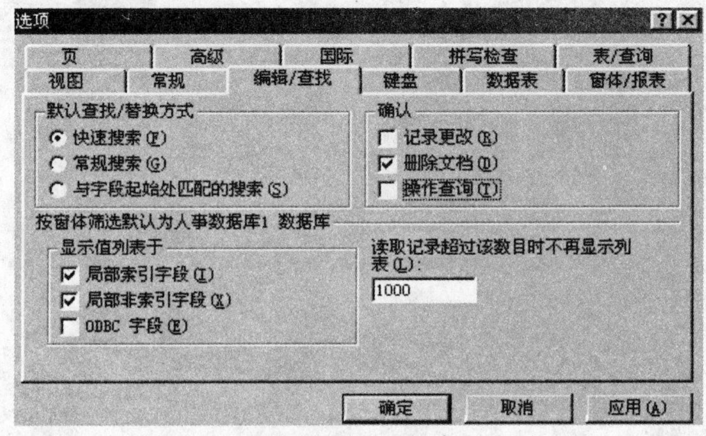

图 12.47　设置查询选项

到目前为止,完成了一个完整的人事管理系统。

实验

练习目的

综合运用 Access 工具建立数据库系统。

练习内容

1. 完成本章练习。

2. 建立一个光盘收藏管理系统,设计相关的数据库表、查询和窗体。

3. 主要数据表包括:

(1)光盘。存放光盘的基本信息,主要属性包括光盘编号、名称、格式、购买时间、出版商等。

(2)光盘曲目。存放光盘的详细信息,主要属性包括包括光盘编号、曲目编号、歌手、长度等。

(3)曲目表。存放曲目的详细信息,主要属性包括曲目编号、曲名、曲作者、词作者等。

4. 主要窗体功能主要包括:

(1)主窗体。通过单击相关按钮,打开以下各个功能的窗体。

(2)窗体 2 的功能是录入曲目。包括光盘编号、曲目编号、曲名、歌手、曲作者、词作者等。

(3)窗体 3 的功能光盘是信息查询。按名称、格式、购买时间进行查询,显示光盘的基本信息和光盘中的曲目。

(4)窗体 4 的功能是曲目查询。按曲名查询，显示所查询的曲名和歌手所在的光盘的基本信息和曲目信息。

(5)窗体 5 的功能是报表。打印各光盘的基本信息和曲目信息。

参考文献

1. 姚普选. 数据库原理及应用(Access)(第 2 版). 北京:清华大学出版社,2006
2. 王珊. 数据库系统简明教程. 北京:高等教育出版社,2004
3. 李雁翎. Access 2000 应用教程. 北京:高等教育出版社,2002
4. 李禹生. Access 2000 应用技术. 北京:中国水利水电出版社,2001
5. 陈恭和. 数据库基础与 Access 应用教程. 北京:高等教育出版社,2003
6. 白松涛. Access 2000 实用培训教程. 北京:清华大学出版社,2001
7. 周晓玉. Access 实用教程. 北京:人民邮电出版社,2004